목 이야기

THE NECK

Copyright ⓒ 2025 by Kent Dunlap

All rights reserved.

Korean translation copyright ⓒ 2025 by SIGONGSA Co., Ltd.

Korean translation rights arranged with Tessler Literary Agency LLC
through EYA Co., Ltd.

이 책의 한국어판 저작권은 EYA Co., Ltd.를 통해
Tessler Literary Agency LLC와 독점 계약한 (주)SIGONGSA에 있습니다.
저작권법에 의해 한국 내에서 보호를 받는 저작물이므로
무단전재와 복제를 금합니다.

생물학적 기능에서 사회적 상징까지 목에 대한 모든 것

목 이야기

켄트 던랩 지음
이은정 옮김

SIGONGSA

일러두기

1. 띄어쓰기, 외래어 표기는 국립국어원 용례를 따르되 고유명사, 용례가 굳어진 일부 합성명사에 한해 예외를 따랐습니다.
2-1. 단행본은 겹화살괄호(《 》), 정기간행물과 영상물, 논문, 보고서, 작품명은 홑화살괄호(〈 〉), 노래 제목은 작은따옴표(' ')로 표기했습니다.
2-2. 국내 번역된 단행본은 《번역서명(원서명)》, 번역되지 않은 단행본은 《원서명(번역명)》으로 표기했습니다.
3. 인명은 처음 언급될 때를 제외하고 성(Last name)으로 표기하되, 부부의 경우 혼동을 막기 위해 이름(First Name)으로 표기했습니다.
4. 의학 용어 표기는 대한의사협회 의학용어위원회(http://term.kma.org) 용례를 따랐습니다.
5. 원서의 이탤릭 서체는 굵은 서체로 표기했습니다.

형태학을 사랑했던 테리에게 바친다.

들어가며: 생명력과 취약성의 근원, 목

우리는 활력과 취약성으로 가득한 삶을 산다. 그러나 이사도라 덩컨Isadora Duncan은 여러 면에서 더 극적인 삶을 살았다. 그녀는 안무가로서 무용계에 혁명을 일으켰으며, 무용계를 넘어 거의 모든 면에서 관습을 타파했다. 그녀는 붉게 흩날리는 화려한 스카프가 목을 부러뜨릴 때까지 사회의 거의 모든 관습을 깨부쉈다.

덩컨의 독특한 삶은 일찍이 시작됐다. 학교가 구속적이라는 생각이 든 그녀는 10살에 학교를 그만뒀다. 그리고 몇 년 지나지 않아 캘리포니아에서 춤을 가르치며 돈을 벌기 시작했다. 20대에는 유럽을 여행하며 발레의 경직성에 반발하고, 자연의 자유롭고 표현력 넘치는 움직임을 강조하는 새로운 춤을 만들었다. 이전에는 발레 무용수가 머리를 곧은 직선이나 완만한 곡선의 형태로 척추 위에 올렸지만, 그녀의 새로운 춤에서는 보통 머리를 뒤로 젖혔다가 앞으로 구부린 다음 목을 비틀어 표현력 넘치는 장면을 연출했다.

그녀의 작품 〈혁명가Revolutionary〉에서 솔로 무용수는 무대에서 무릎을 꿇고 분노와 절망에 머리를 아래로 내리꽂았다가 다시 위로 들어 올리면서 하늘의 도움이나 설명을 간절히 구하는 모습을 보여준다. 덩컨의 개인사도 그녀의 작품과 다르지 않았다. 그녀는 유럽 여러 나라를 돌아다니며 보헤미안과 신나게 어울렸다. 혼외자 셋을 낳았고, 노골적인 페미니스트에 양성애자, 무신론자, 공산주의자였다. 그녀는 무용과 인생 모두에서 목을 이용한 움직임과 목소리로 자기주장을 강하게 펼쳤다.

1927년 9월 14일 오후 9시 40분. 덩컨은 프랑스 니스에서 '자기보다 2배나 큰' 스카프를 목에 두르고 컨버터블 차에 올라탔다. 그리고 이렇게 외쳤다고 한다.

"안녕, 여러분. 나는 영광을 향해 갑니다!"

하지만 차가 출발하자 긴 스카프가 뒷바퀴에 엉키며 목을 조였고, 그녀를 차에서 끌어내렸다. 그녀는 목이 부러져 사망했다. 그녀의 혁신적인 삶은 표현력이 넘치지만 취약한 부위인 목이 졸려 순식간에 끝났다.[1]

〈그림 1〉(a) 무용가이자 안무가였던 이사도라 덩컨, 1906~1912년경. 사진: 찰스 리츠먼 Charles Ritzmann (Wikimedia).

* * *

    신체에서 1퍼센트도 차지하지 않는 작은 부위, 목에는 인간의 생명력과 취약성이 집중된다. 태도와 관심을 강하게 표현하는 머리 움직임은 목 근육이 수축하며 제어된다. 의미를 담은 일상적인 말은 성대의 진동에서 시작한다. 모든 신체 움직임과 감각은 척수와 신경으로 전달되는 전기신호로 가능하다. 뇌는 박동하는 혈관을 통해 혈액을 공급받고, 몸은 기도와 식도를 통해 공기와 음식을 공급받는다. 인간의 목은 우리 자신을 표현하고 유지하기 위해 쉼 없이 일한다. 아니 '거의' 쉼 없이 일한다.

    흔치 않지만 목은 예측하지 못한 어떤 순간, 기능을 멈춘다. 목의 불완전성은 인간의 삶에서 불안한, 때로는 두려운 요소다. 목의 놀라운 능력은 동전의 양면과 같다. 목은 가늘기에 유연하지만, 또 그렇기에 쉽게 부러진다. 목의 기능에서 중요하게 작용하는 다양한 관은 좁고 피부와 가까워서 막히거나 찔리기 쉽다. 드물게 어떤 기능이 작동하지 않으면 우리는 죽음에 한 발짝씩 가까워진다. 마비되고, 숨을 쉬지 못하고, 과다 출혈로 사망한다. 우리는 의식적이든 무의식적이든 목의 취약함을 깊이 느끼며, 어느 정도는 마음 한편에서 늘 생각한다.

    이 책은 위태롭게 융합되면서도 극도로 취약한 목의 표현력과 기능(즉, 생명력)을 살펴본다. 나는 삶의 대부분도 그렇지만 목의 해부학적 구조에도 생명력과 취약성이 불가분의 관계로 공존한다고 주장하곤 한다.

* * *

내 책상 위에는 아버지가 은퇴하면서 주신 책이 한 권 있다. 인간 머리를 옆에서 본 모습이 그려진 표지는 다양한 것을 표현하며 선언적인 느낌도 든다. 턱을 들어 고개를 뒤로 젖힌 채 신비로운 자세를 취하는 얼굴은 편안하고 순종적이며 거만히 보인다. 얼굴 특징은 잘 묘사됐지만 구체적이지는 않다. 그럼에도 얼굴 그림에 시선이 가는 까닭은 특이한 자세와 최소한의 묘사가 호기심을 자극하기 때문이다.

하지만 턱 아랫부분은 이야기가 다르다. 피부가 완전히 제거된 목은 해부학적 구조를 여실히 드러낸다. 인상적일 정도로 세밀하게 그린 그림은 목에서 얽히고 뭉친 모든 띠와 관, 끈, 덩어리를 보여준다. 이 그림은 설명적이며 명확하다. 마치 건물 속 복잡한 전선, 배관, 통로의 청사진 같다. 그림은 기계적이고 화려하기까지 하다. 정보로 꽉 차 있지만, 이해하기는 쉽지 않다.

헨리 밴다이크 카터Henry Vandyke Carter가 그린 그림이 표지에 실린 이 책은 역사상 가장 많이 출판된 의학 참고서 중 하나인 《그레이 해부학Gray's Anatomy》이다.[2] 출판사 사람들이 표지 삽화를 결정하던 순간, 그 자리에 함께 있었다면 얼마나 좋았을까? 카터가 그린 363개의 정교한 판화 중 독자의 마음을 사로잡으면서 인체의 본질, 적어도 가장 매력적인 한 부위를 잘 드러내는 그림은 무엇이었을까?

내게는 바로 이 그림이 인체, 나아가 인체 내 모든 유기적 형태의

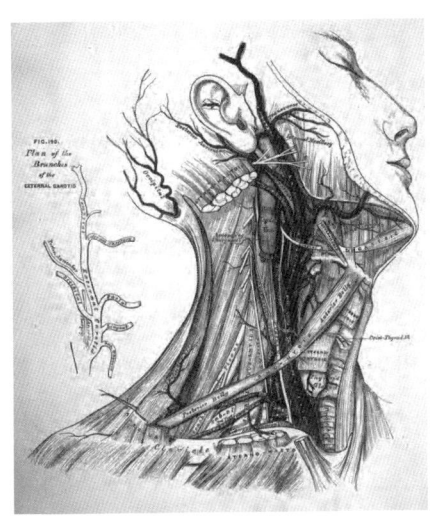

〈그림 1〉 (b) 《그레이 해부학》의 목 해부도(1988년 판). 그림: 헨리 밴다이크 카터, 1858년경.

본질을 잘 압축해 보여 준다. 이 그림에는 미적 설득력과 물질적 복잡성이 모두 담겼다. 아름답고 영감을 불러일으키며 표현력이 풍부하고, 기계적이면서 물리적이고 굉장히 세밀한 그림이다.

내 아버지는 외과의였고 (그러니 《그레이 해부학》을 선물받았다) 어머니는 동물을 사랑하셨다. 내가 해부학에 관심을 둔 것도, 동물생리학자가 된 것도, 모두 생물학에 중점을 둔 가정환경 덕분임이 분명하다. 두 분 다 서로 다른 시기에 다른 이유로 목 수술을 받으셨고, 이때 나는 목의 취약성을 인식했다. 그러나 목에 대한 관심은 완전히 다른 두 이유에서 시작됐다.

나는 취미로 도자기를 빚으며, 타고나길 즉흥적인 사람이다. 대학원에서 비교해부학을 가르치던 때, 뒷마당에서 항아리를 만들었다. 나는 그릇부터 컵까지 다 만들어 봤는데, 어느 순간 화병에 꽂혔다. 그렇다, 목이 있는 도자기다.

나뿐만이 아니다. 시대와 문화를 초월해 화병은 특히 인간의 감성을 자극하는 물건이었다. 미술관과 인류학 박물관, 궁전, 예배당, 거실에서 가장 흔히 찾을 수 있는 도자기 형태가 바로 화병이다. 화병의 특징인 좁은 목에는 분명 기능적 의미가 있다. 액체를 따르거나, 내용물을 밀봉하거나, 꽃다발을 안정적으로 세우는 데 도움이 되기 때문이다. 동시에 이 좁은 목에는 많은 이가 우아하다고 표현하는 곡선과 비율도 있다. 그릇, 접시, 컵은 모양이 다양하지만, 우아하다고는 표현하지 않는다.

화병의 목처럼 인간의 (그리고 많은 동물의) 목도 미적 관심과 표현의 대상이다. 우리는 오드리 헵번Audrey Hepburn과 울음고니trumpeter swan의 우아한 목에 감탄한다. 우리는 다양한 방식으로 목을 장식하고(보석, 스카프, 넥타이, 옷깃 등) 향을 입힌다. 우리는 끊임없이 목을 움직여 가장 마음에 드는 자세를 취하고 '셀카'를 찍는다. 몸과 화병에 있는 이 좁은 부위가 대체 무엇이기에 우리는 그것을 바라보고, 감탄하고, 장식할까?

몸과 화병에 있는 목은 비극적인 단점도 같다. 모두 극도로 취약하다는 점이다. 화병의 긴 목을 강하게 두드리거나 인간의 목을 과도하게 비틀면 모든 것이 끝난다. 되돌릴 수 없다. 우아함의 배경에는 바로 취약성이 있다. 불안과 아름다움이 공존하는 이 역설을 깨달은 나는 다른 문화와 학문도 살펴봤다. 다른 시대와 장소에서 사람들은 인간이라면 피할 수 없는 이 특징을 어떻게 받아들였는지 보고 싶었다.

나는 목에 매료됐다. 내가 목에 끌렸던 또 다른 이유는 잘 다듬어지고 우아한 형태와 달리 그 구조는 아주 별나며 급조된 것처럼 보였기 때문이다. 나는 계획형 인간이 아니다. 나무로 무언가를 만들면 1센티미터 남짓 모자란 때가 매우 많다. 그런 내가 점토에 끌린 건 적어도 젖은 상태에서는 원하는 대로 모양을 만들 수 있으며 다시 고칠 수 있어서다.

대강의 아이디어로 시작해 물레를 돌리며 변하는 과정을 확인하고, 모양을 계속 잡아 나간다. 도자기 공예에서는 새 점토 덩어리를 가져다 붙일 수도, 다른 덩어리를 다듬어 없앨 수도, 평평하게 만들거나 손으로 꽉 쥐거나 잘라 낼 수도 있다. 그렇게 완성된 최종 조각품은 더하고, 없애고, 다듬은 결과다. 이 모든 작업에는 최종 결과물에 명백히 드러나는 요소도 있고, 숨은 요소도 있다.

인간의 목도 다양한 요소의 집합체다. 겉으로 보면 단순하고 우아한 하나의 기둥처럼 보인다. 그러나 《그레이 해부학》의 표지처럼 피부를 제거하고 나면 목이 사실은 좁은 공간 안에 온갖 것이 그득 들어찬 이상한 집합체라는 사실을 알 수 있다. 목의 창조자는 목수라기보다는 도자기 도예가에 가까운 듯 느껴진다. 그리고 배아 발달과 진화 과정에서 목이 어떻게 형성됐는지 알고 나면 그러한 직감이 맞는다는 걸 깨닫는다.

배아 초기 단계와 원시 척추동물(등뼈동물)에서는 조직 덩어리와 조각이 반복적으로 길서 있게 정렬된다. 그러나 배아 발달이나 진화 과정이 진행됨에 따라 도예가의 보이지 않는 개입이 작용하기 시작한다. 일부는 결합하고, 또 다른 일부는 이동한다. 어떤 요소는 형태가 극적으로 변하고, 어떤 요소는 아예 사라진다. 새로운 부분은 오래된 부분에서 떨어져 나가고, 또 다른 새로운 부분이 들어온다. 끊임없이 뒤죽박죽 변화하는, 즉흥적인 사람에게는 큰 즐거움이다. 완성된 목은 구조적으로 화려하고 다기능적이며, 적어도 내게는 끝없이 호기심을 불러일으킨다.

이 책은 목의 능력, 취약성, 기이함을 이해하려는 나의 시도다. 인간은 신체의 작은 한 부위가 생물학, 정신, 문화에 막대한 영향을 미치는 몸으로 살아간다. 목은 정확히 어떤 역할을 할까? 그리고 목이 불러오는 가능성과 시련에 인간은 개인적으로, 문화적으로 어떻게 대응할까?

목의 뛰어난 운동 자율성 덕분에 다양한 방향에서 세상을 보고 이해하는 것과 마찬가지로, 우리는 과학과 예술, 인문학 등 여러 접근 방식을 통해 목을 더 풍부하고 완전하게 바라볼 수 있다. 따라서 이 '목' 투어는 해부학 연구실, 미술관과 인류학 박물관, 병원, 춤 연습장, 음악 홀을 따라 진행된다. 나는 지금부터 우리 몸의 이 작디작은 한 조각 아래 피부를 젖혀, 놀라운 복잡성과 일상생활을 가능케 하는 정교한 기능을 살필 예정이다. 동시에 인간이 내면세계와 감각을 표현하기 위해 움직이고, 말하고, 노래하고, 목을 장식하는 다양한 방법을 자세히 설명하려 한다. 세세한 기계적 역학과 풍부한 표현력의 몸짓 모두를 아울러서 말이다.

***

약 3억 7,500만 년 전 인간의 초기 육상 조상에서 발생한 목은 시간이 지나며 인간의 동물 조상과 사촌 종족에 무척 다양한 기능을 제공했다. 목 덕분에 우리는 다양한 일을 할 수 있지만, 모든 면에서 우리의 능력을 훨씬 능가하는 동물이 있다.

올빼미는 머리를 360도 돌릴 수 있다. 큰뿔양은 인간의 척추를 부러뜨릴 정도의 힘으로 박치기를 할 수 있다. 뱀은 목의 직경보다 몇 배는 더 큰 동물을 삼킬 수 있다. 울음고니의 울음소리는 1.6킬로미터 밖에서도 들린다. 목으로 인간의 영역을 벗어나 활동하는 동물도 있다. 거북은 머리를 몸 안으로 완전히 집어넣을 수 있다. 비둘기는 목구멍에서 '우유'를 만들어 새끼를 먹인다. 또 다른 많은 동물은 목덜미에 화려한 반점을 표시하거나 목덜미를 부풀려 의사소통하기도 한다.

동물 목의 다각화는 진화의 창조적 능력을 증명한다. 모든 척추동물은 배아 발달 단계에서 같은 구조의 점토 덩어리로 시작한다. 그리고 도예가가 늘리고, 뭉개고, 합치고, 제거하는 작업을 반복한다. 때로는 새로운 조각이 등장해 생활 방식에 더 잘 맞으면 다음 세대로 전달된다. 이 과정이 수억 년 반복됐다. 그 결과 목 형태는 다양해졌고 그에 따라 기능도 다양해졌다. 이 다양성을 탐구하기 위해 이 책에서 진행된 '목' 투어는 자연사 박물관, 동물원, 야생 지역을 거닌다.

이 책은 가장 근본적인 질문과 함께 시작한다.

'왜 하필 목인가? 목이 취약한 데서 오는 이점은 무엇인가?'

이에, 목의 해부학적 구조를 분석하며 여러 중요한 생리적 기능을 살핀다. 목이 어떻게 머리의 균형을 유지하고 움직이게 하는지, 공기와 음식, 혈액을 신체의 모든 세포로 전달하는지, 신체의 모든 세포를 조절하는 호르몬을 분비하는지 알아본다.

목은 머리와 몸을 연결하기도 하지만, 사회적 의사소통에서 중요한 역할을 함으로써 생물을 연결한다. 따라서 인간과 다른 동물이 목의 구조와 움직임을 이용해 내면세계를 밖으로 표현하는 방법을 살펴본다. 여기에는 기도에서의 발성(단어, 노래)과 목 주변의 화려한 장식(인간의 경우 보석, 옷깃, 문신, 동물의 경우 갈기, 주름, 반점)이 포함된다.

인간과 동물이 목에 직접적인 폭력을 가해 지배하거나 먹잇감을 사냥하는 어두운 면과 목에 가해진 위협으로부터 보호받기 위한 인간의 의식(부적 착용 등), 동물의 행동 패턴(머리를 껍데기 안으로 집어넣는 등)과 같은 밝은 면을 살펴본다. 더불어 용감한 일상 활동과 표현을 위한 부위이자 연약함과 고통이 존재하는 부위로서의 목을 사례와 함께 탐구한다. 책을 덮고 나면 발레리나, 레슬러, 백조, 사자를 (혹은 거울을) 바라보는 시선이 달라질 것이다.

인간은 목에 집중된 취약성에 불안을 느낄 수밖에 없다. 그래도 목에 칭찬을 아끼지 말자. 오늘날 '칭찬accolade'은 노력과 수고에 대한 명예와 찬사를 의미한다. 이 단어는 명예로운 자의 양 어깨를 검으로 두드리며 기사 작위를 내리던 의식에서 비롯됐다. 원래 이 단어에 함축된 의미는 끌어안고 목에 키스한다는 뜻의 라틴어 아콜

라레acollare에서 유래됐다. 옷깃이라는 뜻의 칼라collar와 어근이 같다. 그러니 애정과 칭찬으로 작지만 강력한 이 신체 부위의 생명력과 취약성을 모두 끌어안자.

차례

들어가며: 생명력과 취약성의 근원, 목   7

1장 기원과 기능: 목이 존재하는 이유   *21*

2장 자세와 표현: 머리를 지탱하는 목   *41*

3장 시야와 몸짓: 머리 움직임에 담긴 의미   *69*

4장 통로와 운반: 머리와 몸을 잇는 길목   *100*

5장 속도와 골격: 목에서 분비되는 호르몬의 힘   *137*

6장
언어와 목소리: 목에서 나오는 말과 노래   158

7장
구애와 매력: 목으로 하는 성적 소통   199

8장
소속과 지위: 목의 정체성 표현   233

9장
권력과 정치: 목을 통해 드러내는 공격성과 통제   263

10장
방어와 치유: 목을 지키는 힘   296

마치며: 목이 남긴 이야기   326

감사의 말   334

주   336

참고문헌   356

1장

기원과 기능:
목이 존재하는 이유

평범한 아침의 모습을 상상해 보자. 당신은 의자에 허리를 펴고 앉아 고개를 뒤로 젖혀 커피 또는 차 한 모금을 마신다. 숨을 고르고 고개를 내려 신문이나 책, 휴대전화를 들여다본다. 아내 혹은 남편이 거실로 들어온다. 고개를 들어 배우자의 위치를 확인하고는 공기에 진동을 일으킨다.

"잘 잤어?"

성인이라면 거의 매일 이와 비슷한 아침을 보낸다. 그리고 조금씩 다르겠지만, 비슷한 아침 일과가 전 세계에서 하루에도 수십억 번씩 반복된다. 일상적이고도 자연스러워 보이는 이 행위는 목에 있는 수십 개의 구조가 정확한 타이밍에 움직여야 가능하다. 근육이 수축하고, 관절이 회전하고, 후두가 여닫히고, 공기와 액체가 지나가고, 성대가 진동한다. 눈 떠 있는 거의 모든 순간 우리는 다양한 방식으로 목을 사용하며, 그 기능들 가운데 몇 가지는 동시에 일어나기도 한다. 그리고 대부분 우리는 무의식중에 근육을 움직여 목을 사용한다.

이번에는 무언가를 삼키려다가 사레가 들렸을 때를 상상해 보자. 몸을 앞으로 휘청이며 숨도 쉬지 못하고 토할 듯 기침하는 모습을 말이다. 자주 있는 일은 아니지만 한 번 겪고 나면 혼이 쏙 빠진다. 목은 멀티태스킹의 달인이지만, 치명적인 약점도 많다. 목이 졸리거나 목에서 피가 뿜어져 나오면 단시간 내에 죽을 수 있다. 척수에 손상을 입으면 영구 마비가 올 수도 있다.

이렇듯 목은 인간의 치명적인 약점이다. 이런 약점은 왜 존재하는 걸까? 어디에 도움이 된다고? 애당초, 목은 왜 존재하는 걸까?

목의 기원

신체 부위가 존재하는 이유를 물으면 생물학자들은 대부분 이렇게 답한다.

"우리 조상에도 있었으니까요."

인간에게 목이 있는 까닭은 우리 조상이 목을 '만들어 냈기' 때문이며, 우리는 그것을 물려받았다. 감사 인사는 (혹은 불평은) 우리 조상을 향해 하면 된다. 어류 형태였던 척추동물의 조상은 목이 없다. 현존하는 어류 후손도 마찬가지다. 초기 수생 척추동물의 머리뼈(두개골)는 가슴근(앞다리) 뼈대에 직접 붙었다. 그러나 어류에서 양서류로의 진화 과정에서 척추동물이 육지로 올라오며 이 직접적인 연결은 끊겼다. 그리고 팔다리에서 떨어져 나온 머리는 독자적인 움직임이 가능해졌다. 머리가 얻은 이 운동 자율성은 중요한 '미싱 링크missing link'(진화의 잃어버린 고리 또는 멸실환이라고 부른다. 생물의 진화 과정 중간에 존재했을 것으로 상정하나 화석으로 발견되지 않은 생물을 뜻한다.—옮긴이), **틱타알릭**Tiktaalik 화석에서 분명히 드러난다. 목의 등장은 약 3억 7,500만 년 전으로 거슬러 올라간다.[1]

양서류로의 전환기에 목이 지녔던 진화적 이점을 종합한 사람은 20세기 후반의 저명한 비교해부학자 칼 간스Carl Gans다.[2] 그에 따르면, 척추동물의 목이 지닌 근본적인 이점은 신체의 감각 시스템과 운동 시스템을 부분적으로 분리한다는 점이다. 쉽게 말해, 목이 있으면 한쪽을 바라보면서 몸은 반대 방향으로 움직일 수 있고, 몸을 전혀 움직이지 않고도 주변을 둘러볼 수 있다는 뜻이다.

그는 약 5억 년 전 처음 등장한 기본적인 척추동물의 체제(생물체 구조의 기본 형식.—옮긴이)가 주로 선택을 통해 이동성이 뛰어난 포식자가 되도록 진화했다고 주장한다. 어류 형태의 포식자였던 초기 척추동물이 생존한 까닭은, 포식자로서의 설계 덕분에 머리에 많은 감각기관이 배치되며, 헤엄치기 위한 꼬리 근육으로 빠르게 멀리까지 사냥에 나설 수 있었기 때문이었다. 감각기와 입이 앞에 있었던 덕분에 초기 척추동물은 먹이를 마주치자마자 이를 감지해 포획할 수 있었다.

가장 초기의 척추동물과 그 후손인 어류에는 목이 없으며, 감각 기능을 담당하는 머리와 운동 기능을 담당히는 몸통이 하나인 구조다. 이러한 '목의 부재'는 초기 척추동물과 어류에 유리했다. 실제로 어류는 척추동물 중 단연 종이 가장 풍부한데, 오히려 목이 있다면 물속에서 머리와 몸을 유선형의 유체역학적 형태로 유지하기 위해 더 많은 근육 에너지를 소모해야 한다. 하지만 목이 없어서 큰 제약이 따르기도 한다. 목이 없기에 몸을 통째로 움직이지 않으면 주변 환경을 넓게 살피거나 먹이를 향해 고개를 돌릴 수 없다.[3] 물고기는 아래에서 헤엄치는 먹이를 보려면 몸 전체를 아래 방향으로 움직여야 한다. 따라서 먹잇감을 향해 몸 전체를 일직선으로 만들어 공격한다. 그러면 에너지를 더 소모할 뿐만 아니라 사냥감에 노출될 가능성도 높아진다.

    척추동물이 진화해 육지로 올라왔을 때는 주변을 둘러싼 공기에 의한 유체역학적 압박이 덜했고, 몸통과 별개로 머리를 움직일 수 있었기에 운동 능력에 큰 영향을 받지 않았다. 간스에 의하면, 목이 존재한 덕분에 동물들이 몸 전체를 움직이지 않고도 넓은 범위를 살펴 멀리 떨어진 먹잇감까지도 포획할 수 있었다. 그렇기에 독수리는 비행하면서 고개를 숙여 땅 위의 먹이를 탐색할 수 있다. 도마뱀은 옆으로 걸어오는 곤충을 감지하고 다리는 그대로 둔 채 고개만 돌려 먹잇감을 낚아챌 수 있다. 거북은 무거운 등껍질을 들어 올려 몸을 돌리지 않고도 머리 주변으로 큰 원을 그리며 풀을 뜯어 먹을 수 있다.

    육상 생활이 목의 진화에 영향을 준 두 번째 요소는 먼 곳까지 보는 능력이었다. 빛은 물속보다 공기 중에서 더 잘 이동한다. 따라서 척추동물이 육지에서 서식하게 되자 더 먼 곳에 있는 물체를 볼 수 있게 됐다. 그러나 목이 없는 육상 척추동물은 눈이 땅에 가까울 정도로 너무 아래쪽에 붙었기에 하늘을 날거나 높은 곳에 올라가지 않는 한 가까운 대상밖에 볼 수 없었다. 실제로 대부분의 양서류는 원시적인 단일 관절로 된 목을 가져 지면에서 시야가 제한적이다.

한편, 많은 파충류와 조류, 포유류는 긴 목으로 머리를 지면 위로 들어 올리고 자유롭게 돌릴 수 있다. 얼룩말이 풀을 뜯다가 높이 솟은 풀 위로 머리를 들어 올려 포식 동물은 없는지 주변을 살피는 모습을 떠올려 보라. 생물학자 맬컴 맥아이버Malcolm MacIver와 바버라 핀레이Barbara Finlay는 육상 척추동물이 자유로운 눈과 목 덕분에 360도 시야를 가졌으며, 수중 대비 높은 빛 투과율까지 더해지면서 수생 척추동물보다 약 100만 배 더 넓은 공간에서 사물을 볼 수 있다고 추정했다.[4]

목은 양서류에서 발견되는 뭉툭한 초기 형태에서 파충류, 조류, 포유류의 더 길고 뛰어난 운동 자율성을 지닌 형태로 다양하게 진화했다. 이렇듯 가지각색인 목을 생각하면 질문은 '목은 왜 존재하는가?'에서 '**이런 특정한 형태**의 목은 왜 존재하는가?'로 발전한다.

우리에게 친숙한 도마뱀, 거위, 말의 목을 떠올려 보자. 이들의 목은 몸을 움직이지 않고도 먹이를 찾고 주변을 널리 볼 수 있지만, 그 비율과 기능은 서로 다르다. 이들 그리고 모든 척추동물 목에 있는 차이점은 대체로 진화적 개량이라는 2가지 문제에서 기원을 찾을 수 있다. 동물이 지면으로부터 얼마나 높이 머리를 드는지(머리를 든 키가 큰지 작은지) 그리고 동물이 음식을 어떻게 섭취하는지(통째로 삼키는지 씹어 먹는지)다.

〈그림 2〉 (a) 도마뱀, (b) 거위, (c) 말. 각 그림을 보면 동물마다 목 크기, 목이 몸에서 차지하는 비율, 목 방향이 서로 다르다. 그림: 피어슨 스콧 포레스먼Pearson Scott Foresman.

대부분의 파충류와 마찬가지로 도마뱀의 머리는 지면과 가깝다. 이들은 턱으로 먹이를 잡고 통째로 씹고 삼키기 때문에 큰 이빨이나 턱, 근육이 필요치 않다. 도마뱀의 목은 자유롭게 움직일 수는 있지만 상대적으로 짧다. 땅으로 고개를 숙여 먹이를 잡아먹는 데 긴 목은 필요 없기 때문이다. 또, 무거운 저작기관이 없으므로 머리가 비교적 가벼우며 그만큼 목 근육도 약하다.

거위와 그 외 유사한 다른 조류는 머리를 높이 쳐든다. 뒷다리로만, 즉 두 발로 서 있으며 앞다리는 비행에만 사용한다. 이렇듯 자세가 직립이면 바닥에 있는 물체를 턱으로 집기 위해 긴 목이 필요하다. 더불어 비행을 해야 하므로 조류의 머리와 턱은 파충류보다 가볍게 진화했으며, 이와 함께 이빨과 저작근은 모두 퇴화했다. 반면 말을 비롯한 여러 대형 포유류는 커다란 이빨과 턱, 근육을 사용해 음식을 씹어 먹는다. 그리고 네 다리로 땅을 딛고 서서 머리를 높이 들어 올린다. 따라서 이들의 목 역시 땅에 닿을 정도로 길고 머리를 위아래로 움직일 만큼 튼튼해야 한다. 앞의 3가지 예시는 목의 진화적 기원이 감각 및 섭취 기관을 운동 기능에서 부분적으로 분리하기 위한 것이었을지라도, 형태와 힘은 자세와 섭취 방식의 진화와 긴밀히 연관돼 다양하게 발전했음을 보여 준다.

　거위와 마찬가지로 인간 역시 이족 보행하지만, 인간의 목은 길지 않다. 말처럼 우리도 음식을 씹어 먹지만, 우리 목은 그렇게 두껍고 크지 않다. 인간의 목은 다른 신체 부위가 환경에 적응한 데서 큰 영향을 받았다. 바로 인간의 손재주다. 다른 영장류와 마찬가지로 인간에게는 땅에 닿을 정도로 긴 목이 필요 없다. 입이 아닌 손을 뻗어 물체를 집어 올리기 때문이다. 이족 보행하는 영장류인 인간은 이동에 팔과 손을 거의 사용하지 않는다. 허리를 꼿꼿이 편 자세 덕분에 척추 꼭대기에 있는 머리의 균형을 유지하며, 튼튼한 근육 없이도 머리를 받치고 움직일 수 있다. 이족 보행과 손재주 덕분에 인간의 목은 대부분의 척추동물 조상이나 친척과는 무척 다른, 짧고 얇은 수직 형태로 진화했다.

　그렇다면 인간에게는 왜 목이 존재할까? 역시나 동물인 인간의 복잡한 역사를 고려하면 답은 단순하지 않다. 인간은 육상 척추동물 조상으로부터 목을 물려받아, 진화의 산물로서 역시 목을 지녔

나. 우리 조상은 목을 사용해 머리를 움직여서 입으로 물체를 물고, 고개를 높이 들고, 감각 수용 범위를 넓혔다. 그렇다면 인간은 왜 이런 형태의 목을 지녔을까? 인간의 손은 물건을 집도록 진화했으며, 수직으로 선 인간의 신체는 머리를 높은 곳에 올려놓았다. 하지만 우리는 여전히 목을 이리저리 돌리며 감각 수용 범위를 넓힌다. 여기에 더해, 인간은 진화 과정에서 후두라는 독특한 기관을 발달시켜 정교한 음성 소통 체계를 확립했다. 그 결과 우리는 목을 돌리고 비틀며, 말하고 소리도 지른다.

* * *

오늘날 우리는 진화라는 개념과 과학이라는 언어를 활용해 목이 존재하는 이유에 답한다. 그러나 이 질문은 현대 과학이 등장하기 훨씬 전부터 있었으며, 지난 수천 년 동안 사람들은 다양한 방식으로 이에 답했다. 어떤 이들은 목의 기원에서 도덕적 혹은 미적 필요성을 찾았다. 예컨대, 고대 그리스에서 플라톤Platon은 숭고한 정신적 행위가 세속적인 신체의 움직임보다 우위에 있으려면 머리 아랫부분에 제약이 필요하다고 믿었다. 머리와 정신은 다른 신체보다 우월했으며, 심지어 신들은 행성의 모양을 본떠 인간의 머리를 구체로 만들었다고 전해진다. 목은 머리를 돌리기 위해 만든 것이기도 했지만, 동시에 몸과 머리를 분리해 저열한 아래쪽의 영혼으로부터 도덕적 오염이 퍼져 올라오는 것을 제한하는 '좁은 연결 통로이자 경계' 역할도 했다.[5]

하시딤 유대교의 한 무리에서 바라보는 목의 개념은 몸보다 머리를 높이 두기 위한 수단이라는 면에서는 비슷했으나, 도덕적 관문보다는 도덕적 끈 또는 번역기로 인식했다. 물론 머리는 의식의 중심이자 가장 고귀한 기관이지만, 그 자체로는 너무 영묘하고 추상적이다. 이 관점에서 볼 때 만약 머리가 분리된다면 '외부의 영향'에 위험할 정도로 취약해진다. 목은 머리가 육체적 토대에 뿌리를 내리도록 돕는다. 목은 머릿속의 큰 뜻을 '우리 안에서 비롯되며 우리 존재를 진정으로 다루는 어떤 것'과 연결한다.[6] 생각은 뇌에서 일지만, 아래로 전달될 때 그것을 몸의 세속적인 언어로 번역하는 것은 목이다.

고대 그리스 철학자이자 자연사학자였던 아리스토텔레스Aristoteles는 목을 도덕이 아닌 기하학적 측면에서 생각했다. 그는 입에 구멍이 하나만 있는 반면 입과 연결된 폐에는 구멍이 2개 있음을 발견했다. 따라서 논리적으로 봤을 때 입에서 좌우 폐로 이어지는 2개의 관(기관지)까지 공기를 운반하는 관이 하나 더 있어야 한다. 그는 목의 필요성이 폐에서 나온다고 주장했다. 그는 역논리를 이용해 이렇게 지적했다.

"폐가 없으면 목도 없다."

진상은 아리스토텔레스가 해부한 물고기 사체를 통해 사실로 판명됐다.[7] 그가 주장한 내용은 서구에서 2,000년 가까이 목이 존재하는 이유를 설명했다.

현대 인체 해부학의 창시자라 불리는 16세기 플란데런 출신 의사 안드레아스 베살리우스Andreas Vesalius는 그의 논문에서 한 장의 제목을 아예 "목은 폐로 인해 존재한다"라고 붙이며 아리스토텔레스가 주장한 목과 폐 사이의 인과 관계를 지지했다. 그러나 그는 이후 목의 중요한 기능이 머리와 가슴 사이에서 신경이 척수로부터 빠져나갈 추가 공간을 제공하는 데 있다고 주장했다. 몸으로 이어지는 신경은 등뼈(흉추) 사이에 있는 출구로 빠져나가기에, 목이 없으면 신경이 양팔로 빠져나갈 공간이 없다. 따라서 이 공간을 제공하는 것이 목뼈(경추)다.[8]

아리스토텔레스와 베살리우스에게 목은 복잡한 진화사의 산물이나 도덕성을 통제하는 부위가 아니었다. 그저 머리에서 신체 기관으로 뻗어 나가는 관과 조직을 잇는 필수적인 연결 고리였을 뿐이다.

목의 기능과 구성

오늘날 많은 사람은 목을 단순히 머리와 몸이라는 두 영역을 연결하는 기관으로만 여긴다. 그러나 이는 목의 본질적인 기능을 무시하는 셈이다. 사실 목은 최고의 '멀티태스커'다. 우리가 살아 있는 매 순간 목은 구부리고, 감각하고, 진동하고, 전달하고, 분비한다. 머리와 몸 사이에 수많은 기능이 집합했다는 점은 목의 주요 특징 중 하나이며, 다른 어떤 신체 부위와도 견줄 수 없다. 이 책에서 이야기할 목의 다양한 활동과 구조를 이해하기 위해, 먼저 목의 기본적 생리와 해부학적 구조를 파악하고, 다른 신체 부위와는 어떻게 다른지 살피면서 시작하겠다.

목의 갖가지 기능은 서로 다른 속도로 발생한다. 일반적으로 신체 시스템은 작동하는 시간을 기반으로 양분한다. 먼저 감각기관과 근육은 밀리초(1,000분의 1초) 수준으로 아주 빠르게 작동하며, 시속 160킬로미터 이상으로 신경계를 이동하는 전기 자극을 통해 메시지를 주고받는다. 반면 소화나 배설, 면역반응, 생식 활동은 몇 분에서 몇 시간, 몇 주에 걸쳐 느린 속도로 진행된다. 이 과정은 대개 혈류를 타고 시속 약 5킬로미터로 이동하는 호르몬 등의 화학 신호에 따라 제어된다. 대부분의 신체 부위는 주요 기능 하나씩을 분담한다. 팔과 손, 다리와 발은 놀랄 정도로 빠른 움직임과 섬세한 촉각을 자랑하지만, 진행 속도가 느린 신체 유지 활동이나 생식기능에는 그다지 관여하지 않는다. 가슴과 배에는 우리 몸의 장기적인 영양 공급, 생리적 균형 유지, 생식기능을 담당하는 주요 기관이 자리 잡았지만, 이 부위는 거의 움직이지 않는다.

다른 신체 부위와 달리 인간의 목은 신체의 두 기능 영역에 똑같이 중요한 역할을 한다.9 우리는 목 근육을 하루에도 수천 번 (대략 6초에 한 번씩) 수축해 온갖 방향으로 머리를 움직이며, 목에 있는 감각기를 통해 머리 위치를 뇌에 빠르게, 지속적으로 전달한다. 신체는 목에 있는 혈관을 수초마다 박동시키고 목을 통해 공기를 들이마셔 신체와 뇌에 영양분을 공급한다. 더 장기적인 관점에서 보면, 목에 있는 분비샘은 혈액과 신체로 호르몬을 분비해 신체 유지관리 작업의 속도를 조절한다. 가끔은 거대한 림프관 네트워크를 통해 면역 세포 부대를 출동시키기도 한다.

이 모든 감각 운동 기능과 유지 기능 외에 목에는 다른 동물에서는 찾을 수 없는 기능이 하나 있다. 바로 발성이다. 성도(후두에서 입과 코까지 소리가 나오는 길.—옮긴이)의 진동은 신체에서 가장 빠르게 진행되는 과정 중 하나다. 이 진동은 초당 수백 회 주기로 발생하며, 이에 따라 목은 끊임없이 떨리고 물결치듯 움직인다. 이처럼 목의 다양한 기능은 그에 상응하는 다양한 구조를 이용해 발생한다. 해부학적으로도 지지하는 뼈, 수축하는 근육, 움직이며 보호하는 연골, 진동하는 성대, 운반하는 관, 전기신호를 전달하는 신경, 호르몬을 분비하는 샘, 면역 세포를 담는 림프절 등 목에는 거의 모든 것이 있다. 목의 다기능성은 조밀하게 밀집한 여러 부분 덕분에 가능하다.

 목의 전체 구조는 여러 축을 따라 이어진다. 첫 번째 축은 머리에서 몸으로 향한다. 이 축은 기본적으로 목 밖에서 시작된 수많은 관, 줄, 띠가 횡단하는 수직 기둥에 속한다. 일반적으로 이러한 구조들은 2개의 구획 중 하나를 통과한다. 목의 앞쪽과 뒤쪽인데, 이것이 바로 두 번째 축이다. 목의 뒤쪽 절반은 대부분 운동 영역이다. 척추는 머리를 고정하고, 머리뼈 후면부와 몸에 붙은 긴 근육은 머리를 안정시키고 움직인다. 목의 이 부분은 받침대이자 회전축, 그리고 모터 역할을 한다.

 목의 앞쪽 절반인 목구멍에는 기체부터 고체, 액체 등 온갖 물질을 다양한 속도로 운반하는 관이 모였다. 우리는 이 관을 통해 하루에 수도 없이 다양한 물질을 퍼붓지만, 그 주기는 관마다 크게 상이하다. 공기는 기관을 통해 얼굴과 폐 사이를 하루에 약 2만 번 오간다. 기관에는 진공청소기의 호스처럼 관 둘레에 고리같이 뻣뻣한 융기가 솟아 있어 늘 공기가 통한다. 연골로 된 16~20개의 고리 덕분에 지름 2.5센티미터의 기관은 항상 열린 상태를 유지한다. 이 고리들 때문에 '거칠다'라는 뜻의 그리스어 '트라쿠스trakus'에서 유래한 '트라키trachea'라는 해부학적 명칭을 얻었다.

식도는 그리스어로 '운반하고 먹게 하는 것'이라는 뜻을 지닌 단어 '오이소파고스oisophagos'에서 유래했으며, 음식을 삼킬 때마다 입에서 위로 짓이긴 음식을 전달한다. 사람은 하루에 보통 500회가량 음식이나 침을 삼킨다. 식도의 지름은 약 2.5센티미터로 기관과 달리 허탈(기관이나 조직이 긴장을 잃고 축 늘어지는 상태.─옮긴이)될 수 있다. 식도는 진공청소기 호스보다는 튜브형 치약에 가깝다. 식도는 마치 치약을 짜듯 관을 둘러싼 근육 벽을 눌러 고밀도의 끈적끈적한 음식을 내려보낸다.

두 관은 목을 따라 나란히 뻗으며, 기관은 앞쪽에 더 가까이, 식도는 중앙을 지나간다. 기관과 식도 상단에는 입의 가장 안쪽에서 교통정리 역할을 담당하는 후두덮개epiglottis(식도와 기관 사이의 판막)가 있다. 신체에 필수적인 두 관이 만나는 이 지점은 치명적인 취약점이 있다. 바로 질식의 가능성이다. 후두덮개가 제 역할을 하지 못해 기관으로 음식을 잘못 보낼 경우 우리는 미친 듯 기침하며, 심하면 질식할 수도 있다.

음식물과 공기를 운반하는 두 관 옆으로는 혈액을 운반하는 커다란 혈관이 쌍으로 흐른다. 이 혈관을 동맥이라고 부르며, 동맥은 신선한 산소를 보충한 혈액을 나르며 하루에 약 10만 번 뛴다. 동맥벽은 두꺼운 편인데, 뇌에 절대적으로 필요한 산소와 영양분을 공급하는 데 필요한 높은 혈압을 견뎌야 하기 때문이다. 지금 목 옆쪽을 가볍게 눌러 보자. 압박감과 함께 동맥의 박동이 느껴질 것이다. 너무 오랫동안 세게 누르면 뇌에 혈액이 충분히 공급되지 않아 기절할 수도 있다.

이 현상에서 영감을 얻은 그리스의 해부학자들은 목에 있는 주요 동맥에 목동맥(경동맥)carotid artery이라는 이름을 붙였다. '마비시키다'라는 뜻의 그리스어 '카로티스karotis'에서 유래했다. 목정맥(경정맥)jugular vein은 뇌와 얼굴, 목에서 피를 모아 심장으로 돌려보낸다. 목동맥에 비해 목정맥의 혈압은 비교적 낮지만, 피부와 가깝고 혈관 벽이 얇아 훨씬 더 취약하다. 목정맥이라는 이름은 '멍에yoke'라는 의미의 라틴어 '유굼jugum'에서 유래했다. 목정맥의 취약성은 인간 신체에 존재하는 깊은 심리적 멍에일지도 모른다. 그래서 우리는 철천지원수나 치열한 전투에서 적이 '급소를 노린다go for the jugular'라고 표현한다.

이 두꺼운 혈관 사이로는 더 작고 얇은 림프관이 얽혔다. 림프계는 면역계 세포를 운반하며, 림프관은 병원체를 공격할 준비가 된 백혈구의 보관소인 목림프절 300여 개로 구성된 망을 연결한다. 마치 널찍하게 꿴 구슬을 잇는 끈과 같은 역할을 한다. 일반적으로 1~10밀리리터 지름의 림프절은 면역계가 전투태세에 들어서면 부풀어 오른다. 의사가 감염 여부를 확인하기 위해 만지는 덩어리가 바로 이 림프절이다. 이렇듯 다양한 관이 포진한 목의 상당 부분은 체내 흐름과 관련 있다.

이 모든 관이 머리와 몸 사이에서 화학물질과 세포를 운반하는 한편, 목을 지나는 수많은 신경은 뇌와 전신의 근육, 장기, 감각기를 전기신호로 연결한다. 목의 중심부에는 척추로 둘러싸인 척수가 있는데, 척수는 신체에서 전기신호가 흐르는 주요 지점이다. 목뼈에서 빠져나온 신경은 마치 철로가 갈리듯 목신경얼기cervical plexus라는 신경섬유망에서 모였다가 갈라진다. 목신경얼기를 통과하는 신경은 목과 머리의 피부에서 수용한 촉각을 뇌로 전달하고, 목, 혀, 어깨, 횡격막에 있는 근육을 움직인다. 뇌신경은 목으로 들어가 머리를 움직이고, 턱을 벌리며, 목을 수축하고, 목소리를 내는 근육을 제어한다. 그중에는 혈압, 혈액 내 산소 및 이산화탄소 농도를 감지하는 목의 특수 기관인 목동맥소체(경동맥소체)carotid body에서 뇌로 감각 정보를 전달하는 뇌신경도 있다.

이처럼 많은 구조가 목을 지나갈 뿐만 아니라, 목의 경계 안에 완전히 포함된 몇몇 중요한 구조도 있다. 목의 중심에는 7개의 목뼈와 척추 사이를 지나는 근육 몇 개가 있다. 목 앞쪽에는 갑상샘thyroid gland이 나비 모양으로 기관을 둘러싸며, 우리 몸의 전반적인 신진대사율, 즉 우리 삶의 속도를 조절하는 호르몬을 만든다. 부갑상샘 parathyroid gland은 갑상샘 표면에 있는 완두콩 크기의 덩어리 4개로, 마치 갑상선 날개 위에 박힌 눈알 모양처럼 보인다. 부갑상샘 분비물은 혈중 칼슘 농도를 조절해 우리 몸의 기본 구조물인 뼈대 구성을 조율한다. 턱 바로 아래에는 목뿔뼈(설골)가 있어 혀, 턱, 목구멍 근육의 접착제 역할을 한다. 대부분의 남성에게서 툭 튀어나온 목젖 형태로 나타나는 후두는 4개의 연골과 이를 연결하는 근육으로 이루어졌다. 이 근육은 공기 흐름에 따라 소리를 내고 조절하며, 목구멍을 위아래로 조절해 소리를 변형시킨다.

수많은 관, 판막, 끈, 줄, 선과 감각기, 돌기, 덩어리 등 이 길고도 다양한 구조는 목의 얇고 탄력 있는 피부라는 어두운 커튼 뒤에서 매일같이 각자의 역할을 수행하는 배우들이다. 우리가 해부학 도감을 보지 않는 한 이 복잡한 구조는 알기 힘들다. 그러나 다른 신체 부위와 비교할 때 두드러지는 목의 특성 중 하나는 목 내부의 작용이 외부에서도 잘 보인다는 점이다.

일반적으로 목은 얇으며, 노출된다. 목을 지나는 근육과 힘줄 중 일부, 특히 머리뼈 뒤에서 빗장뼈(쇄골)까지 목을 대각선으로 가로지르는 목빗근(흉쇄유돌근)sternocleidomastoid muscle은 눈에 띄게 돌출된다. 목뿔뼈는 침을 삼킬 때 눈에 보일 정도로 출렁인다. 기도를 지나는 모든 들숨과 날숨, 목소리의 떨림도 우리는 들을 수 있다. 따듯한 피가 요동치는 맥박, 성대의 진동, 부풀어 오른 온갖 분비샘, 이 모두가 목에서 만져진다.

나는 목의 피부와 활동에 내재한 반투명성이 목에 대해 인간이 지니는 양가감정의 근원이라고 생각한다. 외부에 적나라하게 노출된 이 부위는 신비로우면서도 당황스럽고, 매혹적이면서도 다소 섬뜩하다. 인간이 장식이나 의복, 성애물에서 목에 그렇게도 지대한 관심을 보이는 까닭이 바로 여기에 있다. 외부의 문화적 드라마는 내부의 생리학적 드라마와 무관하지 않다.

* * *

 목은 어디에서 시작해 어디에서 끝날까? 이 책에서는 목의 위쪽 경계를 첫 번째 목뼈와 턱 아래로, 아래쪽 경계를 마지막 목뼈와 빗장뼈까지로 정의하겠다. 자, 이제 경계선은 그어졌다. 그러나 목의 흥미로운 특징 중 하나는 사실 경계가 불분명하다는 점이다. 목의 영향력은 이 경계를 훨씬 뛰어넘는다. 가령 목뼈를 지나는 어떤 근육 다발은 골반까지 뻗는다. 목을 지나는 척수에서 빠져나온 어떤 신경은 손가락 끝에 이른다. 성대에서 시작된 진동은 입을 지나 이마까지 전달된다. 따라서 위와 같이 경계를 설정하면 대단히 흥미로운 연결로부터 목을 인위적으로 끊어 버린다. 그렇기에 나는 이 경계를 넘어 해부학적 구조로 눈을 돌린다. 당연히 목과 연결되기도 하고, 눈 돌린 것을 보상이라도 하듯 재미있는 이야기를 들려주기 때문이다.

 사실 경계는 하나 더 있다. 분류학적 경계다. 이 책은 양서류, 파충류, 조류, 포유류의 목만 살핀다. 곤충 같은 무척추동물에도 척추동물과 비슷한 기능을 하는 목이 있다. 자유롭게 움직이는 사마귀의 머리를 떠올려 보라. 무척 흥미롭지만, 목이 있는 무척추동물은 내 전문 분야가 아니므로 이 책에서는 다루지 않기로 했다.

* * *

 앞으로 진행될 '척추동물의 목 세계' 투어는 해부학적 흐름에 따라 목의 중심부에서 시작해 목의 표면으로 뻗어 나간다. 이 과정에

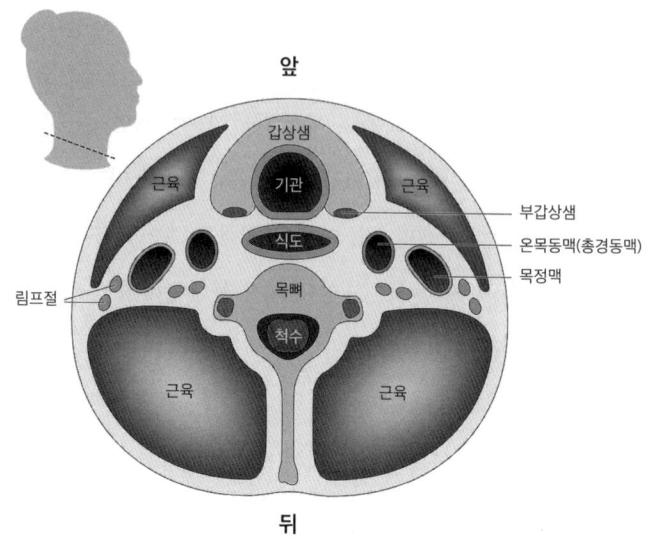

〈그림 3〉 인간 목의 주요 해부학적 구조를 보여 주는 단면도. 목의 중심부에 가까운 구조일수록 배아 발달 과정에서도, 그리고 진화 과정에서도 표면에 가까운 구조보다 더 이른 시기에 형성된다. 그림: 네타 카셔Netta Kasher, 2024년.

서 배아 상태에서의 목 발달과 척추동물의 목 진화라는 관점에서 기본적인 목의 연대기를 추적한다. 일반적으로 초기에 발달해 원형에 가까운 구조는 중앙에 있으며, 후기에 발달해 비교적 최근 진화한 구조는 피부에 가깝다. 중앙에서 피부로 향하는 방사형 방향은 목의 세 번째 축으로 목의 역사와 궤를 같이한다.

 이 책은 척추가 있는 목의 중앙부에서부터 시작한다. 목의 중앙부는 머리를 몸에 연결하며 다양한 자세를 지탱한다. 척추가 이루는 목의 세로축은 배아에서 가장 초기에 발달하는 특징 중 하나이며, 이 원초적 특징으로 다른 모든 척추동물과 인간을 묶을 수 있다. 그

다음, 인간이 머리를 움직여 주변을 둘러보고 다양한 몸짓을 표현하도록 하는 목 중앙을 감싸는 근육을 살펴본다. 척추에 가까운 근육은 배아 발달 과정에서 비교적 초기에 발달하며, 피부 근처 근육에 비해 진화적으로 더욱 보존된다.

다음으로는 식도와 기관, 혈관 등 머리와 몸 사이에서 음식과 공기, 혈액을 운반하는 다양한 관을 살핀다. 중앙에 있는 식도는 배아 발달 단계에서도 가장 초기에 발생하는, 고대부터 존재한 소화관의 일부로 모든 척추동물에서 발견된다. 기관은 비교적 피부에 더 가까우며, 배아 발달 과정에서는 식도가 형성된 후 식도에서 갈라진 가지가 발달하며 형성된다. 진화 과정에서는 비교적 후기에 등장해 공기로 호흡하는 육상 척추동물부터 생겨났다. 기관 외부에는 갑상샘과 부갑상샘이 있으며, 이 둘은 신체의 대사 속도와 골격 강도를 조절하는 호르몬을 분비한다.

책의 중반부에서는 척추동물이 목 피부 주변의 구조를 사용해 음성적 및 시각적 의사소통하는 방법을 다룬다. 후두는 피부 바로 아래에 있으며 외부에서도 보인다. 배아 발달의 중간 단계에서 발생하며, 척추동물의 진화 과정에서도 중간 단계에 등장한다. 육지를 장악하고 폐로 공기를 넣었다 빼며 호흡을 시작하면서 척추동물은 공기의 움직임을 이용해 소리로 소통한다. 발성의 대부분은 성적 소통에 사용된다. 구애하는 동안 동물은 목덜미에 화려한 무늬나 갈기, 깃털, 털 등에 변화를 만들어 시각적으로 매혹적인 장식을 더한다. 성적 기능을 수행하는 발성과 구애 장식은 보통 발달 후반부 성적 성숙이 시작될 때 나타난다. 인간 역시 성적 소통에 목을 사용한다. 보석을 걸거나 스카프를 두르거나 향수를 뿌리는 등 목에 걸치는 장식과 목소리 모두 구애라는 복잡한 신체적 행위다. 지위와 정체성을 표현하는 데 이와 같은 표면적 장식은 동물 사회와 인간 사회에서 모두 많이 사용된다.

책의 후반부에서는 인간과 동물이 목의 취약성을 어떻게 이용하고 방어하는지 살핀다. 폭력과 방어 행위 대부분은 목 근처에서 일어난다. 육식동물의 경우 동물, 인간 할 것 없이 목을 찌르거나 베어서 죽인다. 인간은 족쇄, 올가미, 멍에 등 목에 두르는 장치로 인간과 가축을 통제한다. 그러나 동물과 인간은 목이라는 약점을 보호해 안심할 수 있는 수단을 각각 진화시키고 발명했다. 피부 바로 아래 있는 림프절은 감염과 싸운다. 마사지 치료사는 목 피부를 지그시 눌러 목 근육의 통증을 완화한다. 목 위로 착용하는 보호구나 목에 거는 부적은 모든 위협으로부터 목을 보호한다.

마지막으로 '마치며'에서는 진화의 산물이 아닌 인간 손에 의한 산물로서의 목을 생각한다. 생물학적 제약에 얽매이지 않는 인간은 때때로 눈을 즐겁게 할 뿐인, 이를테면 목이 있는 도자기 화병 같은 것을 만들곤 한다. 생물의 목이 지닌 본질에 관해 무생물의 목이 무엇을 알려 줄지 생각해 본다.

자, 이제 지도를 펼치자. 그리고 가장 단순하고 원초적인 목의 기능에서 시작하자. 머리를 받쳐야 하는 목의 숙명에 대해서.

―――――― 2장 ――――――

자세와 표현:
머리를 지탱하는 목

인도를 걷는 사람만 봐도 인간의 전형적인 특징이 보인다. 인간은 두 발로 걸으며 양손의 엄지손가락으로 휴대전화 화면 위를 끊임없이 만진다. 인간의 거대한 두뇌가 이룩한 놀라운 업적이다. 엄지손가락은 복잡한 사회 상호작용을 위한 추상적 소통 신호, 즉 문자를 생성한다. 이들은 **호모 디지털리스**homo digitalis다. 두 발로 걸으며 손을 사용하고, 지능적이며, 말하고, 연결된다. 손가락을 재빨리 움직여 메시지를 보내면서 사회생활을 한다.

호모 디지털리스로서 인간은 보통 휴대전화를 손으로 조작하거나 책상 위에 놓인 태블릿 피시PC를 보기 위해 머리를 앞으로 구부린다. 일부 의료 전문가들은 이 자세가 목 통증과 목뼈 형태 변형을 일으킨다고 주장했다. 반면, 다른 전문가들은 인간은 늘 석기나 아기, 책 등 근처의 대상을 보기 위해 몸을 구부렸다며 전자 기기가 부당하게 비난당한다고 반박했다.

거북목text neck이라고 부르는 목뼈 질환은 척추 지압사 딘 피시번

Dean Fishman이 2008년 명명한 뒤 상표로도 등록됐다. 6년 후, 척추외과의 케네스 한스라지Kenneth Hansraj가 다양한 각도로 머리를 앞으로 기울일 때 목뼈에 가해지는 힘을 계산한 논문을 발표하며 거북목이라는 용어가 주류 언론에 등장하기 시작했다.[1] 귀가 어깨 바로 위에 있고 목이 중립 위치에 있을 때, 머리는 대략 5킬로그램의 힘을 가한다. 그러나 고개를 숙여 기기를 사용하는 자세가 되면, 그 하중은 18~27킬로그램까지 증가하며, 이는 7살짜리 아이 1명의 무게다. 이를 두고 인터넷에서는 경고와 치료법은 물론 갖가지 논박으로 불이 붙었다.

이 21세기 딜레마를 주제로 3년간 9,900편 이상의 학술 논문이 발표됐다. 여러 학술 논문을 분석한 결과, **호모 디지털리스**는 실제로 전례 없는 목뼈 위협(유행이라고 할 수는 없지만)과 마주한다.[2] 휴대전화 및 태블릿 피시를 많이 사용하면 목을 자주 구부리게 되

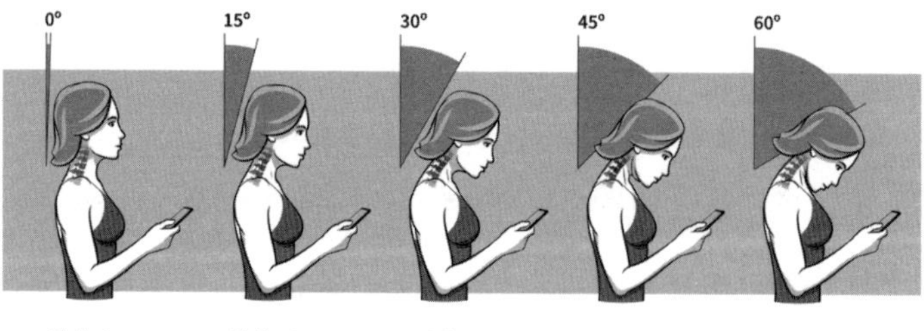

머리 각도

0°	15°	30°	45°	60°
최대 5kg	최대 12kg	최대 18kg	최대 22kg	최대 27kg

목에 가해지는 무게

〈그림 4〉 휴대전화 사용 시 머리 각도에 따른 목에 가해지는 힘의 변화. 출처: Hansraj, 2014, p.278.

고, 목과 어깨에 여러 증상이 발생할 가능성이 높다. 전자 기기 사용은 아기나 책 등 가까운 대상을 보는 활동과는 다르다. 우선 우리는 휴대전화를 꽤 낮게 들고, 양팔은 몸에 붙인 채 엄지손가락만 움직이며, 하루에도 몇 시간이나 사용한다. 이 자세가 불러올 결과를 확실히 알려면 더 많이 연구하고, 읽고, 써야 한다. 물론 그러려면 고개를 숙이고 화면을 봐야 할 테다.

* * *

목의 가장 기본적인 기능은 머리를 몸에 붙여 놓은 채로 고정하는 일이다. 이는 대체로 머리에서 꼬리뼈까지 이어진 세로축, 척추의 상단을 조정함으로써 이루어진다. 기본적인 머리-꼬리 축은 배아 발달 초기에 구성되며(인간은 수정 후 약 2주) 약 5억 년 전 인간의 먼 진화적 조상으로부터 내려왔다.[3] 초기 배아에서 텅 빈 세포 덩어리가 형성된 직후 표면의 세포가 안쪽으로 이동한다. 그리고 동물의 세로 방향을 결정하는 단단하지만 유연한 반경성의 막대를 형성한다.

이 초기 척삭notochord 구조는 신체 설계에서 아주 근본적인 부분이며, 인간이 속한 '척삭동물문Chordata'이라는 이름도 여기에서 비롯됐다. 발달이 조금 더 진행되면 척삭은 다른 골격과 근육 구조가 자리 잡을 골조를 형성한다. 척삭의 양쪽에서는 조직 덩어리(체절somite)가 응축되어 차례로 배열되며, 척추동물을 정의하는 일련의 뼈(척추)를 차츰 형성한다. 대부분 척추동물의 척삭은 배아 상태에서 거의 사라지고 척추 사이에 부드러운 쿠션(추간판)의 일부로만 남는다. 척추는 근육과 인대로 연결되며, 척추동물의 머리와 꼬리 사이에 어느 정도의 경직성과 방향성을 부여한다. 신체는 척추가 얇고 기동성 있는 요소로 구성된 덕분에 회전할 수 있다. 머리를 연결하는 매개로서 목뼈는 두 기계적인 기초 성질, 즉 안정성과 유연성을 제공해야 한다.

인간의 어류 조상들 척추는 머리를 수평으로 지탱했는데, 이는 머리에서 꼬리 방향으로 움직이는 수중 이동에 매우 중요했다. 그러나 물이 체중을 지탱한 덕분에 머리를 들고 유지하기 위한 탄탄한 골격이나 근육은 필요하지 않았다. 기본적인 수평 자세는 대부분 목이 달린 척추동물, 즉 양서류와 파충류, 포유류 등 육상 사지동물에서도 이어졌다. 그러나 육지에 선 척추동물은 중력에 대응하기 위해 더 정교한 구조가 필요했고, 목을 아래로 구부리기 시작했다. 또한, 육상 척추동물은 가시 범위를 넓히고자 목을 다소 위로 드는 경우가 많았다. 따라서 많은 척추동물은 목을 안정적이지만 유연하게, 기운 상태에서도 수평으로 지탱하는 복잡한 관절과 근육, 힘줄이 발달하도록 진화했다.

한편, 수많은 조류 그리고 인간과 같은 이족 보행 포유류는 머리를 지탱하는 구조가 완전히 바뀌었다. 진화 과정에서 인간의 머리는 꼿꼿이 세워진 척추라는 받침대에서 균형을 잡도록 진화했으며, 목뼈는 중력으로 인해 굽는 대신 압축됐다. 대체로 머리를 아래 방향에서 지탱하는 인간과 다른 이족 보행 동물의 목은 더 가벼워졌다. 그러나 상대적으로 근육과 힘줄이 더 적은 인간의 목은 고개를 오래 숙이면 만성적 긴장이 빈번히 발생하고, 측면에서 예기치 못한 힘이 가해지면 다치기 쉽다. 인간의 이족 보행 자세는 감각 능력이 향상되고 양손이 해방되는 과정에서 많은 진화적 이점을 제공했지만, 전자 기기 사용에 따른 거북목이나 자동차 사고와 같은 현대 기술이 가하는 위협에는 더 취약해질 수밖에 없었다.

인간의 머리와 목이 이루는 수직 자세는 외부의 물리적 힘을 견디거나 이에 대응하면서 역학적 상황에 맞서야 한다. 한편 인간이 머리를 지탱하는 이 특별한 방식은 인간의 내면세계를 한눈에 보여주기도 한다. 타인이 보는 우리의 자세는 태도다. 기분과 마음가짐을 표현한다. 고개를 숙인 자세는 슬픔이나 굴복을 의미한다. 고개를 약간 비튼 자세는 멸시나 오만을 나타낸다. 고개를 좌우로 흔들면 호기심이나 불확실함의 표현이다. 머리의 위치를 조절하는 목에는 강력한 소통, 표현 능력이 있다. 그렇다면 인간과 동물이 목으로 머리를 지탱하는 방식의 이중성, 즉 쉽게 다칠 수 있는 취약성과 표현을 가능하게 하는 생동감에 대해 더 자세히 알아보자.

자세: 목의 기능과 취약성

인간의 머리는 거의 완벽한 균형을 유지하며, 목은 수직 자세에서 머리를 지탱할 수 있도록 훌륭히 설계됐다. 인간의 가장 가까운 친척인 침팬지는 척추가 앞으로 더 기울어져서 머리가 앞으로 쏠리지 않도록 훨씬 더 많은 힘을 들인다. 따라서 두 종의 머리는 비율적으로는 크기가 같지만(체중의 약 8퍼센트), 인간이 머리를 지탱하는 데 들이는 근육 에너지는 10분의 1가량에 불과하다.4 인간의 머리뼈가 유인원 친척 대비 더 훌륭하게 균형을 유지할 수 있었던 건 인간의 얼굴이 짧아진 덕분도 있다.5 작은 '주둥이' 덕분에 인간은 척추-머리뼈 관절 앞쪽에 많은 무게를 싣지 않아도 된다. 더욱이, 인간 얼굴의 전면부 무게는 척추-머리뼈 관절 뒤쪽으로 돌출된 머리뼈로 균형을 유지한다. 그러나 인간 머리뼈의 질량 중심은 관절보다 약 1센티미터 앞쪽에 있으므로, 구조적 지탱이 없다면 머리가 앞으로 기울어질 것이다.

다행히도 이 지지력의 대부분은 탄력성이 뛰어난 목덜미 인대에 있다. 목덜미 인대는 머리뼈 후면과 척추를 연결하는데, 번지점프용 밧줄을 떠올리면 이해하기 쉽다. 탄력적인 지지력과 목뼈 상단에 머리가 수직으로 정렬된 형태는 인간이 여타 영장류에 비해 머리를 고정하는 근육이 더 적음을 의미한다. 레오나르도 다 빈치Leonardo da Vinci는 머리를 지탱하는 곧추선 인간 목의 우아한 설계를 잘 알았던 듯싶다. 그의 해부학 스케치북에는 200장이 넘는 해부학 그림 중 소수만이 기계적 또는 구조적 스케치와 함께 수록됐다. 그러나 그중 하나, 곧게 선 목을 그린 도판에서는 기둥 꼭대기에 장식이 얹힌 건축 기둥을 함께 그렸다. 이는 해부학, 예술, 공학에서의 유사한 설계를 목과 연결한 것이다.6

표면적으로 보면 척추 위에 머리가 균형 있게 올라가 있는 구조는 확실히 설계적 이점이며, 이는 인간이 이족 보행하면서 적응한 진화의 결과물처럼 보인다. 하지만 대니얼 리버먼Daniel Lieberman이 《The Evolution of the Human Head(인간 머리의 진화)》에서 설명한 바와 같이, 조금만 더 자세히 들여다보면 그렇지 않음을 알 수 있다.[7]

400만 년 동안 오스트랄로피테쿠스Australopithecus를 비롯한 우리 인류의 조상 종족, 호미닌hominin은 넓은 지역을 두 다리로 걸어 횡단했다. 그러나 이들의 머리는 무척 불균형했다. 더욱이, 이족 보행하는 다른 포유류(캥거루 등)나 그 외 목이 수직으로 선 포유류(기린 등)의 경우도 머리가 불균형하다. 오히려 불균형한 머리가 종의 존속에 유리했을 수도 있다. 움직이는 동안 머리를 안정적으로 유지할 수 있다는 점이 그 증거다. 모든 동물은 걸을 때 머리가 불안정하다. 사지동물(대부분의 양서류, 파충류, 포유류)의 머리는 척추에서 앞으로 튀어나왔으며, 그중 대부분은 걸음에 맞춰 목뒤의 근육을 수축시켜 오르내리는 신체 움직임을 상쇄하고 머리를 안정시킨다.

인간의 머리는 척추 꼭대기에 있으므로 이와 같은 반작용식 해결책을 적용할 수 없고, 따라서 이동 중 머리의 안정성이 문제가 된다. 척추를 통해 움직이는 두 다리와 연결된 사람의 머리는 매 걸음마다 4~5센티미터가량 위아래로 까닥거린다.[8] 머리가 상하로 움직임에 따라 인간은 리버먼이 '포고 스틱pogo stick'(국내에서는 스카이콩콩이라고 부르는 놀이 기구.—옮긴이) 문제라고 부르는 상황과 마주한다. 머리의 불안정성은 달릴 때 더욱 심화된다. 발을 내디딜 때마다 몸무게의 약 3배에 달하는 반작용 힘이 위로 가해지며, 머리는 10센티미터가량 위로 튕겨 올라간다.

또한, 달릴 때는 한쪽 다리에서 반대쪽 다리로 지지력이 전환되며 발을 바꿀 때마다 몸이 좌우로 흔들린다. 상하좌우로 가해지는 힘은 조깅하는 사람들의 머리를 보면 쉽게 이해된다. 조깅하는 사람들의 묶은 머리카락이 숫자 팔(8) 모양으로 흔들리는 모습을 떠올려 보라. 이는 달리는 사람의 머리에 작용하는 복잡한 기계적 힘을 단적으로 보여 준다.

반작용 문제를 해결하기 위해 인간은 달리는 동안 머리의 거친 움직임을 제한하는 장치를 몇 가지 활용한다.9 좌우 흔들림은 땅에 닿은 발의 반대편 팔을 앞으로 흔들며 완충한다. 목뒤 근육인 등세모근(승모근)은 율동적으로 수축하며, 달릴 때 몸이 앞으로 기울어져 고꾸라질 위험을 줄인다. 두 보상적 동작은 달릴 때 머리가 거칠게 움직이는 것을 최소화한다.

'포고 스틱' 문제 외에도 직립 자세는 목구멍 쪽에 공간적 여유가 상대적으로 적다는 단점도 있다. 앞턱에서 귀밑 아래턱까지 그리고 이 지점에서 다시 빗장뼈까지 이어지는 각도를 생각해 보자. 사지동물은 이 각도가 넓다(개의 목을 떠올려 보라). 반면 인간은 이 각도가 훨씬 좁다. 머리가 몸 쪽으로 더 들어가 있기 때문이다. 따라서 목구멍에 있는 모든 장기가 차지하는 공간이 줄어드는데, 수백 년 전 해부학자 베살리우스가 지적했듯 이로 인해 목은 인체 부위 중에서도 가장 복잡하다.

인간의 이족 보행에서 비롯된 제한적인 공간 문제는 또 다른 결과를 불렀다. 대부분의 사지동물에 비해 인간의 목이 짧다는 사실이다. 사지동물의 경우, 앞턱에서 목의 아랫부분까지 적어도 다리

길이만 해야 한다. 그래야 땅에 있는 물체를 입으로 집을 수 있다. 네발로 땅을 내디디면 비교적 가로로 긴 목뼈에 장기를 매달 공간을 충분히 확보할 수 있다.

그러나 인간은 다르다. 주로 손을 이용해 물체를 집는 인간은 목이 더 짧아도 된다. 목이 짧으면 머리를 안정적으로 받치는 데 도움되지만, 기관, 후두, 갑상선, 목 근육 등의 크기가 제한된다. 인간의 머리를 지탱하는 역할만 담당했다면, 목은 건축물 기둥처럼 단단하고 길며 우아했을 것이다. 그러나 인간 목은 다른 중요 기능을 수행하는 구조로 꽉 차 있다. 여기에는 공간이 필요하며, 목과 함께 휘고 반동에 견딜 수 있어야 한다.

* * *

이족 보행 자세에서 머리와 척추에 가해지는 중력은 (대체로) 아래로 작용하므로, 목 근육은 머리를 안정시키는 데 큰 노력을 들일 필요가 없다. 그리고 이 자세는 다른 동물에는 없는 놀라운 능력을 인간에게 부여한다. 바로 머리 위에 무거운 물건을 이는 능력이다. 이때 목은 균형감을 느끼고 부분적으로는 균형을 유지하는 데 도움 된다. 다른 동물은 큰 먹이를 입으로 물어 질질 끌고 가기도 하고, 고양이, 설치류, 영장류를 비롯한 일부 포유류는 새끼를 입으로 물어서 옮기며 코끼리는 코로 통나무를 옮긴다. 인간처럼 머리 꼭대기에 짐을 올리고 균형을 잡는 동물은 없다. 전 세계의 인간은 머리 위에 물부터 장작, 곡물 포대, 심지어 건설자재에 이르기까지 온갖 짐을 이고 다녔다.

유튜브에서 화제가 된 한 영상 속, 벽돌이 가득 실린 작은 배 위에 방글라데시 청년이 서 있다.¹⁰ 청년은 벽돌 2장을 머리에 올린다. 2장 더 올려 4장이 되고, 6장이 되고, 벽돌은 계속해서 쌓인다. 머리 위에 쌓인 벽돌이 14장이 되어 팔 길이를 넘어서자, 청년은 이제 벽돌을 2장씩 던져 머리 위의 더미에 얹기 시작한다. 벽돌은 쌓인 더미 위에, 청년의 척추 축에 맞춰 완벽히 자리 잡는다. 벽돌 더미가 쌓일수록 청년은 다리로 약간의 추진력을 더한다. 청년은 키의 3분의 2만큼 쌓인 약 40킬로그램에 달하는 22장의 벽돌 더미를 이고 몸을 돌려 주저 없이 걷기 시작한다. 30센티미터 폭의 널빤지 위를 성큼성큼 걸어 배에서 벗어나 부두로 향한다. 청년은 벽돌 더미를 보지 못한다. 그저 감각으로만, 목을 사용해 균형을 유지한다. 영상에 등장하는 청년은 부두까지 짧은 거리를 이동하지만, 역사적으로 머리에 물건을 이고 나르는 짐꾼의 여정은 훨씬 더 길고 고달팠다. 유럽의 아프리카 식민지화 과정에서 짐꾼이 대형 선박의 부품을 머리에 이고 수백 킬로미터를 이동한 믿기 힘든 사례도 있다.¹¹

19세기 후반, 영국은 동아프리카 내륙, 특히 우간다 보호령Protectorate of Uganda을 통제하는 데 집중했다. 우간다는 나일강 상류에 접근할 수 있는 지역으로, 아프리카 북동부 전체를 확보하기 위한 전략적 거점이었다. 이 지역을 통제하기 위해서는 내륙에 있는 거대한 호수, 즉 빅토리아Victoria호와 탕가니카Tanganyika호에서의 선박 활동을 영국 해군의 통제하에 둬야 했다. 그러나 문제가 있었다. 영국에서 건조된 증기선을 해안에서 멀리 떨어진 이 호수까지 운반해야 했다. 영국이 내놓은 해결책은 배를 분해한 다음, 부품을 아프리카인 짐꾼들의 머리에 싣는 것이었다. 짐꾼들은 머리에 짐을 이고 건조한 사막, 기생충이 우글거리는 울창한 밀림, 험난한 산맥을 지나 리프트 밸리Rift Valley의 내륙 호수 연안까지 약 900킬로미터를 걸었다.12

이렇게 짐꾼들이 운반한 배 중 하나가 에스에스 윌리엄 맥키넌호 SS William Mackinnon다. 1890년, 스코틀랜드의 조선소에서 건조된 이 증기선은 3,000개 이상의 부품 더미로 분해됐으며, 대부분은 사람이 운반할 수 있는 수준인 27킬로그램가량이었다. 부품은 배에 실려 몸바사Mombasa(현재의 케냐)의 항구로 보내졌고, 이후 수년에 걸쳐 동아프리카의 여러 경로를 따라 도보로 운반됐다. 8년 후 모든 부품이 빅토리아호 기슭에 도착했고, 그곳에서 다시 조립돼 가동됐다. 에스에스 윌리엄 맥키넌호는 더 이상 사용할 수 없는 상태라고 판정된 1929년까지 운항했다. 이후 호수 바닥으로 가라앉으며 수천 명 짐꾼들의 노고도 함께 수장됐다.13

머리를 이용한 짐 운반은 세계 여러 지역에서 이어졌으며, 인력에 의한 운반 수단으로써는 인체 공학적으로 놀랄 만큼 효율적이다.14 그러나 짐을 머리에 얹어 나르는 행위는 목 건강에 좋지 않다.15 하중이 목을 누르면 대부분은 목뼈에 힘이 가해진다.16 뼈는 힘을 잘 견디지만, 뼈 사이의 추간판(연조직)은 외부 힘에 취약하다. '탈장된 디스크'로 사람들에게 잘 알려진 추간판은 대부분 연골로 구성되며, 척추 사이에서 완충 작용과 척추에 유연성을 제공한다. 각 추간판, 즉 디스크는 젤리와 같은 물질로 채워졌으며, 이 물질은 노화와 함께 서서히 분해된다. 전체 디스크는 척추 길이의 약 5분의 1을 차지하며, 노화에 따른 디스크 퇴화는 노인이 되면 키가 줄어드는 이유 중 하나다.

중요한 건 나이가 들어 척추 사이의 완충재가 줄어듦에 따라 뼈가 마찰한다. 이는 관절염 혹은 척추 사이로 척수를 빠져나가는 신경을 압박해 사지에 통증이나 마비를 일으킨다. 따라서 머리 위에 무거운 짐을 얹으면 목뼈 사이 디스크에 압박이 가해지고, 시간이 지나면서 디스크는 척추증spondylosis이라는 상태로 퇴화한다. 많은 연구에 따르면, 머리로 물건을 나르는 짐꾼은 다른 직종의 대조군에 비해 경추증cervical spondylosis 발병률이 3~4배 더 높다. 당연히 만성적인 목뼈 질환과 통증 유발 가능성도 더 높다.[17] 머리에 짐을 이고 대량의 짐을 나를 수는 있었지만, 장기적인 목 통증이라는 대가는 짐꾼들이 치른다.

* * *

인간의 목이 그리고 척추 전체가 머리를 지탱하는 독특한 방식 중 하나는, 보통 움직이는 방향과 지탱 방향이 수직 관계에 있다는 점이다. 그래서 어떤 물체와 부딪히면 (더 중요한 건, 물체가 우리에게 부딪히면) 수평 방향으로 힘이 가해져 목이 앞뒤로 급격히 늘어나고 꺾인다. 목 근육은 상대적으로 약하기에 이 힘을 견디지 못한다. 따라서 수직으로 선 인간의 목은 충격에 약하다. 인류 역사에서 목의 수직적 구도는 인간의 움직임에 큰 문제가 없었다. 두 발로 걷거나 가축을 타고 세상을 천천히 돌아다니던 때는 어떠한 충돌도 목뼈를 손상할 정도로 강하지 않았다.

그러나 19세기 초, 기차와 자동차가 쏜살같은 속도로 인간을 나르기 시작했다. 기계가 발달하며 인간의 목은 편타 손상(갑작스러운 움직임으로 목과 머리가 순간적으로 앞 혹은 뒤로 꺾이며 목뼈에 발생하는 손상.―옮긴이)에 무척 취약하다는 사실이 드러났다. 그런데 편타 손상은 새로운 발견일까, 아니면 인간이 새로이 만든 질환일까? 논란의 여지가 다분한 질문이다. 그만큼 복잡하며 중대한 논점이다. 캐나다의 저명한 연구자이자 의사, 머리 앨런Murray Allen은 이렇게 말한다.

"세상에는 사람들 사이에 논쟁을 불러일으키는 2가지 수수께끼가 있죠. 하나는 우주의 신비이고, 다른 하나는 편타 손상입니다."[18]

자동차 충돌 사고가 단기적인 목 통증을 유발한다는 데는 이견이 거의 없다. 유발하는 게 맞다. 논쟁의 대상은 만성 통증이다. 만성 통증은 수년에 걸쳐 사람을 쇠약하게 하고, 장기간에 걸친 법적 분쟁과 막대한 비용을 야기한다. 논쟁의 핵심은 편타 손상이 주관적일 수밖에 없다는 데 있다. 사고 후 목 통증은 의심의 여지 없이 실재하며, 때로는 잔인할 정도다. 그러나 이 통증은 보고된 경험일 뿐, 객관적으로 관찰할 수 있는 현상이 아니다.

관절염이나 탈출추간판, 종양과 같은 일부 목뼈 질환은 환자가 설명하지 않아도 비교적 명확하게 진단할 수 있다. 그러나 아직까지 어떤 의사도 의료 영상이나 검사 결과만으로 환자에게 '당신은 목 통증이 있습니다'라고 자신 있게 말할 수 없다. 오히려 환자에게

'여기가 아픈가요?'라는 질문에 대한 대답으로만 확인할 수 있다. 이 질문은 때로, 특히 법정이나 보험회사에서 수백만 달러를 좌지우지한다. 미국인들은 여러 부상 중에서도 목 염좌로 보험 청구를 가장 많이 한다.[19] 편타 손상에 대한 보험 청구는 연간 2,000억 달러가 넘는다.[20]

편타 손상의 원인은 간단하다. 후방 추돌로 인해 가슴이 머리보다 훨씬 더 앞으로 세게 밀리면 목은 뒤쪽으로 급격히 과신장(정상 범위를 넘어 늘어남.―옮긴이)된다. 반대로 브레이크를 세게 밟으면 머리는 앞으로 휘청이지만, 가슴은 머리보다 무겁고 안전벨트로 고정되므로 목이 과도하게 반대 방향으로 꺾인다.[21] 이 모든 과정이 0.25초도 안 되는 시간 안에 벌어진다. 이때 목뼈보단 뼈 사이에 걸친 근육과 인대가 늘어나 다치는 경우가 많다. 사고 직후의 국부적인 통증은 대개 이 염좌가 원인이다.

이러한 초기 증상은 대부분 사고 후 얼마 지나지 않아 사라진다. 하지만 20~25퍼센트의 경우, 증상이 수개월에서 수년간 지속되며 다른 신체 부위로 퍼지곤 한다. 즉, 목·등·팔다리의 통증, 두통, 턱 질환, 감각(시각, 청각, 균형 감각) 장애, 인지 장애 등이 나타날 수 있다.[22] 편타 손상 증상도 사람마다 꽤 다르게 나타나는데, 가령 고령자나 목뼈 질환 환자, 과거에 심리적 어려움을 겪은 사람은 특히 편타 손상으로 인한 만성 증상을 겪기 쉽다. 부상을 입은 뒤 환자의 태도도 영향을 미친다. 빠른 회복을 기대하는 환자는 실제로 다른 환자보다 더 빠르게 회복한다.[23]

편타 손상은 문화별로도 큰 차이를 보인다. 예를 들어 미국, 캐나다, 영국, 아일랜드, 스칸디나비아 사람들은 독일, 그리스, 리투아니아 사람들보다 더 많은 만성 편타 손상을 경험한다. 충돌로 인한 만성 편타 손상을 부상의 범주에 포함하지 않는 국가도 있다.[24] 《The Whiplash Encyclopedia(편타 손상 백과사전)》의 로버트 페라리Robert Ferrari는 소송 문화가 편타 손상의 발생 양상에 국가별 차이를 만든다고 주장하는 연구 결과를 인용했다.[25]

예컨대, 1980년대 초 호주는 자동차 사고 후 부상에 대한 금전적 보상을 청구하는 법적 절차가 상대적으로 관대했고, 따라서 만성 편타 손상 신고율이 높았다. 반면 싱가포르는 관련된 법적 수단이 미흡했고, 자동차 사고 발생률은 비슷했지만 편타 손상 사례 보고는 거의 없었다. 그러다가 1980년대 후반, 호주에서 부상자가 보상을 청구할 수 있는 법적 조건을 까다롭게 만들면서 편타 손상 보고 건수는 급락했다. 그러나 문화 차이는 오직 법적 체계에 의한 것만은 아니다. 페라리는 금전적 보상 외에도 부상이 만성 통증으로 이어지리라는 예상이 만연한 문화권일수록 만성 편타 손상의 보고율이 높다고 결론 내렸다.

편타 손상의 영역은 여전히 논쟁으로 가득하다. 이 손상이 정신적·문화적 해석이 아닌 조직 손상에서 비롯된다고 주장하는 이들은, 미래의 진단 도구가 편타 손상으로 인한 통증 원인을 명확히 밝힐 것이라고 주장한다.[26] 그러나 현대 의학 기술이 끔찍한 자동차 사고 후에 따르는 부상, 통증, 믿음으로 뒤얽힌 복잡한 문제를 완전히 해소할지는 불분명하다. 그 사이 자동차 기술은 어느 때보다 빠른 속도로 우리를 세계 곳곳으로 실어 나른다. 이는 진화한 인간의 몸과 자세가 감당할 수 있는 범위를 훨씬 뛰어넘는 힘에 우리를 노출시킨다.

* * *

편타 손상은 약한 목과 수직으로 선 자세로 인한 위험이며, 대부분은 수평 방향으로 빠르게 움직이기 위해 이 위험을 기꺼이 감수한다. 그리고 극소수의 사람들은 수직으로 떨어지는 스릴을 즐기기 위해 훨씬 더 큰 위험을 감수한다. 이들은 짜릿함을 느끼기 위해 최대 30미터 높이의 절벽에서 저 아래 반짝이는 수면 위로 뛰어내리는데, 가끔 머리부터 떨어지기도 한다. 단 한 번의 오판으로 일어나는 위아래가 뒤집힌 편타 손상은 생명을 위협하는 사고다. 암벽 다이버가 곧은 자세로 입수한다면 목뼈가 물과 부딪히며 생기는 압력을 적절히 흡수한다. 그러나 고개를 숙인 채 입수하면 그 즉시 심각한 부상을 입거나 마비가 오며, 심지어 사망에 이를 수도 있다.

비전문가의 오락성 다이빙은 사지 마비 사고 원인 중 가장 큰 비중을 차지한다. 미국에서는 척수 손상으로 입원하는 원인 중 자동차 및 오토바이 사고, 추락, 총상 다음으로 다이빙이 네 번째로 많다.[27] 숙련된 전문 다이버는 조금 낫지만, 한 조사에 따르면 암벽 다이버 중 14퍼센트는 1년 내 심각한 부상을 입었으며 그중 두 번째로 많이 다치는 부위가 목뼈와 목이었다.[28]

높은 곳에서 떨어지는 다이빙은 무척 위험하지만, 나는 그 매력을 이해한다. 개인적으로 가장 짜릿한 자연 광경 중 하나가 바닷

새가 먹이를 향해 반짝이는 바다 위로 급강하하는 모습이다. 가넷 gannet(가마우지목 가다랭이잡이과에 속하는 바닷새.—옮긴이) 떼는 10미터 상공에서 날아다니면서 고개를 숙여 정어리를 찾으며, 가끔은 더 높이 올라가 그 자리를 맴돌기도 한다. 그러고는 한 마리씩 리듬에 맞춰 수직 자세로 몸을 굽히고 몸을 뻣뻣이 세운 채 마치 카미카제(태평양전쟁 말기에 일본군이 연합국 함대에 시도한 비행기 자폭 전술과 이를 위해 조직한 특공대.—옮긴이) 전투기처럼 바다로 떨어진다. 그리고 수면에 부딪히기 직전에는 날개를 뒤로 젖히고 몸을 수면 10미터 아래까지 내리꽂아 먹잇감을 잡는다. 가넷 한 마리는 먹이를 한 번 포획하기 위해 100번까지도 다이빙한다. 그러나 가넷은 카미카제 대원이나 암벽 다이버처럼 죽거나 다치지 않는다. 새드 엔딩이어야 할 결과가 해피 엔딩이니 카타르시스까지 느껴진다.

    가넷의 급강하 공격의 물리학적 원리를 생각하면 해피 엔딩이 당연한 결말은 아니다. 지름이 단 5센티미터밖에 되지 않는 목이 지탱하는 가넷의 머리는 시속 100킬로미터 이상의 속력으로 물에 부딪힌다. 게다가 불규칙하게 출렁이는 수면 때문에 제대로 입수하지 못할 수도 있다. 여기에서 놀라운 건, 가장 위험한 순간은 수면에 충돌하는 때가 아니라는 것이다. 머리가 물에 들어가면 목 주변으로 공기층이 형성되는데, 목을 휘고 부러뜨릴 수 있을 정도로 크고 불규칙한 힘을 받는 이때가 가장 위험한 순간이다.

    버지니아 공과대학교에서 의생명공학을 연구하는 브라이언 창 Brian Chang과 공동 연구진은 가넷의 다이빙이 어째서 놀랄 정도로 안전한지 알아보기 위해 물리학적 원리를 연구했다.29 먼저 연구진은 죽은 가넷을 실제 다이빙 자세처럼 화살 모양으로 얼린 뒤, 실제 다이빙 속도로 물에 떨어뜨려 유체역학을 분석했다. 이후 실험을 단순화하기 위해 긴 부리가 달린 가넷의 머리를 본뜬 플라스틱 원뿔을 3D 프린터로 제작하고, 이를 실제 가넷의 목과 유사한 플라스틱 '목'에 연결했다. 연구진은 이 기본 모델을 통해 해부학적 매개변수와 다이빙 속도를 다각화해 물에 떨어질 때 어떤 조건이 인공 목을 쉽게 휘도록 만드는지 확인했다.

가령 넓은 부리나 긴 목과 같은 특정한 해부학적 구조를 지닌 인공 목은 부러진 반면, 가넷 목과 비슷한 모델은 안정적이었다.30 여기에 목을 뻣뻣하게 하는 근육수축 효과를 더하자 안전성은 더 높아졌다. 이렇게 수축한 목을 꺾는 데 필요한 힘은 평소 가넷이 다이빙할 때 겪는 힘보다 100배가량 더 컸다. 연구진은 이렇게 '과도하게 설계된' 목을 지닌 가넷이라면 시속 약 300킬로미터까지 견딜 수 있을 것으로 추정했다. 이는 가넷의 평균 다이빙 속도의 3배에 달한다. 고속 수직 다이빙을 하는 가넷은 놀랍게도 굉장히 안전한 방식으로 먹이를 찾는 셈이다.

육지에서 수평으로 느리게 움직이는 인간은 머리를 지탱하는 데 정밀함이나 고도의 노력, 복잡한 해부학적 구조가 필요 없다. 인간은 두 발로 균형을 삼을 수 있게끔 진화했다. 그러나 가늘고 곧게 선 인간의 목은 약점으로도 작용한다. 가끔은 기술 기기를 소비하며 취하는 뒤틀린 자세의 부작용으로 목 통증을 감내해야 한다. 또한, 예기치 못한 힘으로 디스크가 탈출하거나 목이 꺾일 수도 있다는 두려움에서 완벽히 자유로울 수 없다. 인간 목의 취약성과 축복받은 균형감은 동전의 양면과도 같다.

표현: 생동감 있는 움직임

인간과 동물이 머리를 지탱하는 방식은 머리를 이용해 짐을 운반하거나 급강하 공격이 가능하다는 등 놀라운 능력을 부여하지만, 동시에 거북목이나 편타 손상과 같은 심각한 취약성도 남긴다. 그리고 목은 물리적 힘을 견디도록 구조적으로 지원하면서도 일상과 예술에서 섬세한 역할도 한다. 목은 감정과 생각을 전달하며, 자세로 소통한다. 인간은 물론 동물 역시 머리 움직임을 통해 의사소통하는데, 이는 동물 세계에서 쉽게 발견할 수 있다. 개는 복종하거나 장난칠 때 머리를 숙이고, 공격하거나 두려울 때 머리를 든다. 말은 편한 상태일 때 머리를 내리고, 공격성을 드러낼 때는 머리를 좌우로 흔든다. 또 머리를 들어 올리는 것은 경계하거나 곧 다가올 위협을 걱정한다는 의미다. 달리는 동안 머리를 뒤로 치켜들면 고통을 느낀다는 신호다.

일상 속 인간과 동물의 행동을 통해 우리는 머리 위치가 감정을 표현하는 데 어떤 역할을 하는지 끊임없이 상기한다. 그리고 아리스토텔레스에게 머리 각도는 감정 표현뿐만 아니라 사색을 드러내는 방식이기도 했다.[31] 그는 생각에 잠길 때 고개를 뒤로 젖히는 것이 우연이 아니라며, 이 각도가 사고를 돕는다고 생각했다. 그는 이렇게 물었다.

"사람이 상상할 때 왜 머리를 하늘로 치켜드는가?"

그는 상상력의 힘이 뇌의 앞부분(전두부)에 있다고 믿었다. 따라서 머리를 들어올리면 '상상력을 돕는 정신'이 위로 올라가 전두엽을 자극한다고 생각했다. 또 그는 물었다.

"사람이 회상하거나 지난 일을 생각할 때 왜 땅을 내려다보는가?"

그는 상상력과 반대로 기억력은 뇌의 뒷부분(후두부)에 있으며, 고개를 숙일 때 '기억을 완성하는 정신'이 그쪽으로 흘러들어 간다고 했다. 이는 현대의 인지 개념과는 다소 다르지만, 인간 행동에 대한 관찰과 논리적 추론을 결합한 그의 사고는 감탄할 만하다. 만약 정말로 특정한 머리 위치가 생각을 자극했다면, 수많은 사유로 가득했던 그의 머리는 쉬지 않고 사방으로 움직였을 테다.

* * *

진화를 거치며 인간은 머리를 중립적 위치에 두는 데 노력하지 않아도 되는 해부학적 구조를 가졌다. 그러나 인간은 이 자세를 별로 선호하지 않는다. 대부분은 운전면허증이나 신분증, 여권 등 공문서에 등록된 증명사진을 좋아하지 않는 것이 그 증거다. 개인 신원 파악에 활용되는 이러한 사진에는 개성과 표정이 없다. 상하좌우, 어느 방향도 보지 않은 채 그저 어깨 위에 달린 우리 얼굴은 텅 비었으며 중립적이다.

다행히도 이렇게 생기 없는 사진을 볼 일은 거의 없다. 잡지를 한 번 넘겨 보라. 미술관에 가거나 우리를 둘러싼 광고를 떠올려 보라. 정면을 바라보는 자세는 거의 찾기 힘들다. 패션 사진이나 선거 포스터, 배우 프로필 사진 등 개인을 묘사한 대부분의 사진에서 목은 비스듬한 각도로 머리를 받치며 무언가를 표현한다. 확실히 머리를 살짝 기울이거나 비트는 자세는 우리를 더 인간답게 만들고 개성을 부여한다. 하지만 이런 표현성이 머리에서 드러난다 해도, 결국 자세를 잡는 건 목이다. 머리는 목 관절 주변의 근육을 통해서만 고정되거나 움직일 수 있기 때문이다.

고개를 비스듬히 기울이는 건 모델이나 연예인뿐만이 아니다. **우리도 마찬가지다.** 지금은 자화상의 황금기, 셀카의 시대다. 산꼭대기부터 파티장까지 아름답고 유명한 장소라면 어디서든 팔을 쭉 뻗고 고개를 기울인 사람을 쉽게 찾을 수 있다. 의식적이든 무의식적이든, 우리는 고개를 이리저리 움직이며 최적의 각도와 조명을 찾는다. 이처럼 즉흥적이고 아마추어적인 셀카는 머리와 목의 표현성에 관심 있는 심리학자들의 주목을 끌었다. 이런 직관적이면서 약속이라도 한 듯 같은 자세를 취하는 데는 어떤 패턴이 있는 걸까? 연구진은 전 세계 6개 도시에서 인스타그램에 올라온 3,000장 이상의 셀카를 분석했고, 그 결과 셀카 속 머리 위치가 무작위가 아니라는 점을 발견했다.[32]

증명사진을 싫어하는 것을 증명이라도 하듯, 셀카 중 7퍼센트만이 정면을 향했다. 고개를 돌린 사진에서는 왼쪽 뺨을 드러내는 경향이 뚜렷이 나타났다. 마찬가지로 평가자에게 사진의 매력도나 삶

정직 강도를 평가하도록 요청하자, 정면이나 오른쪽 얼굴보다 왼쪽 얼굴이 드러난 사진을 더 높게 평가했다. 이미 오래전부터 심리학자들은 사람들이 왼쪽 얼굴에 더 감정적으로 반응하며, 이는 좌뇌와 우뇌의 차이 때문이라는 것을 알았다. 셀카에서 발견되는 또 다른 특징으로는 머리를 앞으로 기울이고 턱을 아래로 당기는 자세다. 셀카를 찍는 사람들은 턱을 더 아래로 당긴 것처럼 보이기 위해 팔을 최대한 위로 뻗는다. 이 자세는 '높이-무게 착시height-weight illusion'를 일으켜 피사체를 더 날씬해 보이도록 만든다.33

머리를 수직으로 기울이는 자세는 구애 활동에서 특별하다. 연구진은 틴더Tinder라는 데이팅 앱에 올라온 사진을 분석했다. 그 결과 여성은 카메라를 올려다보는 경향이 강한 반면, 남성은 아래를 내려다보는 경향이 두드러진다는 사실을 발견했다. 연구진은 이러한 경향이 성별에 따른 키 차이와 관련 있을 것으로 추측한다. 이성 커플의 경우, 여성은 남성을 올려다보고 남성은 여성을 내려다보는 경우가 더 많다. 이는 미래의 커플 자세를 셀카로 미리 보여 주는 것이다.34

* * *

미술관을 둘러보면 오래전부터 고개를 살짝 숙이거나 돌린 자세가 매력적이라는 사실을 알았던 듯하다. 서양 미술에서는 고대 그리스부터 회화나 조각 속 자화상에서 고개를 기울인 인물을 그렸다. 연구자들은 회화, 소묘, 사진 등 영국 국립 초상화 미술관에 있는 전체 수집품과 미국의 역사적 인물을 그린 초상화 4,000점 이상을 분석했다. 그리고 그림 속 인물 중 얼굴이 정면을 향한 경우는 7분의 1도 되지 않는다는 사실을 발견했다. 대부분 몸을 비스듬히 돌린 상태에서 머리만 앞을 향해 바라보거나(〈모나리자〉를 떠올려 보자), 인물의 머리와 몸이 모두 같은 방향을 향한 채 시선은 먼 곳에 둔 자세였다.[35]

수많은 연구와 조사 결과에서 확인할 수 있듯 훈련받지 않은 셀카 작가들처럼 미술계의 거장들 역시 초상화에서 인물의 왼쪽 얼굴을 강조한다. 이는 예술가들이 (혹은 모델 자신이) 인물의 고개를 돌려 관람자에게서 더 강렬한 감정적 반응을 이끌어 내려 한 것일 수도 있다. 고개를 돌리는 것 외에도, 많은 그림에서 (한 조사에 따르면 절반가량이) 인물의 고개를 기울여 비스듬하게 그렸다. 흔히 연민, 자비, 경배와 같은 감정을 비치는 종교적 인물은 왕족, 귀족처럼 근엄하고 권위적인 인물보다 고개를 더 기울여 그렸다. 특히, 남성보다 상대적으로 감정 표현이 큰 여성의 고개를 비스듬히 그리는 경우가 많았다.[36] 유럽과 미국의 초상화 미술관을 둘러보면, 우리가 운전면허증 사진을 보며 느끼는 무표정함에 대한 의문이 풀린다. 고개를 약간 돌린 모습이 초상화의 감정 표현을 훨씬 더 풍부하게 만든다.

초상화 외에도, 다수의 사람이 등장하는 서양 회화에서도 대부분 등장인물의 고개를 비스듬히 그린다. 모두가 같은 곳을 향해 고개를 숙이는 그림은 관람자가 한 사건이나 대상에 집중하도록 하는 효과가 있다. 그림 속 모든 인물이 같은 대상에 주목하므로 관람자도 무엇이 중요한지 파악할 수 있다. 반대로 그림 속 인물들이 서로 다른 방향을 바라보는 작품도 있는데, 이는 동일한 사건에 대한 다양한 감정적 반응을 전달하는 효과가 있다.

프라 안젤리코Fra Angelico가 15세기에 그린 〈십자가에 못 박힌 예수Crucifixion〉를 보면, 한 여성은 절망한 표정으로 무릎을 꿇고 예수를 올려다보며 다른 여성은 서서 고개를 숙인 채 기도한다. 한 남성은 놀란 표정으로 고개를 비스듬히 기울이며, 다른 남성은 고개를 숙여 책을 읽는다. 다른 이들은 서로를 바라보며 각자의 반응을 살핀다. 등장인물의 고개를 각기 다른 방향으로 기울여 그림 전체에 생동감과 활기를 더하는 작품도 있다. 렘브란트Rembrandt의 〈야경Nightwatch〉은 암스테르담 민병대원들의 모습을 그린 작품으로 북과 총, 깃발까지 등장해 시끌벅적한 분위기를 자아낸다. 이 그림에는 34명의 얼굴이 등장하는데, 거의 모든 인물이 서로 다른 방향을 바라본다. 머리가 향한 방향만으로도 장면의 소란스러움이 더욱 강조된다. 관람자들은 인물의 머리 방향을 통해 그들이 무엇에 주의를 기울이고, 무엇에 관심이 있으며, 어떤 감정을 느끼는지 짐작한다.

서양 미술에서도 고개를 돌린 일반적인 표현 방식에 예외는 있다. 감정 변화에 흔들리지 않는 강인함과 권위를 지닌 인물은 대개 정면을 응시한다. 예를 들어, 헨리 8세의 수많은 초상화에서 그는 머리와 두꺼운 목을 어깨 위에 단단히 세운 채, 정면을 똑바로 바라본다. 신병 모집 포스터 속 군인 역시 목과 머리를 꼿꼿이 세운 채 정면을 바라보는 모습으로 묘사된다.

이는 남성만의 모습이 아니다. 때때로 여왕들 역시 정면을 응시하는 자세로 표현된다. 1600년경 〈엘리자베스 1세의 대관식〉이 그중 하나다. 한 손에는 검을, 다른 한 손에는 저울을 든 '정의의 여신'도 눈을 가린 채 정면을 향해 서 있다. '자유의 여신상' 역시 곧은 목과 강한 의지가 담긴 눈으로 세상을 바라본다. 죽은 자들의 목도 마찬가지다. 보통 왕족이나 성직자 등 이후 석상으로 조각되는 존경받는 인물들의 머리는 정면을 향한 채 누워 있다. 그들은 평온히 잠들었으며, 죽음은 이 세상에 대한 감정적 반응으로부터 그들을 해방시켰다. 머리를 중립적인 자세로 두는 것이 영원한 안식에 더 어울린다.

어떤 작품에서는 예술가가 의도적으로 증명사진과 같은 무표정한 얼굴을 그리기도 한다. 대공황이 절정에 달했을 때 아이오와주의 시골에서 그린 작품, 〈아메리칸 고딕American Gothic〉에서 그랜트 우드Grant Wood는 심각한 표정의 아버지와 딸을 거의 다큐멘터리에 가까울 정도로 묘사했다. 시카고 미술관의 해설에 따르면, 초상화의 '엄격한 정면성'은 이 그림의 특징 중 하나다. 멍한 눈으로 완벽히 정면을 바라보는 농부는 딱딱하고 절제된 느낌을 주는 반면, 딸은 머리를 살짝 돌린 채 어딘가 걱정스러운 표정이다. 딸은 알 수 없는 미래를 염려스럽게 응시하는 듯 보인다.

미술관에서 고대 그리스 이전의 서양 미술이나 여러 시대 속 동서양 예술품을 둘러보면, 고개를 돌리거나 기울이지 않고 중립적인 자세로 표현된 인물들이 훨씬 더 많다. 사실 전체 인류 역사와 문화에서 고개를 비틀거나 기울이는 데 집착하는 서양 현대미술의 경향은 매우 짧고 지역적인 현상일 뿐이다. 식민지 시대 이전 라틴아메

〈그림 5〉 (a) 잔 로렌초 베르니니Gian Lorenzo Bernini, 〈성 세바스찬〉 조각상, 1617년, 티센-보르네미사 미술관. (b) 불상, 아프가니스탄, 서기 300년경, 클리블랜드 미술관.

리카, 아프리카, 오세아니아의 거의 모든 예술 작품(적어도 박물관에 전시된 작품)에서 등장인물은 정면을 바라본다. 아시아 예술은 조금 더 다양하지만, 여전히 대부분의 인물은 목을 곧게 세운다.

균형 잡힌 감정적 세계와 깊이 연결된 자세 중 하나가 바로 부처 Buddha의 중립적인 목과 안정적인 머리다. 부처는 아마 인류 역사상 가장 많이 조각되고 그려진 인물일 것이다. 내가 아는 한, 부처는 고개를 숙이지 않는다. 조각과 회화에서 부처는 가부좌를 튼 채 두 손은 무릎 위에 올려놓고, 머리는 정면을 향하며, 눈은 살짝 뜬다. 부처는 좌우든 상하든, 편을 들지 않는다. 그저 균형을 유지할 뿐이다. 정면을 바라보는 부처의 자세는 감정의 공백이 아니라, 감정적 안정과 분리의 힘을 보여 준다.

젊은 시절부터 부처는 넓은 세상을 여행하며 인간 고통을 경험했다. 그러나 깨달음을 얻는 과정에서 지나가는 모든 고통과 외부의 유혹으로부터 분리하는 법을 배운 건 보리수나무 아래 목을 곧게 펴고 가부좌 자세로 앉아 있던 때였다. 그가 이 명상 자세에 도달했을 때는 이미 세상과 필요한 모든 만남을 마친 뒤였으며, 그는 마지막 영적 변화를 향해 나아갈 수 있었다. 그곳에서 부처는 앉아 있다. 곧게 정면을 바라보며, 실로 중립적이지만 차분하고 고요한 자세로.

* * *

2장은 대부분의 사람들이 하루를 끝내는 방식처럼 잠으로 이야기를 맺으려 한다. 서 있거나 앉아서 하루를 보낼 때 기둥 모양의 목은 우리에게 큰 도움을 준다. 하지만 가로로 누워 잠을 잘 때는 머리가 한쪽으로 꺾이거나 뒤틀리고, 우리는 종종 목이 뻐근한 채로 잠에서 깨기도 한다. 엎드려 누울 때는 이족 보행을 위해 설계된 체형의 머리 방향이 문제가 된다. 네 발로 걷는 동물들과 달리 인간은 엎드려서 턱을 땅에 댄 채로 쉴 수 없다. 머리를 옆으로 90도 돌려야만 한다.

옆으로 누울 때는 넓은 어깨가 문제다. 인간은 앞뒤로 납작한 몸을 가졌고, 어깨는 머리보다 훨씬 옆으로 길게 뻗었다. 따라서 옆으로 누우면 머리가 아래로 꺾이며 목뼈도 기운다. 대부분의 포유류는 옆으로 누워 자는데, 이때 머리는 땅과 가까우며 목과 척추는 일직선을 이룬다. 무리 지어 자는 동물들(여러 종류의 영장류, 개, 고양이 등)은 서로의 몸에 머리를 대고 잔다. 인간도 서로의 몸이나 팔에 머리를 대고 잘 수 있지만, 대부분은 베개를 사용해 척추를 곧게 편다.

고대 메소포타미아와 이집트의 베개는 딱딱했으며, 조각한 나무나 돌로 만들었다. 고대 중국에서는 도자기로 된 베개를 사용했다. 우리에게 익숙한 푹신하고 솜이 든 베개의 최초 기록은 고대 그리스에 등장하며, 지난 2,500년 동안 그 종류는 놀라울 정도로 다양해졌다. 어떤 웹사이트에서는 크기, 모양, 소재가 각기 다른 베개를 40종 이상 판매하기도 한다. 모두가 밤에 머리를 어떻게 편하게 누일까 하는 공통된 고민이 있지만, 선호하는 베개에 대한 문제는 지극히 개인적이다.

아침이 오면 우리는 몸을 일으켜 머리를 거의 힘도 들이지 않고 수직으로 세운다. 1~2초에 걸쳐 정신을 차리고는 다시 밤이 오기 전까지 내내 멈추지 않는 머리를 움직이기 시작한다. 목은 자세와 표현은 물론 시야와 몸짓에도 막대한 영향을 미친다. 목뼈는 머리를 3차원적 측면에서 지탱한다. 그리고 목을 둘러싼 근육은 4차원적 영향인 '시간 속의 움직임'을 부여한다.

3장

시야와 몸짓:
머리 움직임에 담긴 의미

우리는 거의 6초에 한 번꼴로 머리를 움직여 세상을 본다. 목은 특화된 근골격 구조 덕분에 우리 몸에서 가장 유연하고 움직임이 많은 부위 중 하나다. 인간이나 동물의 목은 시야를 넓히고, 주변 환경을 더 잘 파악하며, 하루 동안 일어나는 일을 감지하는 데 중요한 역할을 한다. 실제로 이러한 감각 세계의 확장은 목의 진화를 이끈 가장 초기이자 강력한 힘 가운데 하나였을 것이다. 그러나 진화 과정에서 종종 발생하듯, 기존 기능 위에 새로운 기능이 덧붙으며 변화를 이룬다.

진화 과정에서 목은 꾸준히 소통과 표현의 수단으로 사용됐다. 다양한 생물과 인간은 목으로 많은 의미를 표현하지만, 종과 문화에 따라 머리 움직임을 활용하는 언어는 다르게 발달한다. 예컨대, 대부분의 유럽 지역과 미국에서는 고개를 끄덕이면 '그렇다', 좌우로 저으면 '아니다'를 뜻한다 기도할 때는 고개를 숙이고 키스할 때는 고개를 기울인다. 반면, 다른 여러 문화권의 목 언어는 완전히 다르다. 정교하고 형식화된 머리 움직임을 사용해 구애나 공격성을 표현하는 동물도 많다. 때때로 목은 외부 세계를 인식하는 것보다 내부 세계를 더 많이 표현한다.

몇 시간, 적어도 몇 분만이라도 목뼈가 유합돼 목을 돌리거나 굽힐 수 없는 사람의 삶을 경험해 보라. 세상의 아주 적은 부분만 볼 수 있다는 사실을 금방 깨닫는다. 더 넓은 영역을 보려면 몸 전체를 돌려야 한다. 그러다 보면 사람들의 의아한 시선을 받게 될지도 모른다. 다른 관절이 움직이지 않는 경우보다도 더 이상하다는 눈길을 말이다.

렉스Rex는 오리건주 중부의 고지대 사막에 거대한 땅을 소유한 목장주다. 그는 우리 생물학자 몇 명에게 그의 땅에서 현장 연구를 할 수 있도록 허락했다. 처음 그를 만난 건, 그의 목장 안 외딴 흙길을 걸을 때였다. 도로를 따라 쏜살같이 달리는 그의 픽업트럭에는 유난히 크고 많은 사이드미러가 달렸다. 그는 속도를 줄여 차를 멈춘 뒤, 앞 유리를 바라보며 느리고 소탈한 말투로 내게 인사를 건넸다. 가끔 곁눈질로 나를 쳐다볼 뿐 시선은 앞을 응시한 채였다. 대화를 마치자 그는 몸 전체를 창문 쪽으로 돌려 앞으로 살짝 기울이며 작별 인사를 했다. 대화하는 내내 그의 머리는 곧게 서 있었다. 말투는 친절했지만 그의 독특하고 경직된 움직임에 신경이 쓰였다. 이후, 그가 부상으로 경추 유합술을 받았다는 사실을 알았다. 그가 설치한 수많은 거울은 운전석에 앉은 채로도 시야를 넓혀 주변을 볼 수 있도록 돕는 것이었다. 하지만 친절한 카우보이의 매력도 움직이지 않고 표정 없는 그 목의 인상을 완전히 감추지는 못했다.

시야: 움직임과 회전

시야를 확보하는 능력과 머리 움직임을 활용한 표현력은 복잡한 뼈와 근육 시스템으로 구현된다. 목뼈는 척추에서도 가장 유연한 부분이다. 이 유연성은 목에 있는 수많은 가동성 요소와 관절면 덕분이다. 약 30센티미터에 걸쳐 7개의 목뼈가 총 37개의 관절면으로 연결된다. 따라서 목뼈는 인체에서 가장 복잡한 관절 시스템이다. 목뼈 관절은 20개 이상의 근육군이 제어한다. 머리는 척추와 거의 대칭을 이루며 균형을 유지하지만, 목 근육은 대칭과 거리가 멀다. 가령 머리를 뒤로 젖히게 하는 근육은 앞으로 숙일 때 사용하는 근육보다 더 크고 많다.

이렇듯 목뒤에 근육이 집중된 것은 머리를 들고 유지하는 데 상당한 근육을 사용해야 했던 인간의 네발 달린 조상으로부터 물려받은 진화적 산물이다. 어떤 근육은 짧고 머리뼈에서 상단 목뼈 2개로 혹은 인접한 척추 사이로 지나간다.[1] 또 어떤 근육은 길고 여러 목뼈에 걸쳐 이어지거나 몸에 있는 척추나 그 너머로 들어간다.

일반적으로 긴 근육은 목의 큰 움직임을 담당하고, 짧은 근육은 목을 안정시키며 근육이 당겨질 때 구부러지는 관절을 관리한다. 긴 근육은 짧은 근육을 덮는다. 더 짧고 깊은 곳에 있는 근육은 대부분 배아 발달 초기에 발생하며, 척추동물의 진화 과정에서도 상대적으로 적게 변했다. 반면 길고 피부에 더 가까운 대부분의 근육은 배아 발달 과정에서도 후기에 발생하며, 진화적으로는 어류 조상의 아가미 운동을 제어한 근육이 고도로 변형된 요소다.

피부에 가까운 긴 근육의 흥미로운 점 중 하나는 외부에서도 잘 보인다는 사실이다. 지금 거울 앞에서 턱을 오른쪽으로 끝까지 돌려 보라. 목 왼쪽에 불거져 나온 띠 근육 '목빗근'이 보일 것이다. 목 빗근이라는 이름에서부터 이 근육이 어느 뼈에 붙었는지 짐작할 수 있다. 이 근육은 가슴뼈(sterno-)에서 시작해 목 양쪽으로 한 쌍을 이루며, 목 아래 V자 모양으로 음푹 들어간 부위의 경계를 만든다. 이 근육은 빗장뼈(cleido-) 가까이에도 붙는다. 그리고 목 양쪽을 대각선으로 타고 올라가 귀 바로 뒤에 있는 꼭지돌기(mastoid)로 들어간다.

만약 다른 목 근육은 이완한 채로 두고 한쪽 목빗근만 수축시키면 귀가 가슴뼈 방향으로 내려가며 머리가 살짝 회전한다. 다른 근육으로 머리는 안정시킨 채 한쪽 목빗근만 수축시키면 머리는 수평 상태에서 반대쪽으로 회전한다(우리가 거울을 보며 흔히 하는 행동이다). 두 목빗근을 동시에 수축시키면 턱이 가슴 쪽으로 내려간다. 이 하나의 근육은 어떻게 쓰느냐에 따라 머리를 세 방향으로 움직일 수 있다.

해부학자가 머리 움직임을 설명할 때 사용하는 용어는 항공 엔지니어가 비행기 움직임을 설명할 때 쓰는 용어와 같다. 비행기와 마찬가지로 머리는 3개의 자유도로 움직인다. 피치pitch, 롤roll, 요yaw 축이다. 피치는 상하 움직임('그렇다'는 의미의 끄덕임), 롤은 회전하는 움직임('아니오'라고 할 때의 몸짓), 요는 좌우로 기울이는 움직임이다. 어깨관절(견관절)이나 엉덩관절(고관절)과 마찬가지로, 목도 모든 방향으로 움직인다. 그러나 목의 광범위한 움직임은 다

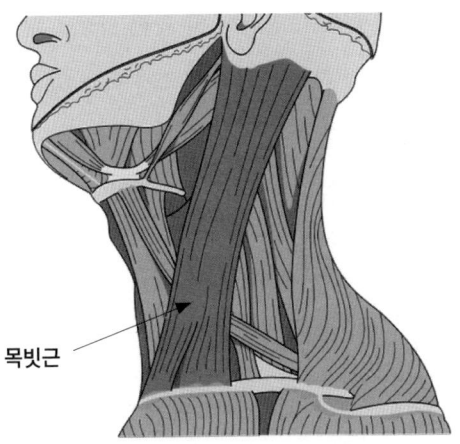

목빗근

〈그림 6〉 목의 근육 구조. 화살표가 가리키는 곳이 목빗근이다. 그림: 올레크 레메시Olek Remesz, 2007년. 헨리 밴다이크 카터(1858년, 《그레이 해부학》 1988년 판) 자료를 수정함.

른 방식으로 작동한다. 어깨와 엉덩이의 모든 움직임은 한 절구 관절ball-in-socket joint에서 이루어진다. 반면, 목은 각 움직임을 담당하는 관절이 다르다. 좌우로 기울이는 요 축 움직임은 하단의 목뼈 관절 5개가 움직이며 일어난다. 피치와 롤 축에 해당하는 움직임은 상단의 분리된 두 목뼈 관절에서 이루어진다. 피치 축 움직임은 머리뼈와 제1목뼈(고리뼈) 사이 관절에서 발생하며, 롤 축 움직임은 제1목뼈와 제2목뼈(고리뼈와 중쇠뼈) 사이에서 발생한다.[2]

19세기 초, 목뼈의 기능적 우아함은 신의 존재에 대한 '지적 설계intelligent design' 논증에서 대두되며 신학적 의미를 지닌다. 지적 설계 논증의 창시자로 불리는 윌리엄 페일리William Paley는 자연의 질서와 기능 전반에 걸쳐 신이 존재한다는 증거를 목도했으나, 그중에서도 목뼈의 독창적인 해부학적 구조가 가장 명확한 증거라고 주

상했다. 그는 '신이 주신' 인간 목의 회전 기능을 바닥에 고정된 채 3차원 움직임을 구현하는 망원경 구조에 비유했다. 그는 이러한 해부학적 구조와 기계적 장치 사이의 유사성을 살피면 누구도 "계획과 설계의 존재를 의심할 수 없다"고 말했다.3

시야: 인식과 안정

페일리가 인간 목의 기동성과 망원경이라는 시각 장비의 회전 기능을 비교한 것은 우연이 아니다. 실제로 목의 기능을 논하려면 인간의 시각 체계에 관한 설명도 함께해야 한다(이 지점에서 시작해야 할 수도 있다). 인간이 목을 움직이는 이유는 대부분 시각적 필요를 충족하기 위해서다. 특히, 단순한 관찰이 아니라 심도를 파악하기 위함이다.

두 눈이 가깝게 붙으면 시야의 상당 부분이 겹친다. 뇌는 양 시야의 미세한 차이를 이용해 주변 물체와의 거리를 계산한다. 시야 간 차이가 클수록 물체는 더 가깝다. 두 눈이 전방을 향한 덕분에 인간은 심도 지각이라는 큰 이점을 얻었지만, 당장 눈앞에 보이는 것은 세상의 작은 조각에 불과하다. 시야가 얼마나 제한적인지 생각해 보자. 평상시처럼 1.2미터 정도의 간격을 두고 친구와 대화한다고 가정해 보라. 정면을 응시하면 약 30센티미터 직경인 친구의 얼굴을 꽤 세세한 3차원 이미지로 볼 수 있다. 친구의 얼굴 주변으로는 약 15센티미터의 저화질 경계가 있고, 그 외의 배경은 아주 흐리거나 아예 눈에 들어오지 않는다. 간단히 말해, 고정된 머리의 눈으로는 시각 세계의 40퍼센트만 볼 수 있을 뿐이다. 심지어 그중 상당 부분은 흐리게 보인다.

다행히도 머리에 붙은 우리 눈은 움직이고, 머리도 어깨에서 움직인다. 두 회전축이 함께 작동하면 인간은 수평선의 약 4분의 3을 볼 수 있다. 우리는 눈과 머리를 쉴 새 없이 움직이며 주변 환경을 관찰한다. 따라서 우리에게 세상은 고정된 삼각대 위에 올린 카메라로 찍은 여러 장의 사진이 아니라, 이리저리 움직이는 캠코더로 촬영한 영상처럼 보인다. 근골격계를 바탕으로 시각 체계가 확장하는 방식은 우리 감각이 늘 움직임이라는 맥락에서 작동한다는 점을 명확히 보여 준다. 폭넓은 시야는 우리가 몸을 움직이기에 가능하다. 눈만큼이나 특히 목에 있는 근육과 뼈 덕분에 우리는 주변을 볼 수 있다.

회전하는 우리의 목과 눈은 시야를 넓히는 동시에 또 다른 시각적 작업을 아주 복잡하게 만든다. 바로 '마음속에 안정된 세계를 다시 그리는 일'이다. 머리와 눈을 빙빙 돌리면 우리는 정신을 못 차린다. 아마추어 영상 제작자가 카메라를 들고 뛰는 모습이나, 아이가 반려동물을 쫓으며 촬영하는 모습을 상상해 보라. 이렇게 회전하는 방향 감각 시스템은 무척 혼란스럽고, 심지어 제대로 보기조차 힘들다. 그래서 우리는 어떻게든 이미지를 '안정화'시켜야 한다.

★ ★ ★

데스틴Destin이 유튜브에 올린 영상을 보면, 그는 뒷마당에서 이 것저것 만지는 '호기심 발명가'처럼 보인다. 많은 사람이 스패너나 드라이버를 가지고 장난을 치듯, 그는 카메라와 닭을 가지고 실험한다. 그는 앨라배마주에 있는 집에서 전 세계에 한 영상을 공유했다. 닭이 보여 주는 놀라운 목의 움직임, 즉 닭의 머리 안정화 능력을 촬영해 올렸다.[4] 많은 동물이 몸을 움직일 때 목 근육을 이용해 머리를 안정시키지만, 닭만큼 뛰어난 동물은 드물다. 이 영상에서 그는 닭의 몸통을 잡고 앞뒤로, 위아래로, 좌우로 돌렸다. 그런데 닭의 머리는 그 모든 시간 동안 정확히 한 자리에 머무른다. 완벽한 보정이다. 영상 마지막에 그는 이런 농담을 던진다.

"(닭을) 스테디캠으로 써도 되겠는데요?"

2년 후, 데스틴은 '치킨 캠chicken cam'이라는 아이디어를 냈다. 수탉의 발톱으로부터 눈을 보호하기 위해 화학자가 쓸 법한 고글을 착용하고, 닭 볏에 성냥갑 크기의 카메라를 달았다. 메인 카메라는 그와 수탉을, 볏에 달린 소형 카메라는 수탉의 시점에서 세상을 촬영했다. 그는 다시 닭을 잡고 사방으로 흔들었다. '치킨 캠'은 놀랄 만큼 안정적으로 세상을 보여 줬다. 별다른 설명 없이, 영상은 다음의 구절과 함께 마무리된다.

"여호와께서 행하시는 일들이 크시오니 이를 즐거워하는 자들이 다 기리는도다"(시편 111편 2절).

많은 이에게 닭 목은 닭고기를 굽기 전 몸속에 식재료를 채우기 위한 구멍 정도로, 혐오스럽고 괴이하게 여긴다. 하지만 데스틴의 주방에서 닭 목은 주님이 행하신 큰일 중 하나다.

* * *

우리 인간도 닭과 마찬가지로 자유로운 '마음의 눈'이 주는 축복과 부담을 모두 안고 산다. 기술 박람회에서 대부분의 사람들은 가상현실 시연을 통해 3차원으로 펼쳐지는 파노라마 이미지에 마음을 빼앗긴다. 하지만 과음한 날, 침대에 누워 빙글빙글 도는 천장을 보면 세상이 불안정할 때 우리가 얼마나 불쾌하고 혼란스러운지 깨닫는다. 다행히도 인간에게는 세상을 안정시키는 훌륭한 반응 체계가 있다. 두 감각 체계(둘 다 흔히 아는 '오감'에는 포함되지 않는다)가 이 보정을 담당하는데, 바로 전정기관vestibular system과 고유수용감각 체계proprioceptive system다.

전정기관은 중이(가운데귀)에 있으며, 머리 위치가 중력에 대해 어떤 상태인지, 또 머리가 어느 방향으로 얼마나 빠르게 움직이는지를 감지한다. 쉽게 말해 '어디가 위쪽인가', '어떻게 움직이는가'를 파악한다. 하지만 전정기관은 머리 위치를 공간 속에서 파악할 수 있게 할 뿐, 몸이 어떤 위치에 있는지는 알려 주지 못한다.

우리는 눈과 머리가 휙휙 돌아가는 와중에도 우리 몸이 세상에 존재한다는 감각을 느끼기 위해 눈과 전정기관에서 들어오는 정보를 활용한다. 여기에 고유수용감각으로 얻은 정보를 더해, 마음속에 안정적인 세상을 끊임없이 재현한다. 고유수용감각 체계는 몸 전체의 근육과 관절에 수용체 세포를 둔다. 수용체 세포는 근육이 얼마나 늘어나거나 수축하는지, 관절이 얼마나 굽혀지는지 등의 정보를 뇌에 전달한다. 덕분에 우리는 자기 몸 상태에 대한 감각, 즉 '자기 감각proprio'을 느낄 수 있다.

목 근육은 머리를 모든 방향으로 돌리는 모터 역할도 하지만, 감지기 역할을 하는 수용기처럼 머리의 위치와 움직임을 뇌에 실시간으로 전달한다. 감지기가 없는 근육은 마치 움직이지 못하는 눈처럼 제한적일 수밖에 없다. 감각기관에도 움직임이 필요하고, 운동기관에도 감각이 필요하다.

시지각이 눈과 목의 조화로운 움직임과 고유수용감각의 피드백에 얼마나 의존하는지를 보여 주는 예로, 일상을 조금 더 자세히 들여다보자. '눈 한편에서' 희미하게 깜빡이는 불빛이 당신의 주의를 끌었다. 깜빡이는 것이 무엇인지 궁금해진다. 망막 주변의 움직임을 감지한 후, 뇌는 망막에서도 가장 민감한 중심오목에 이미지가 오도록 눈을 움직이라는 지시를 내린다. 뇌는 깜빡이는 불빛 쪽으로 고개를 돌리도록 목 근육에 지시를 내린다. 목에 있는 고유수용감각기가 뇌로 피드백을 보내면 머리는 알맞은 각도로 회전하고, 목표 지점에 가까워질수록 속도를 줄인다. 깜빡이는 물체를 응시하면 상이 망막 중심오목에 고정되고, 우리는 물체를 식별한다. 깜빡이는 불빛의 정체는 파리였다. 1초도 걸리지 않는 이 모든 과정은 우스울 정도로 평범한 일이다.

머리 움직임에 맞춰 눈이 조정되고, 보상되는 방식 덕분에 우리는 초점을 맞춘 고해상도 속 세상에서 산다. 이 조정은 빠르고 정확하게 일어나며, 무척 중요하고, 생각이나 의식적인 계산 없이 이루어진다. 만약 이 모든 조정을 인지한다면 우리는 늘 지친 상태일 것이다. 고유수용감각, 시각 체계, 전정기관의 조화는 신경 해부학을 통해 증명된다. 인체에서 고유수용감각기가 밀집한 부위는 목이다. 인체에서 신경이 밀집한 부위는 안와 근육이다. 파리 1마리를 눈에 담는 일상적인 행위에도 이 모든 과정을 거쳐야 한다는 사실을 기억하자. 그리고 축구공을 향해 몸을 날리는 골키퍼나 쏜살같이 달리는 쥐를 쫓는 고양이를 떠올려 보라.

진화는 우리에게 눈이 2개의 회전 장치 위에 달렸다는 불편함을 순간마다 보완할 수 있는 능력을 줬다. 눈은 마치 우리 삶을 기록하는 영화 카메라와 같다. 목은 움직임의 기관으로서 사방으로 구부러지며 우리의 시야를 넓히고, 고유수용감각의 기관으로서 우리를 고정된 세계에 가둔다. 덕분에 우리는 가장 숭고한 경험(산 정상에서 장엄한 풍경을 둘러볼 때)과 가장 일상적인 경험(자동차 열쇠를 찾기 위해 고개를 이리저리 돌릴 때)을 누릴 수 있다.

***

고유수용감각, 시각 체계, 전정기관에서 수용하는 정보를 노력이나 의식 없이 자연스럽게 통합한다는 사실은, 이 3가지 감각 체계에 이상이 생겼음에도 불굴의 의지로 극복한 두 사람의 이야기에서 잘 드러난다.

1960년, 의사 존 크로퍼드John Crawford는 결핵 치료 후 균형 감각이 손상됐다.[5] 그가 복용한 항생제 스트렙토마이신streptomycin이 뜻하지 않게 내이 균형 기관의 주요 세포에 손상을 입혔다. 처음에는 글을 읽는 것조차 불가능했다. 의학 서적을 읽는 동안 머리를 조금이라도 움직이면 글자들이 요동쳤다. 그는 침대 프레임의 두 금속 막대 사이에 머리를 고정시켜 글을 읽었다.

조금 회복한 후에도 전정기관 장애로 생활 속 습관을 조정해야 했다. 그는 길에서 마주치는 모두에게 인사를 건네는 습관을 들였다. 단순히 걷는 행위만으로도 고개가 흔들렸고, 전정기관이 목과 눈 근육에 자동으로 보정하라는 신호를 보내 주지 못하자 시야를 안정시킬 수 없었다. 그 결과 사람들의 얼굴을 구분하지 못해, 낯익은 사람과 처음 보는 사람을 가릴 수 없었다. 그래서 그는 모두에게 인사를 건넸다. 그는 끝내 전정 감각을 완전히 회복하지 못했다. 하지만 다른 감각 정보를 활용해 세상을 탐색하는 법을 배웠고, 결국 테니스와 수영처럼 활동적인 운동도 다시 시작할 수 있었다.

이언 워터먼Ian Waterman은 필수적인 2가지 자질을 타고났다. 희귀한 신경학적 질병에도 굴하지 않는 긍지 그리고 목에 있는 건강한 고유수용감각기였다. 《Pride and Daily Marathon(긍지와 매일의 마라톤)》에서 조너선 콜Jonathan Cole은 19살에 바이러스 감염으로 말초 신경계 대부분이 망가진 뒤 움직이는 법을 다시 배운 워터먼의 이야기를 들려준다.[6] 그는 근육을 활성화하는 신경은 손상되지 않았지만, 근육과 피부로부터 감각 정보를 전달하는 신경이 파괴됐다. 근육에서 감각 피드백이 돌아오지 않자 그는 어떻게 움직여야 할지 알 수 없었다.

처음에는 불규칙하고 통제되지 않는 움직임을 보였다. 컵을 잡으려 손을 내밀면 팔을 머리 위로 들거나 의도치 않게 옆에 있는 사람을 때렸다. 그는 대부분의 고유수용감각기가 사라져서 사실 움직일 수 없는 상태와 마찬가지였다. 그런 그가 고유수용감각 대신 시각과 다른 감각을 이용해 운동 능력을 어렵게 되찾았다. 의식적으로 계산하고 수많은 시행착오를 거쳐 얻은 시각적 피드백을 기반으로 움직이는 법을 배웠다. 움직이는 동안에는 모든 신체 부위가 의도한 대로 움직이는지 스스로를 관찰했고, 그렇지 않으면 수정을 거듭했다. 가장 단순한 동작에도 온 신경을 집중했다. 수년간의 끈기 있는 연습 끝에 그는 놀라운 회복력을 보였다. 하지만 자신의 몸이 공간 속에서 어디에 있는지를 감지하는 능력 없이 일상생활을 한다는 건 마라톤과 같았다. 그는 이제 정신적으로 지쳤다.

워터먼의 노력이 회복에 결정적인 역할을 했지만, 사실 목에 고유수용감각이 남아 있지 않았다면 회복은 불가능했다. 몸 방향에 따라 다리가 어떻게 움직이는지를 시각적으로 관찰하면서 의식적으로 원하는 동작 취하는 법을 배웠지만, 목의 고유수용감각 덕분에 몸이 어떤 위치에 있는지 무의식적인 감각은 유지할 수 있었다. 목이 제공하는 방향 감각 덕분에 그는 아주 복잡한 일 하나는 덜었다. 우리가 인지하지 못할 정도로 반사적인 두 감각이 없다면 보는 것도, 움직이는 것도 불가능하다(혹은 마라톤보다 훨씬 더 힘들 것이다). 눈과 대부분의 근육은 신체의 다른 부분과 분리되며, 목은 이들을 연결한다. 그리고 목 안에 있는 풍부한 고유수용감각기는 필수적이지만 좀처럼 주목받지 못한다.

시야: 시각과 인식

목은 머리에서 얻은 시각과 균형 감각을 다른 부위에서 오는 감각과 통합해 존재감을 느끼도록 한다. 특히, 목은 우리 스스로 외부 세상을 파악하는 능력도 준다. 따라서 우리는 다른 각도와 관점에서 좌우, 위아래의 세상을 본다. 여기에 눈과 몸의 움직임이 더해지면 우리는 세상을 넓게 볼 수 있다. 목이 움직이지 않는다면 세상에 대한 인간의 지식은 실로 제한적일 것이다.

플라톤은 움직이지 않는 목을 인간 지식의 타고난 한계를 드러내는 우화에 비유했다. 그는 인간 본래의 상태를 "어려서부터 목에 쇠사슬이 묶여 움직일 수 없고, 쇠사슬로 인해 고개를 돌리지 못해 눈앞의 대상만 볼 수 있는 동굴에 갇힌 죄수"에 비유한다.7

죄수는 동굴 벽에 비친 그림자만 볼 수 있다. 그러나 머리를 움직일 수 없기에 그림자의 실체는 보지 못한다. 죄수 뒤에서는 불이 타오르고, 죄수와 불 사이에 있는 인형극 배우가 어떤 물체를 들어 올리면 그림자가 동굴 벽에 비친다. 인형극 배우는 숨었으므로 그림자가 생기지 않는다. 죄수는 목에 족쇄가 채워져 좁은 시야로만 세상을 보며, 그림자 실체는 보지 못한 채 그림자를 '실체'로 착각한다. 목을 움직일 수 없는 탓에 죄수는 거대한 환상의 포로가 되어 버린다. 우리는 고개를 돌려야만 인식 이면의 현실을 알 수 있다.

***

올빼미는 단연 지각 능력이 뛰어난 동물 중 하나다. 올빼미는 보통 나무 높은 곳에 앉아서 신기할 정도로 유연한 목을 돌려 주변을 살핀다. 조용히 주변을 둘러보고 세상을 인식한다. 분명 이 조용한 전지적 능력이 지혜를 상징하는 이 동물의 명성에 한몫했을 것이다. 서양에서 올빼미는, 적어도 고대 그리스에서 지혜의 여신 아테나가 올빼미를 가장 아끼는 동물로 삼았을 때부터 지혜의 동물로 여겼다. 영국의 민간설화에서 올빼미는 신비와 어둠에 휩싸인 존재였다. 한 전설에서 올빼미는 큰 눈을 뜬 채 사람을 으스스하게 따라다닌다. 심지어 목숨을 잃을 때까지 따라다닌다. 올빼미 주위를 빙글빙글 돌다 보면 결국 목이 비틀려 죽을 테니 말이다.

사실 올빼미가 유연한 목이 필요한 이유는 단순하다. 다른 신체 관절의 회전 능력이 제한적인 것, 다시 말해 나머지 신체 부위가 뻣뻣하기 때문이다. 올빼미를 비롯해 모든 새는 비행할 때 몸통이 거의 통나무처럼 뻣뻣해진다. 그러나 새마다 목의 운동 자율성과 시야의 폭이 다르다. 하나의 예로 누른도요는 목이 짧으며 땅속 지렁이나 그 외 무척추동물을 잡아먹는다. 먹이 사냥에 무용지물인 시력은 포식자를 감지할 때는 완전히 달라진다. 누른도요는 머리 양옆에 눈이 달린 덕분에 360도로 사물을 볼 수 있다. 고개를 움직이지 않아도 사방을 볼 수 있으므로 자신을 지켜보는 포식자를 빠르게 발견할 수 있다. 하지만 두 눈의 겹치는 시야각이 10도에 불과해 심도 지각 능력이 매우 떨어지므로 시각 포식자(시각을 활용해 사

냥하는 포식 동물.—옮긴이)가 될 수는 없다.8

누른도요와 반대로 올빼미, 여타 맹금류는 머리의 운동 자율성이 높고 눈이 전방을 향한다. 올빼미는 사냥 시 사냥감과의 거리를 정확히 판단해야 하기에 두 눈의 시야가 최대한 겹치도록 눈이 정면에 있다. 올빼미의 경우, 시야 중복 영역이 70도에 달한다. 여기에 더해, 주로 야간에 사냥하는 올빼미의 눈은 최대한 많은 빛을 받아들여야 하므로 무척 크다.

이렇듯 정면을 향한 큰 두 눈이 작은 머리에 들어가야 하기에 올빼미의 눈알은 원형이 아니다. 소프트볼softball만 한 머리 안에 골프공 크기의 눈 2개가 들어간다고 생각해 보라. 그러면서도 뇌와 얼굴을 위한 공간은 남겨야 한다. 다 들어갈 리 없다. 따라서 올빼미의 눈은 바닥이 정면을 향한 원통 모양을 띠며, 다른 척추동물의 눈처럼 안구를 회전하지 못한다. 올빼미의 눈은 고정된 채 정면을 향한다. 뻣뻣한 몸통에 정면만을 응시하기에 270도까지 돌아가는 목이 없었다면 세상의 극히 일부만 볼 수 있었을 것이다. 여기에 110도의 시야각이 더해져, 올빼미는 가만히 앉아 있는 채로 360도 이상을 볼 수 있다.9

올빼미가 하늘을 나는 야행성 포식자로 살아가기 위해 놀라울 정도로 유연한 목이 필요하다는 것은 분명하다. 하지만 더 큰 수수께끼는 **어떻게** 그렇게 넓은 각도로 목을 돌릴 수 있으며, 그리고 그 과정에서 어떻게 척수에 무리를 주지 않고 움직일 수 있는가다. 올빼미 목이 유연한 까닭은 척추뼈의 모양과 개수에 있다. 올빼미는 14개의 목뼈가 있는데, 인간과 다른 포유류보다 2배 많지만, 다른 새들과는 비슷하다. 중요한 건 목뼈의 중심에 있는 관절(척추체)이 안장 모양이며 사방으로 잘 흔들린다는 점이다. 옆으로 돌출된 부분(척추 관절돌기) 간의 연결은 상대적으로 짧고 느슨하다. 더 중요한 건, 머리와 몸통 사이의 목뼈 배열 방향이 조금씩 달라 전체적으로 척추에 곡선을 만든다는 점이다. 이 곡선 덕분에 척수가 견뎌야 하는 회전력이 줄어든다.

올빼미가 주변을 살필 때, 마치 그 머리가 한 번에 매끄럽게 회전하는 것처럼 보인다. 하지만 머리를 회전시키는 동작은 사실 모든 목뼈가 똑같이 움직이는 것이 아니라, 목의 각 구간이 서로 다른 방향과 각도로 움직이면서 이루어진다. 올빼미의 목은 기둥이 뒤틀리는 모습이 아니다. 올빼미의 목뼈는 S자 모양이며 위아래가 서로 다른 방향으로, 또 다른 각도로 움직인다.

이와 같은 목의 복잡한 움직임을 이해하기 위해 간단한 동작을 따라해 보자. 먼저 팔을 땅과 평행하게 곧게 앞으로 뻗는다. 그다음 팔꿈치를 굽혀 L자 모양으로 만들고, 손목을 꺾어 손을 수평으로 놓는다. 이 자세에서 손은 올빼미의 머리, 팔꿈치부터 손목까지는 목의 윗부분, 팔과 어깨는 목의 아랫부분에 해당한다. 이제 팔꿈치를 축으로 돌려보면, 손(올빼미의 머리)이 거의 180도 회전하는 것을 볼 수 있다. 이번에는 어깨를 사용해 팔을 몸의 중심선에서 바깥쪽으로, 좌우로 흔들어 보자. 역시 손이 약 90도 회전하는 듯한 움직임이 만들어진다. 이 두 동작을 합하면 올빼미 머리는 최대 270도로 회전할 수 있다

올빼미의 목 움직임이 우리 팔동작과 완전히 일치하지는 않지만,

이 동작은 두 곳의 서로 다른 움직임이 어떤 식으로 결합해 회전하는지 원리를 보여 준다. 올빼미는 머리가 척추에서 앞으로 구부러져 S자 곡선을 이루고, 가슴 가까이에서는 척추가 몸쪽으로 수평으로 구부러져 S자 곡선을 만든다.

목의 회전 대부분은 머리와 가까운 목뼈 4개 사이에서 일어나며, 이때 동작은 대체로 회전(요 축)과 약간의 측면 굽힘(롤 축)이 동반된다. 반면, 목 하단부에서 수평으로 움직이는 부분은 거의 회전하지 않는다. 이 부위에서 회전이 일어나면 머리가 옆으로 기울기 때문이다. 대신 목뼈 하단부는 목 아래를 몸 중심선에서 바깥쪽으로 흔들어 머리 회전에 도움을 준다(앞서 설명한 팔의 좌우 흔들림을 떠올리면 된다). 이러한 좌우 움직임 덕분에 올빼미의 머리는 한 축만을 중심으로 두고 직접 회전하지 않는다. 오히려 올빼미의 S자 목뼈는 머리를 몸의 중심축에서 더 앞으로 보낸다. 이렇게 목 아랫부분에서 일어나는 측면 굽힘을 윗부분의 회전 동작과 결합함으로써, 목뼈의 척수는 270도 비틀림을 모두 감당하지 않아도 된다.[10]

이러한 목의 놀라운 유연성에는 또 다른 문제가 있다. 목을 지나는 중요한 혈관을 파열시키지 않으면서 큰 각도로 회전해야 한다는 점이다. 사람은 머리를 90도가량 회전할 수 있는데, 각도가 더 커지면 생명을 위협한다. 뇌로 향하는 주요 동맥(목동맥, 척추 동맥)은 회전축에서 겨우 몇 센티미터 떨어져 목이 회전할 때 함께 늘어나는데, 이 동맥은 찢어지기 쉬워 목을 과도하게 비틀면 파열될 수 있다.

그러면 올빼미는 어떻게 주요 동맥을 손상시키지 않고 목을 돌리는 걸까? 가장 중요한 단서를 제공한 건 조류학자나 해부학자가 아니라 메디컬 일러스트레이터(의학·의료 분야에서 쓰이는 그림 등의 시각 자료를 제작하는 전문가.—옮긴이)가 이끄는 연구팀이었다.[11] 올빼미 목의 순환계를 그리고 싶었던 대학원생 파비안 데 콕-메르카도Fabian de Kok-Mercado는 올빼미의 목뼈를 지나는 동맥에 염료를 주입한 뒤 X선(X-ray)을 찍었다.

다른 척추동물과 마찬가지로 목 주변 동맥은 목뼈에 난 구멍을 통과했다. 하지만 올빼미는 이 구멍이 특히 컸고(동맥 직경의 10배), 연약한 동맥 주변을 공기층이 둘러쌌다. 따라서 동맥이 목을 타고 올라갈수록 혈관이 늘어날 더 넓은 공간이 있고, 이 공간은 머리를 돌릴 때 완충 작용을 했다. 또한 뇌로 향하는 주요 동맥에는 목이 비틀려 둘 중 한 혈류가 방해받을 때, 혈류를 재분배할 수 있는 특이한 부수 동맥이 몇 개 더 있었다. 신비로운 형태로 비틀리는 올빼미 목은 마치 어떠한 기능적 지혜를 증명하는 듯한 적응 설계다.

* * *

주변을 살피는 데 길고 유연한 목이 분명한 장점이 있음에도, 일부 동물은 유난히 짧은 목이나 머리 움직임을 크게 제한하는 목을 가진다. 목뼈가 모두 붙은 동물도 있다. 이러한 '융합 목뼈syncervical'를 가진 경우, 보통 2~3개, 많게는 7개의 목뼈가 서로 붙는다. 목뼈 융합은 포유류(다수의 해양 포유류, 아르마딜로, 주머니고퍼, 캥거쿠쥐, 호저), 조류(코뿔새), 멸종한 파충류(수많은 수상·육상 공룡)를 비롯한 척추동물에서 최소 20회 이상 독립적으로 진화했다.[12] 이

다양한 집단은 몸 구조와 행동이 크게 다르지만, 거대한 힘에 맞서 머리를 안정적으로 지탱해야 한다는 필요성을 공유한다.

목뼈 융합은 머리를 삽처럼 사용해 땅을 파는 포유류에서 흔히 발견된다. 두더지, 아르마딜로, 주머니고퍼는 목뒤 근육을 이용해 머리를 힘껏 들어 올려 굴을 판다. 두더지쥐는 땅 파는 동물 중에서도 가장 강력한 신체 능력을 자랑하는데, 머리로 몸무게의 15~20배에 달하는 하중을 들어 올린다. 연구자들은 특정 목뼈 융합이 목 일부를 하나의 단위처럼 움직이는 역할을 한다고 추측한다. 손잡이가 긴 삽이 지렛대 역할을 해 땅을 더 많이 퍼 올리듯, 융합된 목은 굴을 파는 머리를 더 효과적으로 들어 올릴 수 있다.

또 다른 목뼈 융합 동물은 가볍게 깡충깡충 뛰면서 이동한다. 캥거루쥐는 몸이 거의 바닥에 닿을 정도로 기울인 채 두 다리로 통통 뛴다. 이 동물은 양 볼에 씨앗을 가득 물고 다니는 탓에 머리가 무겁다. 무거운 머리를 앞으로 뺀 긴 목이 지탱할 경우 뒷다리로 균형을 잡기가 어렵다. 그래서 캥거루쥐의 목은 매우 짧다. 또한, 통통 뛰는 동안 다리에서 위로 향하는 점프력과 무거운 머리에서 아래로 작용하는 중력이 만나면 목뼈에 큰 압박이 가해진다. 이때 목뼈가 융합되면 골절을 피하는 데 유용하다.

땅을 파고 지상에서 점프하는 작은 동물들 외에도, 거대한 수중 동물인 고래도 목이 짧거나 융합됐다. 고래목 동물은 짧고 융합된 목 덕분에 물을 헤쳐 나가면서도 머리를 안정적으로 유지한다. 또한 대부분 시각 포식자가 아니므로 먹이 찾을 때 머리를 돌릴 필요가 없다. 반면, 목뼈가 융합되지 않은 고래목 동물(일각고래, 흰돌고래, 그 외 일부 강돌고래)은 빙산이나 나무 등 장애물이 많은 물속을 헤엄쳐야 하므로, 유연한 목으로 주변을 더 자세히 살펴야 한다.

코끼리나 트리케라톱스처럼 머리가 큰 거대 육상동물은 마찰력보다는 거대한 머리에 작용하는 엄청난 중력을 견뎌야 한다. 코끼리는 음식을 씹는 큰 턱과 이빨에 상아까지 있으며, 무거운 물체를 드는 데 사용하는 코도 있다. 트리케라톱스는 뼈로 만든 주름이 머리 무게를 더 무겁게 한다. 두 거대 동물 모두 목의 길이를 줄이고 일부 목뼈를 융합함으로써 무거운 머리를 지탱할 수는 있겠지만, 그만큼 머리 움직임이 제한된다. 그러나 두 종 모두 눈이 머리 측면에 달려 있어 시야를 넓히기 위해 머리를 많이 움직일 필요가 없다. 더군다나 몸무게가 5,000킬로그램 이상인 동물은 굳이 포식자를 찾으려고 주위를 두리번거릴 필요도 없다.

육상 척추동물의 진화 과정에서 운동 자율성이 높은 목은 대체로 유용한 것으로 드러났지만, 캥거루쥐나 두더지 같은 동물과 대형 수상·육상동물의 사례를 보면 진화가 반드시 유용하지 않았다는 점도 알 수 있다. 목뼈가 붙은 동물은 넓은 시야보다 마찰, 중력에 저항하는 능력이 더 필요했다. 진화는 이 동물들을 목 없는 물고기로 되돌리는 대신 목뼈 융합이라는 변화를 선택했다.

몸짓: 소통 속 머리 움직임

모든 문화권에서 사람들은 목을 이용해 비언어적 소통을 하지만, 의미가 모두 원활히 통하는 건 아니다. 처음 그리스에서 살던 때 겪었던 난감한 일이 하나 떠오른다. 버스 터미널에 있던 나는 모든 용기를 끌어모아 긴장한 채 그리스어로 직원에게 질문했다.

"오늘 아침에 버스가 출발하나요?"

그는 눈썹을 치켜들고 아무 말 없이 고개를 살짝 위로 젖혔다. 반만 끄덕인 듯한 이 몸짓은 '그렇다'는 말인가? 당황한 나는 그냥 기다려 보기로 했다. 몇 시간을 기다린 나는 그 고갯짓이 '아니오'라는 뜻이었다는 사실을 깨달았다. 고개를 젓는 행동도 문화마다 다르게 해석된다. 수년 전, 인도의 유명 가수인 라잔 미슈라Rajan Mishra와 사잔 미슈라Sajan Mishra 형제가 독일의 한 버라이어티 방송에서 공연을 했다. 한 명이 멋지게 노래를 부르는 동안 다른 한 명은 고개를 저으며 그 모습을 봤다. 이는 인도에서는 깊은 감탄을 나타내는 몸짓이다. 공연이 끝난 뒤, 방송 진행자가 공연을 칭찬하며 다른 형제에게 물었다.

"공연을 보며 왜 그렇게 못마땅해했나요?"

정보 전달 (혹은 전달의 실패) 외에도, 머리 동작은 사람을 인간답게 만들고 소통 능력을 강화한다. 듣는 사람은 고개를 끄덕여 관심을 기울이고 있음을 알린다. 말하는 사람은 머리를 움직여 내용을 강조하고 강약을 조절한다. 텔레비전 뉴스 진행자에게 먼저 가르치는 내용 중 하나가 바로 '머리로 말하기talking head'다. 머리를 살짝 흔들며 규칙적으로 움직이는 고갯짓을 말한다.[13] 머리를 움직이지 않는 진행자는 잔뜩 긴장해 얼어붙은 듯 보인다. 음소거 상태에서 뉴스를 보면 뛰어난 진행자들이 음성은 물론 움직임으로도 메시지를 전달한다는 사실을 알 수 있다.

수술로 인해 목을 움직일 수 없다면 표현에 큰 제약이 생기며 사회적 상호작용에도 영향을 미친다. 하지만 반대의 경우, 즉 목이 통제 불능으로 불규칙하게 움직인다면 더 큰 혼란을 일으킨다. 근긴장이상증이라는 운동장애를 겪는 사람들은 종일 억제할 수 없는 목 근육 떨림을 겪는다. 몇 초에 한 번씩 비자발적으로 머리가 비틀리기도 하고, 몇 시간에서 며칠 동안 꺾인 머리가 제자리로 돌아오지 않기도 한다. 환자들은 대개 무언가를 읽지도, 균형을 유지하지도, 잘 자지도, 장시간 일하지도 못한다. 때로는 고통이 너무도 극심해 "목에 송곳이 꽂힌 듯하다"라고 표현한 환자도 있다. 이들이 겪는 고통을 상상하기는 쉽지 않다.

1907년, 인간의 기형적 모습에 관심을 가진 루마니아 출신 예술가 콩스탕탱 브랑쿠시Constantin Brancusi는 목이 비틀리고 어깨를 잔뜩 치켜올린 채 옆으로 심하게 구부러진 소년의 모습을 조각했다. 전형적인 근긴장이상증 환자의 모습이다. 작품의 제목은 단순하게 〈고통Suffering〉이라고 붙였다.

근긴장이상증 환자는 세상을 둘러보고 자신을 표현하고자 하는 모든 의도가 제어 불가능하다. 머리에 대한 통제력을 읽는 건 자신에 대한 통제를 잃는 것과 같다. 따라서 사회 안에서의 원활한 의사소통 능력도 잃는다. 근긴장이상증 환자는 제어되지 않는 머리 움직임으로 인한 소통의 오류를 줄이기 위해 끊임없이 노력한다. 그들의 몸짓 언어는 다른 사람들에게 불규칙하고 혼란스럽게 보인다. 수년간 근긴장이상증을 앓아 온 셰릴 딜런Cheryl Dillon은 이렇게 썼다.

"사람들은 제가 뭘 하는 건지 이해하려 애쓰느라 저를 유심히 봐요. '통화 중이세요?' '발작이 온 건가요?' '정말 운전하려고 하시나요?' 사람들이 저를 이해하려 애쓰는 동안, 저는 그저 눈에 띄지 않기 위해 노력해요."[14]

근긴장이상증의 원인은 확실치 않다. 부상이나 뇌졸중의 후유증으로 발병하는 경우도 있지만, 특별한 사고 없이 발생하는 사례가 더 많다. 이 질환에는 복잡한 유전 요소가 작용하는데, 운동을 제어하는 뇌 영역 간의 과다 활동 혹은 소통 오류와 관련성이 높다. 잠시라도 경련을 잠재우기 위해 환자들은 종종 '감각 속임수'를 사용한다. 이를테면 가볍게 뺨을 만지거나, 머리를 누르거나, 손을 움켜쥐거나, 거울을 보고 머리 움직임을 응시한다.

또 다른 방법으로는 보툴리눔botulinum 독소를 주입하기도 한다. 불규칙하게 수축하는 근 경련을 일시적으로 완화하기 위해서다. 이 주사는 일반적으로 3~6개월 동안 증상을 가라앉힌다. 약물 치료에 반응하지 않는 환자는 심부뇌자극deep brain stimulation이라는 더 침습적인 치료를 받기도 한다. 이 치료는 운동과 관련된 뇌 영역에 전극을 이식해 장기적으로 환자 개인에 맞춘 전기 자극을 보낸다.

보툴리눔 독소 주사나 심부뇌자극술 모두 많은 환자에게 도움이 됐지만, 일부 환자는 운동요법을 선택하기도 한다. 자전적 이야기를 공유하는 테드TED 강연으로 잘 알려진 페데리코 비티Federico Bitti는 토론토에 있는 신경 가소성 훈련 연구소Neuroplastic Training Institute 소장 호아킨 파리아스Joaquin Farias와 함께 운동요법을 시도했다. 그 결과, 그는 조금씩 회복했다.[15]

비티가 근긴장이상증의 한계 속에서도 움직이는 법을 다시금 발견하게 된 계기는 가수 마돈나Madonna의 음악이었다. 32살이었던 그는 이탈리아에서 기자로 일했다. 어느 날, 인터뷰 도중 목이 갑자기 뒤로 넘어가는 느낌을 받았다. 당황스럽고 두려웠지만, 그는 손으로 머리를 바로잡으며 인터뷰를 마무리했다. 문제는 이 사건 이후였다. 처음에는 뻣뻣하게 굳었던 목이 이제는 떨리기 시작했다. 떨림을 통제하는 유일한 방법은 어깨를 잔뜩 올려 머리를 어깨에 기대는 것이었다. 브랑쿠시의 작품 〈고통〉과 같은 자세로 말이다. 근긴장이상증은 등까지 퍼졌고, 그는 걷는 것조차 힘들어졌다. 비티와 파리아스 소장은 6주간 운동 치료를 진행했고, 과도하게 활동하는 근육을 억제하는 힘이 약해진 데 초점을 두고 치료에 집중했다.

"그때 저는 제 몸의 주인이 되는 법을 배웠어요. 아니, 다시 배웠어요."

치료를 통해 비티는 목과 삶을 되찾기 시작했다. 그러나 진정으로 '획기적인 변화'는 내면에서 일어났다. 이어폰으로 마돈나의 '보그Vogue'를 들으며 길을 걷던 그는 자신의 걸음걸이가 훨씬 나아졌음을 깨달았다. 걸음은 춤이 됐고, 리듬에 맞춰 움직일 때는 근긴장이상증의 증상이 거의 사라진다는 사실을 알았다. 파리우스 소장은 이 모습을 보고 이렇게 외쳤다.

"세상에, 이게 당신의 치료법이에요!"

춤은 그가 목 움직임을 다시 통제할 수 있게 도와줬을 뿐 아니라, 삶을 되찾고 움직임이 주는 황홀한 기쁨을 다시 느끼게 했다.

"근긴장이상증이 나의 지옥이었다면, 춤은 나의 낙원이었어요."

비티의 개인적 경험 외에도 발표된 연구에 따르면, 다양한 형태의 움직임 치료가 특히 보툴리눔 독소 주사와 병행될 때 근긴장이상증으로 인한 떨림과 고통 완화에 도움된다. 많은 근긴장이상증 환자가 춤출 때 증상이 완화된다고 말한다. 치료 과정에서 춤은 사람들이 머리를, 나아가 몸 전체를 어떻게 움직이는지 배우는 데 도움을 준다. 무대에서 춤은 머리와 목 움직임에 내재한 표현력을 발산한다.

몸짓: 춤과 머리 움직임

대중음악 콘서트에서 관객은 자리에서 리듬에 맞춰 머리를 까닥거린다. 이는 본능적인 행동으로 갓난아기나 심지어 새들도 하는 동작이다. 그러나 조금 더 격식 있는 춤에서 머리 움직임은 의도적인 경우가 많다. 전 세계의 다양한 춤에는 머리를 이용한 안무가 많지만, 머리의 움직임을 활용하는 방식은 크게 다르다.

클래식 발레는 보통 머리 움직임을 크게 제한하며 나머지 몸의 움직임에 맞춘다. 발레에서 목은 표현을 위한 머리 움직임의 원천이 아니라, 이상적으로 여기는 길쭉함, 균형, 부드러운 움직임을 강조하는 데 쓰인다. 발레를 배우는 학생들은 머리 위에 끈이 달렸다고 상상하라는 말을 자주 듣는다. 발레에서 머리와 목은 몸과 수직 정렬돼야 한다. 동시에 어깨는 떨어지듯 아래로 당겨지고 빗장뼈는 앞으로 찌르는 듯한 자세를 취해야 한다. 이 모든 자세는 신체에서 뻗어 나온 긴 목이라는 이상적인 자세를 더 강조한다. 머리는 어떤 방향으로든 크게 기우는 일이 거의 없다.[16]

발레 동작에서 머리가 과도하게 기울면 균형 잡힌 느낌이 사라진다. 머리를 움직여야 한다면 다른 부위와 함께 움직여 '웅장한 직선grand linear curve'을 만들거나, 적어도 동작에 방해가 돼서는 안 된다. 머리는 팔의 움직임을 따라가거나, 양다리의 움직임을 상쇄하기 위해 앞뒤로 기울어질 수 있다. 그러나 머리로 동작을 시작하거나 단독으로 움직이는 경우는 거의 없다. 발레도 학교마다 고유 스타일이 있지만, 대부분은 목을 천천히 움직이며 몸과 직선을 이루어 길고 부드러운 선을 만든다.[17]

현대무용은 발레의 엄격한 제약에 맞서 20세기 초 불사조처럼 일어났다. 앞서 언급한 덩컨 그리고 로이 풀러Loie Fuller, 마사 그레이엄Martha Graham 같은 안무가들은 이상화되고 통제된 움직임보다 더 강한 표현력을 지닌 독립적인 움직임을 선보이려 했다. 부드러운 곡선과 대칭을 중시하는 발레와 달리 현대무용은 각진 자세와 비대칭을 강조했다.

1914년, 〈스펙터Spectre〉에서 그레이엄은 무용수의 머리와 몸 움직임을 분리했다. 이 작품에서 무용수는 가슴은 앞으로 내밀고 머리는 뒤로 젖힌다. 그리고 목을 먼저 돌린 다음 몸을 돌리며 전신을 회전하기 시작한다. 그다음 머리를 빠르게 앞뒤로 흔들며 동시에 뒤로 기운 몸을 천천히 들어 올린다. 안무는 마치 물 흐르듯 움직인다. 무용 역사학자 잭 앤더슨Jack Anderson은 "그레이엄의 안무 중 많은 부분에는 삶 자체가 노력이라는 믿음에서 오는 채찍 같은 강렬함이 있다. 그 안에는 고통과 황홀한 환희가 가득하다"라고 했다.[18] 목은 신체의 선을 부분적으로 끊어 머리가 자체적인 표현의 수단으로 작용할 수 있게 함으로써 표현을 향한 열정에 보탬이 된다.

* * *

현대무용으로 혁명이 일어나기 수 세기 전, 고전 인도 문화권에서는 목의 표현력을 극대화한 무용 형식이 발달했다. 이 무용 형식의 중요성은 기원전 100년에 쓰인 산스크리트어 문헌 《나티야 사스트라Natya Sastra》에도 기록됐으며, 해당 문헌은 모든 공연 예술의 구조와 철학 형식의 기반이 됐다.[19] 《나티야 사스트라》는 목 움직임(**그리바 브헤다**greeva bheda)을 4가지로, 머리 움직임(**시로 브헤다** shiro bheda)을 9가지로 구분한다.

예를 들어, 순다리 **그리바 브헤다**Sundari greeva bheda는 얼굴이 정면을 향한 채 목을 좌우로 그리고 수평으로 미끄러지듯 움직이는 동작을 뜻한다. 이 동작은 흔히 우정의 시작을 알리거나 감탄을 표현할 때 쓴다. 파라브리땀 **시로 브헤다**Paravrittam shiro bheda는 머리를 빠르게 회전하는 동작이다. 갑작스러운 움직임으로 관객의 시선을 끌거나 동작을 마무리할 때 사용된다.[20]

인도 고전무용 역사에서 핵심 미적 요소 중 하나는 **라사**rasa다.[21] 라사는 과즙, 꿀, 혹은 추출물이라는 뜻이다. 무용에서 라사는 공연의 본질 또는 감정을 의미하며, 무용수는 관객에게 이 감정을 전달하려 한다. 라사는 '성적인', '재미있는', '불쌍한', '끔찍한', '영웅적인', '두려운', '혐오스러운', '경이로운', '평화로운'이라는 9가지 기준을 바탕으로 체계적으로 분류된다.

각 라사에는 고유한 감정과 신, 색상, 무용 요소가 있으며, 각각에 해당하는 머리와 목 동작도 있다. 보통 낭만적인 사랑을 뜻하는 '성적인' 라사를 표현할 때 무용수는 미끄러지는 듯한 순다리 머리 동작을 활용한다. '재미있는' 라사에서는 머리를 사방으로 흔들며 상황의 우스꽝스러움을 전달한다. 인도 무용에서 목은 어휘와 같을 정도로 매우 중요한 역할을 한다. 한 무용수는 이렇게 말했다.

"음식에서 소금이 중요하듯, 춤에서는 목이 그러해요. 태양에 불이 있듯, 춤에는 목이 있죠."[22]

발레와 마찬가지로 인도 무용에도 목 사용에 대한 많은 지침이 있지만, 동작을 제한하기보다는 공연에 감정과 색채를 불어넣는 방식을 말한다. 인도 무용에서 목은 고도로 구조화된 감정 언어를 표현하는 것 외에도 관객의 주의를 끄는 역할도 한다. 카타크Kathak(인도 고전무용 중 하나.―옮긴이) 무용학자이자 공연자, 강사인 라치나 람야Rachna Ramya는 목의 주 역할이 동작 방향을 전달하는 데 있다고 설명한다.[23] 무용수는 고개를 숙인 다음 시선을 옆으로 돌려 팔을 내려다보면서 중요한 손동작에 관심을 집중시킨다. 그리고 목을 쭉 뻗어 머리를 사방으로 돌림으로써 연인을 찾는다. 람야가 무

⟨그림 7⟩ 카타크 무용수. 사진: 파르와티 두타Parwati Dutta, 2009년.

대에서 보이는 안무 중 다수는 머리를 빠르게 돌려 방향을 가리키는 동작으로 시작한다.

* * *

무용수가 무대에서 큰 보폭으로 경중경중 뛰다가 방향을 바꾸기 직전에 목을 꺾어 방향을 표시한다. 무대 앞에 앉은 당신은 고개를 돌리며 무용수의 움직임을 따라간다. 특히 감명받은 옆자리 친구가 당신 쪽으로 고개를 돌려 어떤 표정을 보여 준다. 당신은 공감하며 고개를 끄덕인다. 공연이 끝나고 조명이 켜진다. 당신은 공연장 내부와 화려한 장식을 둘러보고 마지막으로 가장 가까운 출구를 찾는다.

우리는 고개를 돌려 세상을 보고, 몸짓으로 표현해 소통한다. 인간이 지닌 세상에 대한 지식은 넓은 풍경을 볼 수 있는 능력 덕분이다. 여기에서 목은 굉장히 중요한 실제적 도구다. 많은 동물의 (대부분의 진화 역사 내내 인간에게도) 순간적 행동 결정은 고정된 시야 속 사물만이 아니라 주변의 포식자, 먹잇감, 짝, 음식, 지형을 보는 데 달렸다.

그러므로 목은 생존에 필수적인 도구다. 사회적 동물, 특히 인간에게 움직이는 머리는 의사소통과 몸짓을 위한 하나의 기관이다. 목은 소리 없이 강력한 보디랭귀지를 만든다. 그것은 목소리와 손, 얼굴의 표정처럼 익숙한 소통 방식에 덧붙여 우리의 표현을 더욱 풍부하게 한다.

4장

통로와 운반:
머리와 몸을 잇는 길목

우리 몸은 건물처럼 구획으로 나뉜다. 집에는 요리, 식사, 배설, 수면을 위한 공간이 따로 있듯, 우리 몸에도 감각, 섭취, 소화, 호흡, 생식을 위한 영역이 있다. 그러나 이 구획이 완벽히 구분되지는 않는다. 실제로는 배관과 전선으로 복잡하게 연결돼 한 영역에서 다른 영역으로 액체와 기체, 전기신호를 배분한다. 건물에서는 이런 연결망이 대부분 벽 뒤나 마루 아래에 있고, 우리 몸에서는 대부분 목을 통과한다.

   동맥과 정맥은 혈액을 순환시키는 심장과 굶주린 뇌 조직 사이에서 혈액을 운반한다. 식도는 섭취 부위(입)에서 소화 부위(위)로 음식을 운반한다. 기관은 흡입 영역(코, 입)과 호흡 영역(폐) 사이에서 공기를 운반한다. 신경은 지각과 인식 영역(뇌), 촉각과 운동 영역(피부, 근육) 사이에서 신호를 전달한다. 림프관은 머리와 목에서 림프액을 빼내 심장 근처의 혈류로 되돌려 보낸다. 목은 다양한 종류의 화물이 동시에 지나가는 아주 바쁜 운송로다. 신경은 6장에서,

림프관은 10장에서 더 자세히 설명하고, 이번 장에서는 혈액과 음식, 공기가 통과하는 부위로서 목의 역할을 살펴본다.

목을 지나는 교통량이 얼마나 되는지 계산해 보자. 혈액은 심장에서 머리로 약 1초에 한 번씩 박동하며 흐르고, 평균 유속은 분당 약 375밀리리터, 일일 약 540리터다.[1] 호흡은 4~5초에 한 번씩 이루어지며, 한 번 숨 쉴 때마다 500밀리리터가량의 기체가 오간다. 즉, 우리는 기관을 통해 매일 1만 1,000리터의 공기를 들이마신다. 우리는 하루에 600회가량 삼키며, 대부분은 침이나 물 또는 음식을 씹어 삼킨다. 삼키는 양은 사람마다 상이하지만 하루에 평균 약 5리터의 액체를 식도로 넘긴다. 모두 더하면 약 600킬로그램, 1만 1,500리터 물질이 매일 이 도관을 통과한다. 심지어 왕복이 아닌 편도로 계산한 수치다. 피와 공기는 쌍방으로 흐른다. 그러니 스스로를 칭찬하자. 이보다 더 게으를 수 없는 날에도 당신은 목을 통해 1톤 이상의 물질을 움직이게 하니 말이다.[2]

목을 통과하는 모든 이동을 상상하기는 어렵지만, 흐름은 느낄 수 있다. 맥박은 손으로 만질 수 있고, 호흡은 들을 수 있으며, 삼킬 때는 들리는 건 물론 보이기까지 한다. 대부분의 신체 활동이 그러하듯 이 모든 흐름은 무의식중에 이루어지지만, 조금만 주의를 기울이면 쉽게 느낄 수 있다. 우리는 보통 배관이 막히거나 파손되는 등 고장이 나서 즉시 대응해야 할 때만 이러한 흐름에 주의를 기울인다. 목 내부를 지나는 관 흐름에는 방해가 생겨서는 안 되고, 보수 작업을 미뤄서도 안 된다.

뇌는 특히 에너지 소비량이 많은 기관이다. 신체의 총에너지 소비량의 20퍼센트를 먹어 치우면서도 무게는 체중의 2퍼센트에 불과하다. 뇌는 에너지 수요가 크고 생존을 위해 쉬지 않고 움직여야 하므로, 혈류로 끊임없이 산소를 제공하고 이산화탄소도 제거해야 한다. 뇌는 심지어 편식쟁이다. 지방, 단백질(아미노산), 당(포도당)을 태우고 이를 신체에 국부적으로 저장하는 다른 장기와 달리, 뇌는 포도당만 먹으며 연료를 거의 저장하지 않는다. 뇌에 당 에너지를 공급하는 수단은 혈류뿐이다. 이렇듯 신체 내 물질 운반 기능이 절대적으로 필요했고, 척추동물 역사 전반에 걸쳐 진화했다. 그렇다면 지금쯤 운반 시스템 설계가 거의 완벽해졌으리라 생각할 수도 있다. 하지만 우리는 본능적으로 그렇지 않다는 것을 안다.

목을 지나는 관은 가늘고 얇으며 피부 가까이에 있어, 막히거나 눌리거나 절단되기 쉽다. 그래서 우리는 내·외부의 힘에 의한 질식이나 출혈에 위태롭게 노출된 채 살아간다. 수백만 년의 진화였음에도 설계에 결함이 남은 까닭은 무엇일까? 우리 몸속 관의 취약성과 목의 다기능성은 동전의 양면과 같다. 목은 생명 유지에 필요한 엄청난 양의 액체를 열심히 실어 나르면서도 유연해야 하며, 많은 척추동물에서는 발성 기능까지 해야 한다. 몇몇 기능은 서로 충돌하기도 한다. 인간 목의 해부학적 구조는 서로 경쟁하는 수요 사이의 타협점이지 완벽한 해결책이 아니다. 매슈 로자Matthew Rozsa는 이렇게 말한다.

"인간의 몸을 건물에 비유한다면, 목은 아마 가장 형편없이 설계된 방일 것입니다. 다른 설계 우선순위를 맞추기 위해 기능적으로 어울릴 수 없는 장기로 가득하니까요."[3]

우리 목이 불완전하게 설계된 두 번째 요인은 진화 과정에서 새롭게 추가된 기능이 기존 기능 위에 구축됐다는 점이다. 여러 기능을 하는 인간의 목은 최적화된 혁신의 산물이 아니라, 임시방편식 개조의 결과다. 새로운 구조(기관, 폐 등)가 기존의 구조(목구멍)에 결합하면 공기 흡입이나 육지 생활 등 다양한 가능성이 열린다. 그러나 이런 추가 구조들은 진화적 궁극점을 목표로 하는 것이 아니라 단기적 필요만을 충족할 뿐이다.

전반적으로 이러한 즉흥적 설계는 효과가 있으며, 생명은 비록 어설프게 이어 붙인 흔적이 있더라도 끈질기게 살아남아 진화했다. 머리와 몸의 기능을 구분함으로써 생기는 모든 이점은 목의 운송관 덕분이지만, 인간은 즉흥적인 진화의 역사가 남긴 불가피한 타협점과 취약성도 안고 살아야 한다.

피와 혈관

목이 유연하려면 가늘어야 한다. 그러나 이렇게 좁아진 데 따른 대가로, 많은 운송관이 피부와 가까워서 상처를 입거나 압박받기 쉽다. 목 양쪽을 가볍게 눌러 보면 혈액의 흐름이 느껴질 정도다. 이 부위는 실제로 의사가 환자의 생사를 확인하기 위해 제일 먼저 만지는 곳이다. 목동맥을 가볍게 누르면 생명이 느껴진다.[4] 너무 세게 혹은 길게 압박하면 기절하거나 실신할 수 있다.

기원전 4세기, 이 동맥에 이름을 붙인 히포크라테스Hippocrates는 목동맥의 압박과 정신 사이의 관계를 분명히 이해했다. '목동맥'이라는 명칭은 1장에서 설명했듯 '마비시키다'라는 뜻의 그리스어 '카로티스'에서 유래했다. 간혹 동맥 내벽에 플라크plaque(혈관 안쪽에 콜레스테롤이나 염증 세포 등이 쌓여 형성된 덩어리.—옮긴이)가 쌓여 뇌로 향하는 혈류를 감소시키는데, 이 경우 언어장애, 기억력 및 시력 감퇴, 착란, 현기증 등의 증상이 발생한다. 더 심각한 경우 플라크가 혈관 벽에서 떨어져 나와 뇌동맥에 박히면 뇌졸중을 일으킨다. 뇌졸중은 뇌에 영구적인 손상을 입힌다.

목동맥을 지나는 혈류를 제한해 우리를 (히포크라테스의 표현을 빌려) '마비'시킨다면 그 반대도 말이 되지 않을까? 혈류량을 늘리고, 적어도 진화적으로 어느 정도의 시간이 지나면 더 똑똑해져야 하지 않을까? 첨단 유전체학과 전통적인 해부학의 연구 결과에 따르면, 진화에 따른 목동맥 혈류량 증가는 인간 인지능력의 진화적 발달과 관련이 (그리고 이에 기여했을 가능성이) 있다. 연구자들은 고릴라 유전자의 염기 서열을 분석했고, 인간과 유사한 혈통에서 특히 빠른 진화 속도를 보이는 유전자를 확인했다.[5]

그중 가장 유력한 유전자는 RNF213이다. 이 유전자는 뇌로 향하는 혈류와 관련 있다. 현대 인류에서 이 유전자에 발생한 돌연변이는 모야모야병과 연관이 있는데, 이는 뇌 혈류가 제한되고 뇌졸중 위험이 높아지는 드문 질환이다. RNF213 변이가 어떻게 모야모야병을 일으키는지는 아직 명확하지 않다. 그러나 이 질병을 가진 환자들은 대뇌동맥, 특히 속목동맥 내벽에서 세포가 과도하게 증식하며, 이로 인해 동맥이 좁아지고 뇌로 가는 혈류 속도가 감소한다.[6] 연구자들은 이 과정을 역으로 추적했다. 인간과 유사한 혈통에서 RNF213 유전자의 진화적 변형이 대뇌 혈류 증가를 가능하게 했을 것이라고 가정했다. 이는 인간 진화 과정에서 부피가 커진 뇌에 산소와 포도당을 공급하는 데 필요했을 것으로 보인다.

최근 새로운 화석 증거에 따르면, 속목동맥의 혈류량 증가는 단순히 더 큰 뇌를 유지하기 위한 것을 넘어, 인간 지능 진화에 중요한 역할을 했을 것이라 본다.[7] 목동맥 자체는 화석으로 남지 않지만, 목동맥이 머리뼈 안으로 들어가는 통로인 구멍은 화석으로 남는다. 로저 시모어Roger Seymour가 이끄는 연구팀은 인류 조상 종족인 12개의 호미닌 계통에서 머리뼈의 이 구멍을 측정하고, 그 지름을 바탕으로 혈류 속도를 추정했다. 예상대로 뇌가 큰 종일수록 구멍이 컸으며 혈류량도 더 많았다.

놀라운 점은 인류 진화 과정에서 뇌 용적보다 경동맥 혈류의 증가폭이 더 컸다. 현 인류와 초기 인류 사이의 약 440만 년 동안 뇌 부피는 약 5배 증가했지만, 혈류량은 약 9배 증가했다. 즉, 뇌 혈류는 뇌 크기보다 더 빠르게 증가했다. 혈류량이 신경 활동을 파악하는 유용한 지표라는 점을 고려하면 비대칭적인 혈류량 증가는 인간 지능이 단순히 뇌 크기가 아니라 '뇌 활동의 밀도'에 달렸다는 점을 추측할 수 있다. 우리의 지능은 적어도 부분적으로는, 이 '배관 시스템' 덕분인 셈이다.

★ ★ ★

　식욕이 왕성한 뇌에 혈액을 공급하려면 중력을 거슬러야 한다. 똑바로 선 자세에서 우리 뇌는 심장보다 40센티미터가량 더 위에 있으며, 이 거리만큼 피를 올려 보내기 위해 심장은 120/80mmHg(수은주 밀리미터) 혈압을 일으킨다. 아주 잠깐이라도 혈압이 이보다 아래로 떨어지면 뇌가 충분한 혈액과 산소를 공급받지 못해 기절할 수 있다. 반대로 혈압이 잠시 상승하는 것은 위험하지 않다. 하지만 혈압이 높은 상태(이를테면 140/90mmHg 정도)가 수개월에서 수년간 만성적으로 지속되면 심장이 과도하게 커지거나 동맥에 손상이 생기는 등 온갖 만성적인 심혈관 질환이 생긴다.
　이번에는 키가 훨씬 더 큰 동물의 혈압을 생각해 보자. 기린은 심장보다 머리가 2.5미터가량 더 위에 있으며, 혈액은 인간의 2배에 가까운 혈압(220/180mmHg)으로 수직에 가까운 목을 타고 올라간다. 이례적으로 높은 혈압(선천적인 고혈압)은 동물학자와 임상의에게 2가지 질문을 남겼다. 첫째, 어떻게 기린은 심장에서 그렇게 높은 압력을 발생시킬 수 있는가? 둘째, 혈압이 그렇게 높은데 어떻게 심혈관 질환이 없는가?
　첫 번째 질문의 답은 놀랍다. 보통 높은 압력을 발생시키려면 심장도 커야 한다고 생각한다. 그러나 기린의 심장 크기는 목이 짧은 여타 포유류와 특별히 다른 점이 없다. 다시 말해, 기린은 몸집이 비슷한 다른 포유류와 심장 크기가 거의 같다. 혈액을 온몸으로 보내는 좌심실 내부 공간은 오히려 상대적으로 더 작다. 하지만 펌프질의 주요 동력을 생성하는 좌심실의 근육은 유난히 두껍다. 따라서 심장에서 나오는 혈액의 양은 적지만 두꺼운 근육으로 큰 힘을 생성할 수 있는 덕분에 혈압이 높은 것이다.

흥미로운 건, 기린 심장의 특징인 두꺼운 심실벽과 적은 박출량은 만성 고혈압 및 심부전 환자의 심장에서도 발견된다.[8] 큰 차이점은 기린은 이완기(확장기) 혈압이 상대적으로 낮기에 인간에게 발생하는 심부전 등의 심혈관 손상을 피할 수 있다. 심장 병리에서 이러한 저항력의 바탕이 되는 세포 과정은 완전히 밝혀지지 않았지만, 기린은 고혈압을 가진 인간과 달리 심근섬유증을 거의 겪지 않는다. 심근섬유증이란 심장근육 세포 사이 공간에 섬유 단백질이 과도하게 축적되면서 특정 세포(섬유모세포)가 반응해 발생하는 질환이다. 섬유화가 발생하면 심장근육은 딱딱하게 굳고 이완하는 능력이 떨어진다. 하지만 어쩐 일인지 기린은 이런 섬유화가 발생하지 않는다.

억제된 섬유 생성이 고혈압성 심장 질환을 예방한다는 주장은 기린과 그 동족에 대한 유전학 연구가 뒷받침한다.[9] 이러한 연구는 또한 섬유모세포를 조절하는 유전자 변화가 기린의 진화에서 중요한 표적이었을 가능성을 시사한다. 2021년, 연구자들은 기린의 유전체를 분석해 짧은 목을 지닌 가장 가까운 친척 오카피Okapi를 비롯한 여러 포유류와 비교했다. 그 결과, 기린의 진화 과정에서 특히 크게 변화한 유전자 중 하나가 FGFRI였다. 이 유전자는 섬유모세포 조절에 중요한 단백질을 만들며, 심장 조직의 섬유 형성에 영향을 준다. 인간과 쥐에서 FGFRI 돌연변이는 심장 기형을 유발하는데, 이는 이 유전자가 심장 조직이 어떻게 형성되고 유지되는지를 결정짓는 데 매우 중요한 역할을 한다는 점을 보여 준다.

그렇다면 이 유전자의 '기린 버전'은 고혈압과 관련한 모든 심장 질환으로부터 기린을 보호할까? 질문의 답을 찾기 위해 연구진은 기린의 FGFRI 유전자와 같은 서열을 가진 DNA 조각을 만들었다. 그다음 유전자 편집 기술인 CRISPR(크리스퍼)를 사용해 이를 생쥐의 DNA에 집어넣었다.

'기린 버전'과 '생쥐 버전' 유전자를 지닌 생쥐 사이에 혈압 차이는 없었다. FGFRI 유전자가 기린의 비정상적으로 높은 혈압에 영향을 미치지 않는다는 의미다. 그러나 생쥐에 혈압을 높이는 호르몬을 지속적으로 투여하자 '생쥐 버전' FGFRI 유전자를 지닌 쥐에는 섬유화, 낮은 박출량 등 고혈압과 연관된 여러 심장 질환이 발병했다. 반면, '기린 버전' 유전자를 지닌 쥐는 아무런 반응도 없었다. 이는 기린이 진화하며 발생한 FGFRI 유전자 변이 덕분에 긴 목을 통해 혈액을 공급하는 데 필요한 혈압을 심장이 견딜 수 있다는 강력한 증거다.

고혈압은 심장은 물론 혈관에도 영향을 미친다. 만성적인 고혈압은 동맥 내벽에 미세 파열을 만든다. 내벽이 손상되면 염증 반응이 일어나면서 동맥벽이 굳고 동맥 직경을 좁게 만드는 플라크의 퇴적으로 이어진다. 모든 동맥은 한 번 박동할 때마다 혈관을 약간 늘리면서 미세한 파열을 방지한다. 기린의 경우, 심장 근처 목동맥은 특히 탄력 섬유의 밀도가 높아 혈압이 최대로 높아져도 찢어지는 대신 잘 늘어난다.[10] 반면 훨씬 더 위에 있는 뇌 근처 목동맥은 탄력

섬유가 적은 대신 혈관의 근육층이 발달했다. 동맥을 수축·이완시키는 이 혈관 근육은 기린이 물을 마시기 위해 머리를 땅까지 숙였다가 다시 높이 들 때 중요한 역할을 한다. 이 혈관 근육은 머리 위치가 무려 5미터 넘게 바뀌어도 혈압이 3배 가까이 변하며 뇌로 가는 혈류를 조정하도록 돕는다. 인간은 머리 높이가 1미터만 달라져도 현기증을 느끼는데, 기린은 이러한 어지럼증을 피할 수 있는 생리적 조절 능력이 반드시 필요했음을 알 수 있다.

* * *

목을 흐르는 혈류량 증가는 인간의 사고력 향상에도 기여하지만, 공포스러운 이미지도 만든다. 21세기 내내 미국인은 뱀파이어에 열광했다. 대부분은 창백한 얼굴로 깃 세운 옷을 입고, 눈에 띄지 않게 동네를 천천히 돌아다니는 젊고 섹시한 모습으로 묘사됐다. 뱀파이어를 향한 오늘날의 집착을 만든 앤 라이스Anne Rice의 소설 《뱀파이어 연대기The Vampire Chronicles》 시리즈는 무려 1억 부 이상 판매됐다. 그녀의 소설을 바탕으로 1994년 영화화된 〈뱀파이어와의 인터뷰Interview with the Vampire〉는 2억 2,500만 달러 이상의 흥행 수익을 기록했다. 로맨스 소설 《트와일라잇Twilight》 시리즈는 1억 6,000만 부 이상 판매됐고, 소설을 바탕으로 제작된 영화 시리즈는 30억 달러 이상의 흥행 수익을 올렸다. 영화 〈트와일라잇〉의 패러디 영화인 〈뱀파이어 써커Vampires Suck〉도 개봉 첫 주 1위를 차지했고, 1억 달러에 육박하는 흥행 기록을 세웠다.

이 집착의 바탕에는 무엇이 있을지 분석하는 글도 많다. 뱀파이어가 매력적인 까닭은 아마 그 존재가 위험과 에로티시즘, 열정과 보호, 이질성과 친밀감, 필멸성과 영원한 젊음 사이의 긴장감을 상징하기 때문이다. 그리고 모든 뱀파이어 이야기 바탕에는 목이 있다. 이들이 피를 얻는 원천에 대해 인간이 잘 몰랐다면 뱀파이어는 인간의 상상력에서 금세 사라졌을 것이다.

목동맥은 목을 따라 올라가면서 어떠한 보호도 받지 못한 채 피부에서 고작 2센티미터도 떨어지지 않은 곳에 있다. 목동맥은 일상생활에서 가장 중요한 기관인 뇌에 영양을 공급하며, 소설에서는 뱀파이어의 억누를 수 없는 욕구를 채운다. 사람들이 뱀파이어의 불타는 열정에 사로잡혀 있을 때, 레스터 대학교의 몇몇 물리학과 학생들은 뱀파이어의 행동을 수치화했다. 뱀파이어가 한 끼 식사를 마치는 데 정확히 얼마나 걸릴까? 학생들은 〈특별 물리학 토픽 저널Journal of Physics Special Topics〉이라는 학술지에 연구 결과를 발표했는데, 제목 그대로 정말 특별한 주제였다.[11]

학생들은 혈압, 혈액 밀도, 혈관이 갈라진 모양, 송곳니로 낸 구멍 크기 등 복잡한 변수를 포함한 목동맥 혈류 모델을 만들었다. 그리고 다음과 같은 결론을 내렸다. 뱀파이어가 따뜻한 피 750밀리리터, 즉 와인 한 병 정도의 양을 마시는 데 걸리는 시간은 6.4분이다. 참고로 우리가 헌혈할 때는 그 절반 정도의 양을 채우는 데 10배쯤 더 긴 시간이 걸린다.

목동맥을 따라 흐르는 피는 인간의 가장 어두운 비이성적 두려움을 끌어내는 한편, 목동맥보다 더 얇고 피부에 가까운 동맥은 인간의 가장 사적인 감정을 표출한다. 많은 사람이 당황하거나 부끄러우면 목과 얼굴을 붉힌다. 누군가는 원치 않게 홍당무가 되느니 뱀파이어에게 물리는 게 낫겠다고 할지도 모르겠다. 얼굴이 붉어지는 게 잔인한 까닭은 우리의 수치심이나 당혹감을 겉으로 드러내 우리의 사생활을 침해하기 때문이다.

이 감정들은 우리 신체에서도 가장 눈에 잘 띄는 얼굴과 목을 통해 드러난다. 홍조는 심지어 양의 되먹임 현상이다. 당황하면 얼굴이 빨개지고, 얼굴이 빨개지니 더 당황한다. 사람들과의 어색한 자리, 의도치 않게 저지른 결례, 뜬금없이 올라오는 죄책감 등은 무의식중에 자율신경계에서 투쟁 혹은 도피 반응fight-or-fight response을 일으킨다. 그리고 얼굴과 목 피부 아래의 동맥이 확장된다. 얼굴과 목 피부는 특히 혈관이 발달했고 얇기에 혈류량이 늘어나면 크게 티가 난다. 우리는 노출된 목 피부까지 피를 보냄으로써 우리의 감정적 취약성을 내비친다.[12]

혈관은 심장과 정신을 잇는 중요한 연결 고리다. 그리고 이 관을 통하는 대량의 혈액은 인간 지능을 지탱한다. 동시에 이 혈관은 피부와 가까워서 실제든 가상이든 우리를 위협에 노출하며 원시적인 감정을 불러일으킨다. 혈액은 생명의 근원이면서 동시에 공포와 당혹감의 원천이다.

음식과 식도

목 위로 올라가는 혈액의 흐름과 달리 목 아래로 내려가는 음식물의 이동은 지속적이기보다는 간헐적이다. 삼키는 동작은 소화라는 점진적으로 오래 걸리는 과정 전에 이루어지는 짧게 끝나는 섭취 행위다. 우리는 씹고 마실 때마다 삼킨다는 거의 되돌릴 수 없는 행위를 수행할 것인지, 그렇다면 언제 할 것인지 정해야 한다. 보통은 모든 일이 순조롭게 흘러 몸은 필요한 영양분을 얻는다. 그러나 때때로 삼킨 음식이 경로를 이탈하면 우리는 질식이라는 공포스러운 상황과 마주한다. 우리는 어류 조상으로부터 삼키기와 숨쉬기 둘 중 하나를 선택해야 하는 목을 물려받았다. 제대로 삼키는 건 그야말로 생사를 결정하는 문제다.

삼키는 과정에는 입안의 여러 감각기가 관여한다. 가장 먼저 대부분 혀 앞쪽에 분포하는 화학 센서(미뢰)에서 시작한다. 미각 테스트를 통과한 음식은 입안에서 씹히고 침으로 액체화된다. 혀 뒤쪽에 있는 민감한 자동 센서는 씹힌 음식의 입자 크기와 습도를 감지해 내려보내도 될 정도로 충분히 부드럽고 액체화됐는지 평가한다.

여기까지 테스트를 모두 통과하면 12개가 넘는 목과 안면 근육을 정확한 타이밍에 빠르게 수축시켜 삼키기 시작한다. 이 지점을 지나면 이제는 우리의 손을 떠났다. 모든 건 반사 작용에 의해 이루어진다. 제대로 삼키려면 입과 목구멍의 근육들이 음식을 올바른 방향으로 유도해야 한다. 혀는 치아와 입천장에 밀착해 음식이 앞으로 나오지 않도록 막고, 목구멍 뒤쪽이 올라와 코로 향하는 통로를 막는다. 안쪽 혀는 음식을 뒤로 밀고, 목구멍 윗부분의 근육은 음식을 아래로 쥐어짠다.

목구멍 상부에 있는 음식은 위태로운 기로에 서 있다. 자칫하면 길을 잘못 들어 위가 아닌 폐로 들어갈 수 있다. 음식물이 기관으로 넘어가는 것을 방지하기 위해 우리 몸은 음식물을 삼킬 때 후두에 있는 성대를 닫는다. 그 다음은 '꿀꺽'하는 모습과 함께 우리 눈으로도 볼 수 있다. 후두와 목뿔뼈(목에 튀어나온 혹처럼 보이는 뼈)가 올라가며 삼키는 동작이 눈에 띄기 때문이다. 후두가 올라가면 후두덮개가 아래로 접혀 기관을 막는다. 후두덮개는 0.1초도 안 되는 시간 안에 다시 열리고, 음식은 식도로 들어가 위를 향해 내려간다. 우리는 이렇게 복잡하고 여러 단계로 된 정교한 동작을 거의 무의중에 완벽하게 해낸다. 심지어 걷거나, 운전하거나, 독서하는 등 다른 활동과 동시에 음식 삼키는 일도 가능하다. 단, 호흡과 말하기만은 예외다.

목은 모든 기능을 동시에 수행하지는 못한다. 음식과 공기의 통로가 목에서 교차하기에, 삼키는 순간에는 일상적인 생명 활동인 '호흡'과 인간만의 고유한 능력인 '말하기'를 잠시 멈춰야 한다. 이 역시 진화가 우리에 남긴 일종의 타협점 중 하나다. 음식물과 공기가 목구멍에서 경로를 공유하는 탓에 모든 삼키는 행위에는 생명을 위협할 가능성이 수반된다. 후두덮개가 제 역할을 하지 않아 음식물이 잘못된 관으로 들어가면 기관이 막혀 숨을 쉴 수 없다. 매년 5,000명에 이르는 미국인이 질식으로 사망하며, 이는 네 번째로 많

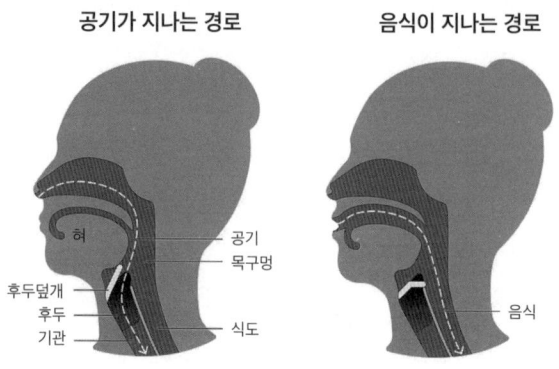

〈그림 8〉 목을 통과하는 공기와 음식의 경로. 후두덮개가 공기는 기관으로, 음식은 식도로 보내는 판막 역할을 한다. 일러스트: 네타 카셔, 2024년.

은 사고사 원인이다.[13]

"그것은 식도 앞에 있는 기관의 고약한 위치를 바로잡기 위한 자연의 모책이며, 그러한 위치는 필요의 결과다."[14]

이처럼 아리스토텔레스에게 후두덮개는 인간이 해부학적 구조에 내재한 기하학적 문제를 해결하는 장치다. 목에서 교차하는 두 관이 얼마나 불편하면서도 꼭 필요한 구조인지 직접 확인하고 싶다면 이 운동을 해 보자. 먼저 목 앞쪽을 눌러 단단한 기관이 앞쪽에 있음을 확인한다. 그다음, 공기가 들어가는 입구인 코 앞에 검지를, 음식물이 들어가는 입구인 입 앞에는 중지를 놓는다. 그대로 손을 내리면 공기가 지나야 할 기관은 앞에 있어야 하는데, 검지가 중지의 앞이 아닌 뒤에 온다. 결국 공기를 기관 앞으로 보내고, 음식을 식도 뒤쪽으로 내려보내려면 두 관이 교차하는 방식밖에 없다.[15]

이 엇갈린 교차점이 바로 아리스토텔레스가 말한 기하학적 '필요'다. 문제는 이 '고약함'이 후두덮개에 의해 공기와 음식을 올바른 경로로 보내지 못하면 질식한다는 사실이다. 만약 우리 목이 공학적으로 설계된 제품이었다면, 틀림없이 설계 수정을 위한 대규모 리콜 사태가 벌어졌을 것이다. 생물학자 루이스 헬드Louis Held는 이렇게 말했다.

"후두덮개는 인간 몸에 있는 어리석고 멍청하고 위험한 특징 중 하나에 불과해요. 이는 곧 진화가 설계자가 아니라는 슬픈 사실을 보여 주죠. 진화는 그저 만지작대며 땜질이나 하는 존재일 뿐이에요. 그것도 눈앞의 것만 볼 줄 아는 땜장이죠."[16]

자연선택에 의한 진화는 당장 활용 가능한 선택지로 단기적인 문제를 해결하고 차선적 설계 수정을 위해 되돌아가기를 거부한다. 아리스토텔레스의 주장은 성인 인간 구조에서 비롯된 것이나, 헬드는 배아 형성 과정에서 관이 교차하는 것과 진화의 근시안적 작용에 근거해 설명한다. 모든 척추동물의 배아에서 가장 먼저 형성되는 관은 위장관이다. 이 관의 상단부가 입에서 위로 이어지는 식도를 만든다. 호흡하는 척추동물의 배아는 이 위장관에서 주머니 하나가 앞으로 갈라져 나와 폐가 된다. 따라서 폐로 이어지는 관(기관)도 갈라져 식도 앞을 지나간다. 즉, 기관이 식도보다 앞에 있는 것은 배아 형성 과정에서부터 비롯됐다.

아마 논리적이고 미래를 대비하는 설계자라면 우리 몸을 지금과는 완전히 다르게 만들었을 것이다. 이를테면 입 아래 구멍을 하나 더 만들어 외부의 공기를 바로 폐로 전달하거나, 어떤 식으로든 폐를 식도 뒤로 보내는 식으로 말이다. 그러나 진화는 이미 음식 섭취에 사용하던 입과 식도를 호흡을 위한 기관에 연결하고 둘을 후두덮개로 분리하는 적당한 단기적인 해결책으로 만족했다. 우리 어류 조상이 수면에서 공기를 마시기 시작했던 때는 기본적인 호흡기로 이어지는 새 연결부를 만들지 않고도 입으로 공기를 빨아들일 수 있었다. 그러나 이 구조가 정착된 후 육지로 올라온 척추동물은 여기에 얽매였고, 그 이후로 우리는 모두 먹다가 숨을 못 쉴 수도 있는 취약성을 가졌다.

호흡하는 모든 척추동물은 호흡 체계와 소화 체계 사이에 일종의 교차점이 있다. 하지만 두 관을 분리하는 건 특히 성인 인간에게 어려운 일이다. 다른 포유류와 영아의 경우, 후두와 후두덮개가 목구멍에서 비교적 더 높은 곳에 있다. 코에서 기관으로 이어지는 통로는 짧고 직선이다. 목구멍으로 들어가는 음식은 대개 이 공기 통로를 따라 들어간다. 그러면서 음식은 기능적으로 기도와 소화관을 분리하는 '관 속의 관'을 형성한다.[17] 이렇게 하면 두 경로의 혼선이 최소화되고, 영아는 젖을 빨면서 숨을 쉴 수 있다.[18]

그러나 생후 한 달이 지나면 인간의 목은 크게 바뀐다. 이때 후두가 내려가는데, 이는 목소리 기능 범위가 확장하는 데 중요한 이점을 제공하지만 삼키는 행위를 더 복잡하게 만든다(자세한 내용은 6장에서 논의할 예정이다). 후두가 내려가며 후두덮개와 혀뿌리를 함께 잡아당겨 '관 속의 관'을 파괴한다. 후두가 아래로 내려가면 음식과 공기가 섞이는 공간이 더 넓어진다. 그리고 생후 3개월이 되면 잔인한 절충안과 마주한다. 후두가 내려가면서 목소리를 내는 놀라운 능력을 얻는 대신, 평생 질식할 위험을 안고 살아간다.

인간이 진정한 혁신가에 의해 설계됐다면 서로 다른 관을 통해 먹고 말하게 만들었을 테다. 안타깝게도 진화는 혁신가가 아닌 개조자였다. 단순히 섭취를 위한 관에 호흡과 발성이 더해졌다. 처음에는 좋은 아이디어처럼 보였을 것이다. 숨 쉬거나 말하면서 동시에 먹으려 하기 전까지는 말이다.

*　*　*

음식과 공기가 목구멍에서 교차하기에 대부분의 호흡하는 척추동물은 기관과 식도, **둘 중 하나**를 닫아야 한다. 그러나 지구에 서식하는 몇몇 동물은 **둘 다** 꽉 닫는다. 흰긴수염고래나 참고래와 같은 수염고래들은 런지 피딩lunge feeding(돌진해 먹이를 먹는다는 뜻.—옮긴이)이라는 행동을 통해 엄청난 양의 음식을 섭취한다. 크릴(새우와 비슷한 갑각류) 떼를 만난 고래는 턱을 직각으로 벌리고 입과 목구멍을 부풀려 엄청난 양의 물을 집어삼킨다. 이렇게 거대하게 확장할 수 있는 건 목구멍이 주름지고 탄력 있는 지방층과 근육으로 구성됐기 때문이다. 집어삼키는 동안 목구멍은 아코디언처럼 늘어나며 확장한다. 고래가 입을 닫으면 식도와 기관 **모두** 닫히고, 입과 목구멍의 바닥이 올라가며, 윗입술 근처에 붙은 섬유질 판(수염)을 통해 물이 빠져나간다. 걸러진 크릴은 고래의 입안에 남는다. 물이 모두 빠지면 고래는 식도를 열어 크릴을 삼킨다.

한 번 섭취하는 양과 이때 발생하는 힘은 엄청나다. 한 번의 런지 피딩은 약 7만 킬로그램, 즉 약 7만 리터의 물을 모은다. 이는 고래 몸무게보다 50퍼센트가량 더 많고, 짐을 실은 18륜 대형 트럭 무게의 약 2배다. 입을 크게 벌리면 몸의 움직임을 방해하는 초당 약 3미터의 저항력이 발생한다.[19]

이렇게 거대한 힘에도 불구하고, 고래는 어떻게 질식하지 않는 걸까? 최근 연구자들은 수염고래의 목구멍에 큰 구강 마개oral plug가 있어 런지 피딩하는 동안 물이 식도나 호흡기로 들어가지 않는다는 사실을 발견했다.[20] 켈시 길Kelsey Gil이 이끄는 연구팀은 여러 마리의 참고래에서 조직을 채취하고 인후 부위를 절개했다. 워낙 큰 동물이다 보니 이 작은 부위만으로도 수백 킬로그램에 달했으며, 해부실 안으로 옮기는 데 지게차가 필요할 정도였다. 연구진은 입 뒤쪽에서 음식과 공기가 지나는 공통의 공간인 목구멍(인두)를 완전히 막을 수 있는 지방과 근육조직 덩어리를 찾았다.

연구진은 근섬유 방향을 바탕으로, 입안에 있는 구강 마개를 위로 당겨 비강을 막는 동시에 후두를 조정해 기관의 입구를 눌러 폐로 가는 통로를 막는다고 결론 내렸다. 이런 해부학적 특수 구조는 다른 어떤 동물에서도 발견된 적이 없다. 이는 수염고래가 대량의 먹이를 삼키고, 거대한 몸집을 유지할 수 있도록 진화 과정에서 이루어진 해부학적 재설계의 결과다.

고래를 거대하다고 표현하는 것도 우연이 아닐지 모른다. '거대하다gargantuan'라는 단어는 프랑수아 라블레François Rabelais의 소설에 등장하는 거대한 식탐가 캐릭터인 가르강튀아Gargantua에서 비롯됐다. 이 캐릭터의 이름은 '목구멍'을 뜻하는 스페인어이자 포르

투갈어 '가르간타garganta'에서 유래했다고 한다.

★ ★ ★

대부분의 척추동물에서 식도는 단순히 입에서 위장으로 영양분을 전달하는 통로일 뿐이며, 그 후에 위장에서 본격적인 소화와 영양 분배가 시작된다. 그러나 일부 조류의 식도는 영양과 관련해 더 다양한 기능을 수행하도록 진화했다. 이와 같은 진화적 특수화는 중요한 진화적 손실과 동시에 발생한다. 어류 조상은 이빨을 잃은 반면 척추동물의 이빨은 영양 섭취에서 중요한 역할을 한다. 먹잇감을 꽉 붙들어 물거나, 식물의 이파리를 꺾고 찢어서 삼키기 좋게 만든다. 포유류의 어금니는 이 모든 것을 잘게 갈아 소화를 돕는다. 하지만 새는 이빨이 없다. 사실 이빨은 새의 생활 방식과 맞지 않으며, 새는 진화하는 동안 5번이나 이빨을 잃었다.[21] 게다가 새의 머리에는 이빨도, 무거운 턱뼈도, 강력한 저작 근육도 없다. 이렇듯 무거운 요소가 없는 새의 머리는 앞서 언급한 바와 같이 목에 큰 영향을 미친다.

저작 운동을 위한 무거운 해부학 구조의 진화적 소실은 비행을 위한 적응의 결과다. 질량 중심에서 앞으로 뺀 무거운 머리의 단점은 명확하다.[22] 새가 저작 구조가 없다는 사실은 모든 음식이 삼켜진 뒤에 처리됨을 의미한다. 새의 경우, 인간의 입안에서 일어나는 대부분의 작용이 목구멍이나 그보다 아래에서 일어난다. 삼킨 음식은 둥글 넙적하게 부풀어 오른 식도(소낭)로 들어가 첫 소화 단계를 거친다. 소낭은 산을 분비해 소화관으로 부드럽게 내려갈 수 있도록 음식과 점액을 화학적으로 분해한다. 일부 종에서는 자갈이 든 근육질의 모래주머니로 음식물을 보내 위장에서 화학적으로 완전히 소화되기 전에 음식물을 분쇄한다. 새는 이빨을 잃으면서 식도와 상부 소화관을 다양하게 진화시켜 행동과 생활양식의 범위를 넓혔다.

일부 새의 소낭은 음식물 운송로이자 저장소다. 예를 들어 닭처럼 씨앗을 먹는 새의 경우, 소낭이 특히 발달돼 있어 임시 저장소로 사용된다. 이런 새들은 보통 개방된 공간에서 먹이를 찾지만, 소화할 때는 아무도 보이지 않는 안전한 장소로 피한다. 소낭 덕분에 들판에서 딱딱한 먹이를 잔뜩 삼킨 다음 은신처로 달려가 먹은 것을 천천히 위장으로 내려 소화한다.

마찬가지로 독수리나 다른 청소 조류는 빠르게 먹는 것이 경쟁에서 유리하다는 사실을 알고 동물 사체를 잔뜩 먹어 소낭을 가득 채우고 날아간다. 경쟁, 더 정확히는 노골적인 도둑질도 물고기를 먹는 새들이 소낭을 활용하는 방식에 영향을 미친다. 바닷새(펠리컨, 가마우지, 얼가니새 등)는 사냥에 성공하고 돌아올 때 다른 새가 공중에서 부리를 노려 잡은 먹이를 빼앗길 위험이 있다. 이때 물고기를 삼켜 소낭에 잠시 두면, 육지에 도착할 때까지 안전하게 보관할 수 있고, 이후 소화하거나 새끼를 위해 토해 줄 수도 있다.

우리와 조금 더 가까운 또 다른 새인 비둘기는 소낭을 저장이 아니라 음식 생산에 활용한다. 비둘기가 도시에 많이 사는 이유에는 새끼에 먹이를 주는 독특한 방식도 한몫한다. 기회주의적인 이 새는 공원의 풀이나 열매, 쓰레기통에 든 썩은 빵, 음식 포장지 위로 기어다니는 벌레 등 도시에서 구할 수 있는 모든 음식을 찾는다. 비둘기는 충분한 열량이 모일 때마다 알을 낳아 번식한다. 새끼가 부화하고 나면 먹이를 주는 일이 까다로워지는데, 근처에서 구하는 먹이 종류가 워낙 다양하고 예측 불가능하기 때문이다.

그래서 비둘기는 포유류와 비슷한 행동을 한다. 새끼를 위해 자체적으로 먹이를 생산하는 것이다. 이 행동이 가능한 데는 포유류의 유방과 비슷한 비둘기의 소낭에 있다. 소낭은 항체가 가득 담긴 고지방, 고단백의 희끄무레한 물질을 만든다. 이 물질을 흔히 '소낭유pigeon milk'라고 부르는데, 농도는 우유보다 코티지 치즈cottage cheese에 더 가깝다. 포유류의 젖분비와 마찬가지로 소낭유는 알이 부화하기 이틀 전에 만들어지기 시작하고, 새끼가 날 수 있게 되면 더 이상 나오지 않는다.

비둘기의 소낭과 포유류의 젖샘은, 기능은 비슷하지만 해부학적 구조는 완전히 다르다. 포유류의 젖샘은 땀샘이 변형돼 젖을 생산하는데, 새는 땀샘이 없다. 대신 소낭유는 소낭에 있는 변형된 피부세포(각질형성세포)에 의해 생성된다. 지방이 많은 각질형성세포층 전체가 떨어져 나와 '우유'를 만들고 세포 안에서 생성된 온갖 영양가 높은 분자가 우유에 스며든다. 흥미롭게도 완전히 다른 두 '우유' 생산 과정은 젖샘의 젖 생산을 조절하는 것과 동일한 호르몬인 프로락틴prolactin에 의해 조절된다. 비둘기는 수컷도 젖을 생산하는데, '수컷의 젖 분비'도 프로락틴에 의해 이루어진다.

척추동물의 주식은 이동 방식에 영향을 미친다. 잎이나 풀 같은 칼로리 낮은 나뭇잎을 섭취하는 것은 분명 비행에 알맞지 않다. 많은 새가 씨앗, 꿀 같은 칼로리 높은 식물에서 난 부산물을 먹으며, 주식으로 잎을 먹는 새는 극히 드물다(전체 조류의 3퍼센트에 불과하다). 식물을 주식으로 먹는다면 체중이 늘어난다. 잎은 주로 셀룰로스로 구성되는데, 척추동물의 소화 효소는 셀룰로스를 분해하지 못한다. 따라서 대부분 잎을 먹는 척추동물(사슴, 토끼, 이구아나 등)은 장내에 셀룰로스를 소화하는 박테리아가 산다. 박테리아의 도움을 받아도 잎을 소화하는 데는 많은 시간과 물이 필요하다. 그러므로 일부만 소화된 걸쭉한 물질이 위장에 장기간 머물다 보니 잎을 주식으로 하는 건 새와 맞지 않는다.

그러나 예외로, 열대 남미 지역의 (거의) 날지 못하는 호아친새는 목 아래쪽에 커다란 발효 통이 있어 잎으로도 충분한 열량을 얻을 수 있다. 발효 통은 호아친새에 현지어로 '구린내 나는 꿩stinking pheasant'이라는 안타까운 별명을 붙였다. 호아친새에서 거름 냄새가 나는 건 우연이 아니다. 조류가 아닌 포유류, 즉 소와 같은 과정을 거쳐 셀룰로스를 소화하기 때문이다. 이 과정에서 소는 반추위(소의 위장이 변형된 것)를 활용하는 반면 호아친새는 소낭(새의 식도가 변형된 것)을 활용할 뿐이다.

1989년, 호아친새의 발효 소낭이 처음 보고됐을 때 사람들은 크게 놀랐다.[23] 소화에 앞창자를 사용하는 대부분의 동물은 몸집이 크고 천천히 움직이는 소, 기린, 캥거루, 나무늘보 같은 포유류였다. 잎을 발효시키는 소화 방식은 상대적으로 비효율적이기에, 체중이 1킬로그램도 되지 않는 작은 새의 경우 충분한 에너지를 공급하기는 어려워 보였다. 작은 동물은 그램당 더 높은 칼로리를 필요로 하기 때문이다. 그러나 호아친새는 여러 형태학적·행동적 적응을 통해 예상을 뛰어넘었다.

먼저, 호아친새 소낭 내부의 단단한 융기가 잎을 갈아 소화 효율을 높인다. 둘째, 호아친새는 어린잎을 골라 먹는다. 어린잎은 영양가가 높고 소화가 더 잘 되는 셀룰로스인 헤미셀룰로스를 더 많이 함유한다. 셋째, 호아친새는 거의 날지 않기에 에너지 수요가 같은 크기의 새에 비해 낮다. 이는 그저 에너지를 아끼기 위한 행동만이 아니라, 소낭이 커진 데 따른 결과다. 호아친새의 소낭은 전체 소화관의 70퍼센트를 차지하며, 전체 몸무게의 17퍼센트를 차지한다. 소낭이 커지면서 가슴뼈의 크기도 줄었는데, 바로 날개 근육이 붙은 자리다. 따라서 여분의 칼로리가 있다 하더라도 날 수는 없었다. 목이 방해가 됐으니 말이다.

작은 새부터 거대한 고래에 이르기까지, 식도는 그 형태와 기능이 다양하다. 하지만 근본적으로는 음식을 내부로 보내는 기초적인 기능을 수행하는 관이다. 진화적으로나 발생학적으로나 식도는 가장 초기에 발생한다. 가장 초기의 척추동물 조상에서도, 가장 초기의 배아 발달 단계에서도, 위장관이 가장 먼저 형성된다. 한쪽 끝에는 음식을 섭취하고 부드럽게 만드는 장치가 있고, 반대쪽 끝에는 그것을 화학적으로 분해해 흡수하는 통이 있다. 그 사이에 있는 연결관, 즉 목과 식도는 중요한 관문이자 영양분을 운반한다.

그러나 진화와 발생 과정의 후반부에서 위장관은 기관과 공간을 공유해야 했다. 이 기능은 육상동물의 세상을 대폭 확장했지만, 멀리 내다보지 못한 땜장이가 이 기능을 기존의 관에 붙여 버린 탓에 인간에게 불가피한 결함이 생겼다. 아주 적은 양이라도 음식이 식도가 아닌 기도로 길을 잘못 들면 치명적이다. 이는 우리가 음식을 삼킬 때마다 매번 각별한 주의가 필요한 까닭이다.

공기와 기관

우리가 먹는 음식은 생존을 위한 연료다. 하지만 캠프파이어를 하면 알 수 있듯, 공기가 없으면 연료는 타지 않는다. 분해된 음식물 분자 자체는 세포 대사에서 산소와 결합하지 않으면 에너지를 내지 않는다. 인간은 코와 입으로 들이마신 공기를 기관을 통해 폐로 보내 모든 세포에 산소를 분배한다. 산소는 폐에서 혈액에 올라타 온몸을 순환한다. 호흡은 우리를 더욱 활기차게 만든다.

기관을 지나는 공기 흐름은 들숨과 날숨으로 진동하듯 오간다. 분당 12~18회, 하루에 약 2만 번, 시속 8킬로미터의 차분한 속도로 흐른다. 호흡은 인생에서 만나는 가장 예측 가능하고 규칙적인 리듬 중 하나다. 그러나 가끔 그렇지 않은 때도 있다. 목이 간지럽거나 자극이 느껴지면 우리는 반사적으로 후두덮개를 덮고 기관의 직경을 좁히며, 횡격막과 갈비뼈를 수축시킨다. 그런 다음 기도 하단부의 압력을 높이고 후두덮개를 다시 열어 시속 최대 1,000킬로미터의 격렬한 날숨으로 압력을 방출한다.[24]

기침이 수일간 지속되면 병원에 가야 한다. 실제로 사람들이 병원에 가야겠다는 생각을 하게 만드는 가장 흔한 증상 중 하나가 멈추지 않는 기침이다. 모든 들숨과 날숨에는 폐를 손상시킬 수 있는 먼지나 병원균 같은 원치 않는 입자가 들었다. 기침은 이러한 불가피한 오염원을 제거하는 방법이다.

폐의 기관과 기관지는 점액을 분비해 입자를 가둔 다음 기도를 따라 늘어선 미세한 섬모를 이용해 위로 쓸어 올린다. 이 점액질이 우리를 보호한다. 하지만 제거할 때가 문제다. 점액질은 기도 벽에 단단히 달라붙으며, 대량의 점액질을 기침으로 제거할 때 밀어내는 공기의 힘이 상당해야 한다. 정상적인 점액층이 있는 건강한 사람은 기침으로도 점액을 떼어 낼 수 있다. 그러나 낭성섬유증과 같이 점액이 심하게 농축되는 질환을 앓는 환자는 점액질이 기도 벽에 너무 강하게 붙어 시속 950킬로미터가 넘는 돌풍에도 떨어지지 않는다. 아무리 기침을 해도 점액질은 위험할 정도로 기도에 축적된다.

코로나19 팬데믹 때는 공공장소에서 낯선 사람이 기침하는 것만큼 무서운 게 없었다. 코로나19 바이러스는 가장 먼저 목구멍을 공격하며, 공기를 타고 바이러스가 목구멍으로 들어오는 것이 전염 경로다. 감염자가 기침하도록 만드는 바이러스의 능력은 분명 병원체로서의 성공 비결이었다. 사람들은 알레르기나 과도한 점액 생성, 코로나19 외의 바이러스 등 다른 이유로도 기침한다는 것을 알았지만, 당시는 모두가 예민한 시기였다. 코로나19가 정점에 달했을 때 공공장소에서 기침하는 사람을 바라보는 표정에는 두 종류가 있었다. 대부분은 공포와 혐오가 뒤섞인 표정을 한 채 얼굴을 찌푸렸다.

기침을 한 당사자는 수치스러운 표정을 지었다. '저 정말 조심하면서 지내고요, 어제 검사 결과도 음성으로 나왔다고요.'

전염성 있는 기침과 무해한 기침을 소리로 구별하는 방법이 있었다면 이러한 공포심과 수치심은 피할 수 있었을 것이다. 어떤 사람들은 소리만 듣고도 정말 이 사람이 아픈지 알아낸다. 유해한 기침과 무해한 기침을 구별하는 능력은 전염병이 유행하는 동안만이 아니라 진화 역사 전반에 걸쳐서도 큰 도움이 됐을 것이다. 그러나 팬데믹이 시작되고 몇 주 후(2020년 4월) 발표된 연구에 따르면, 소리만으로는 기침의 위험성을 판단할 수 없다.

미시간 대학교와 캘리포니아 대학교 어바인캠퍼스의 연구진은 피실험자들에게 40건의 기침 소리를 들려줬다. 절반은 전염성 질환에 걸린 사람의 기침 소리였으며, 나머지 절반은 비전염성 질환에 걸린 사람의 기침 소리였다. 민간에 전해져 내려오는 속설과 달리 연구진은 피실험자들이 소리만 듣고 전염 가능성을 정확히 식별할 수 있다는 증거를 찾지 못했다. 따라서 진화론적으로 따지면 두 소리를 구별하는 게 맞지만, 인간은 이를 구별하지 못한다. 적어도 선천적인 능력은 아니다.

만약 데이터가 충분하다면 구별하는 법을 배울 수도 있다. 팬데믹 초기, 매사추세츠 공과대학의 브라이언 수비라나Brian Subirana와 그의 동료는 스마트폰으로 기침하는 모습을 촬영해 코로나19와 관련된 질문에 답변할 수 있는 웹사이트를 개설했다.[25] 약 3만 명이 자신의 기침 소리를 업로드했고, 그중 약 2,600명이 코로나19에 걸린 사람들이었다. 수비라의 팀은 이 방대한 데이터를 활용해 코로나19

의 양성 환자 기침 소리와 음성 환자 기침 소리를 구별하도록 컴퓨터를 훈련시켰다. 이 기계 학습 방식으로 기침 소리만으로도 감염 상태를 식별하는 알고리즘을 만들었다. 인간의 귀는 코로나19 양성과 음성을 구별하지 못했지만, 이 알고리즘은 거의 완벽하게 구별했다. 비강 내부 면봉 검사에서 코로나19 양성 판정을 받은 사람들 중 98.5퍼센트를 정확하게 찾아냈다.

이 연구를 바탕으로 호주 기업 레스앱 헬스ResApp Health는 기침 소리만으로 감염 여부를 원격으로 빠르게 진단할 수 있는 스마트폰 애플리케이션을 개발했다. 초기 임상 시험 결과, 실제 환경에서도 92퍼센트에 달하는 높은 감염 탐지율을 보였다.[26] 이와 관련된 기술을 기반으로 모든 호흡기 질환(천식, 폐렴, 만성폐쇄폐질환)을 소리로 감지할 수 있을 것이라는 기대가 크다.[27] 기술이 꾸준히 발전한다면 언젠가는 병원을 찾거나, 면봉 검사를 받거나, 사람이 붐비는 공간에 들어갈 때마다, 스마트폰에 기침하는 일이 자연스러워질지도 모르겠다.

* * *

기침할 때 시속 950킬로미터의 속도로 숨을 내뱉다는 건 왠지 무섭게 들린다. 그러나 더 무서운 건 아마 그 반대, 숨을 쉬지 않는 상태다. 놀랍게도 많은 사람이 매일 밤 수면 무호흡 상태를 겪는다. 낮에 똑바로 선 자세로 세상을 돌아다닐 때 인간의 머리와 목 설계는 알맞은 듯 보인다. 넓은 세상을 볼 수 있으며 의사소통도 할 수 있다. 하지만 가로로 누워 잠을 잘 때는 목과 발성기관의 설계에 문제가 생긴다.

어떤 사람은 잠에 빠진 직후 호흡과 무호흡의 불안한 주기를 반복한다. 이를 수면무호흡증후군이라 하는데, 자는 동안 공기의 흐름을 따라 후두 주변의 조직이 무너지면서 규칙적인 호흡이 가로막히고 길게는 1분가량 숨이 멈추는 질식 직전의 상태에 이르는 것이다. 이 상태에서는 혈액 내 산소량이 떨어지고 혈압이 상승한다. 심지어 최대 10초간 심박이 멈출 수도 있다. 이내 뇌가 상황이 긴급함을 감지하고 몸을 깨워 '헉'하고 숨을 들이쉬게 하면서 상황을 바로잡는다. 그리고 이 주기는 처음부터 다시 시작되며, 1시간에 최대 30번 반복된다.

보통 당사자는 무호흡 증상을 인지하지 못한다. 하지만 수면무호흡증후군은 시간이 지나면서 몸 전체에 심각한 영향을 미친다. 무호흡증을 치료하지 않으면 목 아래로는 만성 고혈압과 신장 기능장애로 이어질 수 있으며, 목 위로는 뇌로 산소가 충분히 공급되지 않는 탓에 기분 장애와 치매 발생 위험이 높아진다. 수면무호흡증후군은 꽤 흔한 증상이다. 최근 자료에 따르면 전 세계 약 10억 명, 즉 7명 중 1명이 수면무호흡증후군으로 고통받는다고 한다.[28]

이는 노년층과 비만인 사람에게 특히 더 흔한데, 전자는 목구멍 근육의 긴장도와 탄력이 떨어졌기 때문이며, 후자는 목구멍이 더 많은 조직을 지탱해야 하므로 상대적으로 더 무너지기 쉽기 때문이다. 무호흡증은 거의 인간에게만 나타나는 증상이다. 무호흡증을 보이는 동물은 얼굴이 납작한 잉글리시 불도그와 퍼그가 유일하다.

왜 인간은 밤마다 질식할 위험에 처하는 걸까? 쉽게 설명하면, 인간에게 수많은 이점을 제공하는 이족 보행법과 음성 기관이 수면 중에는 목에 공간적 제약을 받기 때문이다.[29] 바로 선 자세에서 머리는 척추 꼭대기에 있으며, 여기에 납작한 얼굴과 짧은 목이 더해져 턱과 흉곽 사이에는 상대적으로 적은 공간만 남는다. 더욱이 수평으로 난 비강, 구강이 수직으로 선 기관과 만나는 지점은 직각으로 꺾인다. 사람은 이 꺾이는 부분 아래에 후두덮개가 있으며, 다른 포유류와 비교할 때 더 아래에 있는 편이다. 따라서 목구멍 상단부는 상대적으로 지지력이 약하고 팽창하기 쉬우며 잘 무너진다.

또한, 진화 과정에서 인간의 후두는 목구멍 아래로 내려가고, 기도는 좁아졌다. 덕분에 목소리를 내는 인간의 능력이 향상됐다(6장 참고). 다른 동물의 혀는 납작하고 입안에만 있지만, 인간의 혀는 구부러져 목구멍 아래까지 늘어나 후두에서 생성되는 소리를 미세하게 조절할 수 있다. 이 위치에 있는 혀는 동시에 목구멍의 더 깊은 기도 부분에 압력을 가할 수도 있다. 한마디로 진화 과정에서 인간의 목은 더 복잡하고 유연해졌다. 우리가 누워 잠에 빠져들 때, 인간에게 직립과 언어능력을 선사한 바로 그 특징들이 오히려 생명을 유지하는 호흡을 위협한다. 이것은 진화가 남긴 또 하나의 가혹한 대가다.

* * *

2020년, 파올로 마키아리니Paolo Macchiarini는 스웨덴 법원에서 가중 폭행 3건으로 기소됐다. 기소장에 따르면, 그는 3명의 목을 칼로 찔렀고 이들은 모두 사망했다. 검찰은 이렇게 썼다.

"파올로 마키아리니는 심각한 신체적 부상과 위해를 가했으므로 이 행위는 중대하게 판단돼야 한다. 더욱이 그는 무자비함과 냉혹함을 보였다."[30]

이렇게만 들으면 대체 무슨 일이 벌어졌을까 싶겠지만, 사실 다들 생각하는 그런 사건은 아니다. 마키아리니는 의료 행위로서 세 사람의 목을 베었다. 스웨덴의 명망 있는 카롤린스카 연구소Karolinska Institute에서 그는 기관 기능장애가 있는 환자들을 대상으로 유례없는 획기적인 기관 이식수술을 시도했다. 기관 이식은 오랫동안 재건 수술계에서 '성배holy grail'로 여겨졌다. 2008년, 그는 기증자의 기관을 '탈세포화'(조직 내 세포는 제거하고 구조만 남기는 기술.—옮긴이)해서 기관의 지지대로 삼고 환자의 줄기세포로 자생시키는 기법을 도입했다.[31] 이후 그는 인공기관을 이용해 유사한 기법을 시도했다.[32]

이론적으로 이 수술법은 환자의 면역 거부 반응이라는 오랜 문제를 해결할 수 있었다. 이식되는 조직이 환자 본인의 것이기 때문이다. 당시에는 이 기법이 유망해 보였기에, 카롤린스카 연구소는 마키아리니를 영입하며, 그가 노벨상을 스웨덴으로 다시 가져올 인물일지도 모른다는 희망을 품었다. 그는 유명 인사가 됐다. 그가 카롤린스카 연구소에서 시행한 첫 번째 이식수술은 〈뉴욕타임스The New York Times〉 1면에 실렸다.[33]

그러나 2016년, 모두의 기대와는 다르게 상황이 흘러가기 시작했다. 2011년부터 2014년까지 마키아리니가 집도한 9명의 환자 중 8명이 사망했다. 재건한 기관은 다른 조직과 잘 융합되지 않았으며 목의 점액질을 효과적으로 제거하지 못했다. 게다가 해당 수술법은 정례적인 테스트(동물실험 등)를 거치거나 윤리 심의 기구의 승인을 받지 않은 것으로 드러났다. 일부 수술은 환자의 사전 동의도 없이 진행됐다. 자신의 연구에 대한 지지를 유지하게 위해, 그는 인터뷰와 논문에서 수술의 성공을 크게 과장했다.[34] 2022년 스웨덴 배심원단은 한 튀르키예 여성에게 시행한 기관 이식수술과 이로 인한 3년간의 중환자실 입원, 그리고 사망에 대해 그에게 형사 책임이 있다고 판결했다.

비록 마키아리니 사건은 오만과 비극으로 가득하지만, 정작 기관 자체는 그렇게 극적인 부분이 아니다. 위쪽 후두, 뒤쪽 식도, 양옆 목 근육과 비교할 때, 기관은 그저 공기를 폐로 전달하는 관에 가깝고 역할도 단순하다. 공기를 운반하고, 입자를 가둬 두는 점액을 분비하고 제거하는 일이 거의 전부다. 이렇듯 상대적으로 단순한 기능을 감안하면, 기관 이식이 훨씬 더 복잡한 기능을 수행하는 다른 장기보다 더 늦게 성공했다는 사실은 의외. 신장은 1954년에 이식됐고, 간·심장·췌장은 1960년대, 폐와 장은 1980년대에 처음 이식됐다.

배관공들이 수천 년 동안 관을 이어 붙여 온 반면, 의사들은 비교적 최근에 들어서야 기관을 이어 붙였다. 기관 이식이 어려운 까닭은 기관 자체가 아니라 기관에 혈액을 공급하는 혈관에 있다. 몇 개의 큰 동맥을 통해 혈액을 공급받는 다른 장기와 달리 기관은 복잡한 혈관망을 통해 공급받는다. 2개의 주요 동맥은 기관을 지나면서 18개의 연골고리 사이로 들어가 기관의 둘레를 따라 이동하는 미세 동맥으로 갈라진다. 지난 수십 년 동안, 기관의 각 구간에 있는 세포들이 생존하려면, 그 구간을 담당하는 작은 동맥 하나하나가 반드시 보존돼야 한다고 믿었다. 이처럼 복잡하게 얽힌 혈관 구조 때문에, 수백 편에 이르는 임상 논문들이 기관 전체를 이식하는 것은 불가능하다고 결론 내렸다.

마키아리니 사건 이후 뉴욕 마운트 시나이 병원Mount Sinai Hospital의 의사와 연구진으로 구성된 팀이 에릭 젠든Eric Genden의 주도로 기관 이식 수술에서 혈류를 보존하는 새로운 접근법을 시도했다. 2021년, 그들은 1800년대까지 거슬러 올라가 당시에 작성된 기관의 혈관 구조에 관한 오래된 해부학 문서와 현대 의료 기술을 바탕으로 새로운 기법을 시도했다.

기관에 혈액을 공급하는 혈관 중 종종 간과되는 특정 혈관은 기관으로 갈라져 들어가기 전에 인근 장기인 갑상샘과 식도를 먼저 통과한다. 재발견된 해부학적 구조를 염두에 두고 젠든과 그의 팀은 기관으로 들어가는 혈관 구조의 일부를 온전히 유지할 수 있도록 기증자의 기관과 함께 갑상샘, 식도의 많은 부분을 같이 이식했다. 이 수술에는 50명 이상의 전문가가 참여했으며 모세혈관을 다수 봉합해야 하는 탓에 18시간이 걸렸다. 19세기 해부학자들과 현

대 외과의들 덕분에 환자는 무사히 회복할 수 있었다.35

* * *

동물은 기관 이식수술이라는 문제와 마주할 일이 없지만, 특히 기린처럼 목이 긴 동물은 또 다른 문제를 겪는다. 바로 '공기 정체 dead air'다. 공기가 긴 기관을 통과하는 일이 얼마나 어려운지 알고 싶다면, 스노클링할 때 스노클(인공관)으로 숨 쉬는 일이 얼마나 힘든지 떠올려 보면 된다. 스노클은 보통 30센티미터도 안 될 정도로 짧다. 그렇다면 2미터짜리 아주 긴 스노클로 숨 쉰다면 어떨까? 아마 불가능할 것이다. 긴 스노클 내부에는 '정체된 공기', 즉 관 안에서 앞뒤로 움직이기는 하지만 양 끝으로 빠져나오지 못하는 공기가 많기 때문이다.

산소가 풍부한 신선한 공기를 폐에 보내려면, 그 전에 관을 채운 정체 공기까지 모두 들이마셔야 한다. 직경을 줄이면 정체된 공기의 양을 줄일 수 있을 듯하지만, 그만큼 관 벽을 따라 흐르는 공기와의 마찰이 커져 저항이 심해진다. 즉, 스노클을 빨대처럼 가늘게 만들면 공기 정체는 줄겠지만, 신선한 공기를 들이마시기 위해 매우 강한 힘이 필요하다. 기린처럼 목이 긴 동물의 기관도 이와 같은 문제에 직면한다.

기린보다 목이 몇 배는 더 긴 동물이라면 문제가 훨씬 더 심각하다. 지금까지 알려진 가장 거대한 육상동물인 일부 용각류 공룡의 목은 최대 15미터에 달했다. 세계 기록으로 남은 기린의 목보다

6배 이상 길다.36 용각류에 가장 가까운 현존하는 친척 조류 역시 목이 길다. 새는 인간과 전혀 다른 호흡기 구조를 통해 이 문제를 해결하는데, 육상 척추동물과 달리 공기가 앞뒤로 오가는 방식이 아니라 '연속 흐름' 패턴으로 숨을 쉰다. 새에는 폐와 함께 풀무 역할을 하는 두 쌍의 공기주머니와 공기를 담아두는 저장소가 있다.

호흡 경로는 복잡하지만 전체적으로는 하나의 순환계다.37 폐를 가로지르는 단방향 공기 흐름은 포유류의 왕복 흐름보다 훨씬 효율적이며, 공기 정체 문제도 최소화한다. 화석 증거에 따르면, 용각류 역시 조류와 비슷한 연속 흐름 호흡계를 지녔던 것으로 보인다. 이는 그들이 매우 긴 기관을 통해 호흡할 수 있게 해 준 핵심 요소였을 가능성이 크다.

호흡과 관련한 질문은 용각류의 서식지(육지 혹은 물) 문제와도 연결된다. 19세기와 20세기 초, 생물학자들은 이토록 거대한 동물은 지상에서 스스로 몸을 지탱할 수 없다고 생각했다. 게다가 덩치가 큰 동물은 열 조절 문제도 겪는다. 특히 따뜻한 지역에 사는 대형 동물은 열 축적 위험이 있다. 열을 내는 조직의 부피에 비해 열을 방출할 수 있는 표면적이 상대적으로 작기 때문이다. 일부 고생물학자는 용각류가 물속에 살며 체온을 식혔다고 가정했다. 긴 목을 물 밖으로 내밀어 머리만 드러낸 채 먹고 숨을 쉬었으며, 차가운 물은 몸과 목을 지탱하는 데 도움이 됐을 것이라는 주장이다.

하지만 1970년대 들어 새로운 논의가 등장했다. 몸집이 큰 동물이 물속에서 호흡하려면 가슴, 즉 흉부에 큰 수압이 걸린다. 따라서 물속에서 가슴이 받는 압력이 높아져 폐를 확장하기 어려워 호흡이 불리했을 것이라는 주장이었다. 이후 고생물학자들은 용각류 뼈의 구조와 지탱 능력을 재검토했고, 현재는 대부분의 용각류가 육상동물이었다는 견해가 지배적이다.

'어디에 살았는가', '어떻게 숨 쉬었는가', '체온은 어떻게 유지했는가'라는 3가지 질문은 용각류의 목 특수화를 통해 어느 정도 설명된다. 조류와 다른 공룡과 마찬가지로, 용각류는 경추 내부에 공기로 채워진 정교한 공간 체계를 지녔다. 이 동굴sinus 구조는 공기주머니 시스템이 연장된 부분으로, 연속 흐름 호흡계의 효율을 한층 더 높였을 것이다. 공기로 가득 찬 이 구조는 목의 무게를 줄이기도 했다. 덕분에 땅 위를 돌아다니는 동안, 길게 뻗은 목 끝에 달린 비교적 작은 머리를 지탱할 수 있었다. 또 다른 가능성은 목이 방열 역할도 담당했다는 점이다. 폐에서 나온 뜨거운 공기가 길고 축축한 기관을 지나며 목 피부와 날숨을 통해 열로 배출됐을 것이다.

이처럼 거대한 몸을 지탱할 수 있도록 진화한 용각류의 호흡계와 목뼈 구조는 오늘날 조류에도 남았다. 이는 조류의 몸이 가볍고 많은 산소를 흡입할 수 있는 이유다. 이 체계는 조류가 비행하기 전, 이미 새들의 공룡 조상에도 있었다. 따라서 용각류와 조류의 공통 조상에서 발견되는 해부학적 특성은, 두 갈래의 전혀 다른 진화 경로를 가능하게 했다. 느리게 움직이는 거대한 육상동물과 하늘을 나는 작은 비행동물이라는 두 극단적 생존 전략은 전적응(본래 성질이 추후 환경 변화 등의 이유로 적응하며 변한 것.—옮긴이)이었다.

* * *

맥박을 느끼고, 크게 숨을 들이쉬고, 액체를 한 모금 마셔 보라. 바로 이것이 당신이 태어난 날 처음으로 한 일이다. 그리고 이것이 의사와 부모에게 생명으로 가득 찬 존재임을 증명한 방식이다. 목동맥은 말 그대로 심장에서 정신으로 이어지는 생명선이다. 기관은 들숨과 날숨마다 생명의 숨결을 실어 나른다. 식도는 몸에 영양을 공급하는 통로다. 목은 종종 키다리 아저씨 같은데, 생명의 관문이자 머리와 몸 사이에서 하루에도 수백 번씩 액체를 전달하는 다리 역할을 한다. 이 관들은 진화를 거치며 인간에게 고유한 지능과 발성 능력에 기여했다. 다른 척추동물에서 이 관들은 또 다른 방향으로 진화해 거대한 몸집, 곧게 뻗은 자세, 비행을 가능하게 했다.

이 구조들은 견고하고 적응력도 뛰어나지만, 동시에 결점과 타협점도 있다. 창의적인 즉흥의 진화 역사 속에서 형성됐기에, 뛰어난 능력을 부여하는 동시에 취약성도 함께 남겼다. 고개를 숙일 만큼 유연한 목은 외부의 공격에 취약하다. 삼킬 수 있는 능력은 동시에 질식의 위험이 있으며, 말할 수 있는 목은 밤마다 우리의 숨을 죌 수 있다. 인간 목이라는 별난 구조에는 축복과 멍에가 공존한다.

5장

속도와 골격:
목에서 분비되는 호르몬의 힘

2022년 2월, 러시아가 우크라이나를 침공하자 전 세계가 긴장했다. 우크라이나는 무장을 시작했고, 각국 정부는 러시아를 비난하며 제재를 가했다. 기업과 문화단체는 러시아와의 교류를 중단했다. 몇 주 뒤 블라디미르 푸틴Vladimir Putin이 핵무기를 거론하고, 러시아 군대가 우크라이나 자포리자의 원자력발전소를 공격하면서 위협은 전 세계로 확산됐다. 이 지역의 핵 경계 태세가 이렇게 높아진 건 처음이 아니었다. 39년 전, 우크라이나 북부 체르노빌에서 인류 역사상 최악의 원전 사고가 발생한 적 있다.

핵 재앙에 대한 기억과 불안이 확산되면서, 많은 유럽인은 방공호가 아닌 약으로부터 보호받고자 했다.[1] 약국에는 한 가지 단순한 화학물질을 찾는 사람들로 북적였다. 바로 아이오딘(요오드)iodine이었다. 푸틴이 핵무기 경계 태세 강화를 발표한 직후, 벨기에서만 3만 명 이상이 아이오딘을 찾았다. 아이오딘 알약 가격은 2배 이상 뛰었고, 약국은 대부분 품절 상태였다.[2] 루마니아의 한 공장은 아이오딘 알약 생산량을 3,000만 개로 늘렸고, 정부는 40세 미만 시민에게 이를 배포하겠다고 밝혔다.3 사람들이 가장 걱정한 건 '목'이었다. 방사능에 노출되면 갑상샘암 위험이 높아지며, 아이오딘 알약이 이를 막아 줄 수 있다는 믿음이 퍼졌다.

핵 비상 상황에서는 방사성 아이오딘이 대기나 물을 통해 방출된다. 이 물질은 직접 흡수되거나, 오염된 고기와 우유를 통해 간접적으로 체내에 유입된다. 여러 방사성 분자가 몸에 흡수될 수 있지만, 아이오딘은 특히 갑상샘이라는 특정 조직에 농축된다. 우리가 일상에서 섭취하는 아이오딘은 갑상샘호르몬의 핵심 성분이며, 혈액을 통해 갑상샘에 모인다. 방사성 아이오딘에 노출되면 갑상샘에 과도하게 집중되고, 이로 인해 암을 유발할 수 있는 돌연변이가 발생한다. 1986년 체르노빌 원전 사고 이후 수십 년 동안, 당시 어린이와 청소년이었던 약 4,000명이 방사성 아이오딘으로 인해 갑상샘암에 걸린 것으로 추정된다.4

핵 위협이 커지면 보건 당국은 아이오딘 알약을 배포한다. 비방사성 아이오딘을 다량 섭취하면 갑상샘이 방사성 아이오딘을 덜 흡수하기 때문이다. 이와 같은 사전 예방 조치는 냉전 시기, 2001년 9.11 테러 이후, 체르노빌과 후쿠시마 원전 사고 이후 등 여러 시점에 시행됐다. 인류는 핵 기술로 인해 스스로를 절멸시킬 능력이 생겼고, 그중에서도 가장 큰 위협은 목에 집중된다.

호르몬의 진화와 기능

핵 뉴스 외에 아이오딘이 언급되는 유일한 순간은 소금을 뿌릴 때다. 모턴 소금Morton Salt 통에 우산 쓴 소녀 아래엔 이렇게 쓰였다.

"이 소금은 필수영양소인 아이오딘을 공급합니다."

소금을 넣은 거의 모든 음식에는 아이오딘이 미량 들었으며, 이를 통해 우리는 지속적으로 갑상샘호르몬을 생산할 수 있다. 아이오딘은 모든 소금에 자연적으로 존재하지 않지만, 공중 보건 당국은 아이오딘의 중요성을 고려해 일반 소금에 이를 첨가했다. 이는 세계적으로도 성공적인 공중 보건 캠페인이었으며, 갑상샘 질환 발병률을 크게 낮췄다.[5] 그러나 아이오딘을 충분히 섭취하려는 노력은 이보다 훨씬 오래전, 생명이 처음 탄생하던 시기부터 시작됐다.

가장 오래된 생명체인 박테리아와 남조류는 바닷물에서 아이오딘을 흡수했다. 이 단세포생물이 다세포생물로 진화하는 과정에서, 아이오딘은 강력한 산화방지제 역할을 하며 산소를 이용해서 세포에 에너지를 공급했다. 불안정하고 반응성이 큰 아이오딘은 여러 생화학 과정도 촉진했다. 원시 다세포생물은 음식을 통해 아이오딘을 섭취했기에, 아이오딘 수치가 높다는 건 곧 먹을거리가 풍부하다는 의미였다. 바닷물에는 아이오딘이 풍부하기에 해양 생물은 문제가 없었지만, 민물이나 육지에서 살아가는 생물은 신체 내부에 아이오딘을 저장하는 기관을 진화시켜야 했다. 이후 아이오딘은 티록신thyroxine, 트리요오드티로닌triiodothyronine 같은 호르몬으로 내재화됐고, 세포의 에너지 생산과 발달 변화 조절에 관여했다.[6]

모든 생명체에 필요한 또 다른 원소는 칼슘이다. 단세포생물과 연질체 동물에서 칼슘은 세포 내 다양한 과정을 활성화하고 흥분을 조절한다. 척추동물과 같은 경질체 동물에서는 칼슘이 뼈나 껍질을 구성하는 데 필수적이다. 갑각류의 껍질이나 척추동물의 뼈는 칼슘으로 이루어진다. 칼슘 또한 해양 환경에 풍부해서 해양 생물은 이를 외부에서 쉽게 흡수했다. 하지만 척추동물이 육지로 올라오자 풍부한 칼슘 공급원을 잃었고, 뼈 내부에 칼슘을 저장하며 이를 활용하는 방식으로 진화했다. 이때 뼈와 혈액 사이의 칼슘 이동은 목에서 분비되는 2가지 호르몬, 부갑상샘호르몬과 칼시토닌calcitonin이 조절했다.

이처럼 육상 척추동물에서 갑상샘호르몬, 부갑상샘호르몬, 칼시토닌은 모두 목에 있는 내분비샘에서 소량씩 분비돼 신체 대부분의 세포에 영향을 준다. 이 세 호르몬은 육상 생명체가 고도로 활동적인 온혈 포유류로 진화하는 데 중요한 생리적 과정을 조절한다. 즉, 인간 삶의 '속도'와 '골격'을 조절한다.

호르몬은 혈류를 따라 전신으로 이동하므로, 호르몬 분비 기관은 몸 어디에나 있을 수 있다. 그런데 이 기관들이 목에 있다는 건 단순한 우연이 아닐 것이다. 인류 초기 조상의 목 주변 조직은 입안으로 들어오는 아이오딘과 칼슘을 흡수하는 데 중요한 역할을 했다. 호르몬을 분비하는 기관들이 목에 생성되는 이유는, 이들 분비샘의 진화적 기원과 관련 있다.

연조직인 내분비샘은 화석으로 남지 않지만, 아이오딘을 농축하는 갑상샘의 특징 덕분에 해부학자들은 그 기원을 척삭동물문까지 추적할 수 있었다.7 현존하는 가장 원시 척삭동물인 창고기는 입안 쪽 바닥에서 돌출된 내주endostyle 구조를 통해 아이오딘을 모은다. 이 구조는 여과 섭식을 하는 작은 창고기(약 2~8센티미터)가 입으로 유입된 물속의 먹이를 가두는 점액을 생성하도록 한다. 즉, 갑상샘의 원형은 매우 오래전부터 목구멍 근처에 있었다.

조금 더 가까운 친척인 칠성장어(원시 장어와 유사한 척추동물)는 유충기에 창고기와 마찬가지로 내주 구조를 갖고 여과 섭식을 한다. 하지만 성체로 변태하면 이 구조는 입과 단절되고, 대신 갑상샘호르몬을 분비하는 기관으로 바뀐다. 이는 갑상샘의 기능이 '섭식'에서 '내분비'로 변화한 진화적 전환을 보여 준다.

한편 부갑상샘은 아이오딘을 농축하지 않기에 기원을 추적하기 어렵다. 그러나 최근 유전자 연구에 따르면, 어류의 아가미 조직은 육상 척추동물의 부갑상샘과 유사한 기능을 한다. 해양 어류는 주변 환경에 칼슘이 풍부해 굳이 뼈에 칼슘을 저장할 필요가 없고, 아가미를 통해 직접 흡수하면 된다. 또 해양에서는 몸을 지탱하기 위한 골격도 덜 필요하다. 따라서 생물학자들은 육상으로 올라오면서 칼슘이 부족해졌고, 이에 따라 부갑상샘이 진화했다고 본다.

어류는 부갑상샘 대신 부갑상샘 발달을 유도하는 유전자인 Gcm-2를 발현하는 아가미 조직이 있다. 포유류와 조류에서는 이 유전자가 배아의 목 부위에서 발현되며 부갑상샘 형성에 필수다. 어류에서는 같은 유전자가 아가미 형성에 사용된다. 어류의 아가미는 **PTH**와 **CasR** 유전자도 발현하는데, 이들은 육상 척추동물의 부갑상샘에서 칼슘 감지 및 호르몬 생성에 관여한다.[8] 이를 바탕으로 보면, 인간의 조상인 어류는 아가미를 통해 칼슘 유입을 조절했고, 이것이 진화해 오늘날 뼈에서 혈액으로 칼슘 이동을 조절하는 부갑상샘으로 변했다. 목이라는 위치 또한, 아가미의 위치에서 기원했을 가능성이 높다.

* * *

목에 있는 내분비샘은 후두를 덮은 피부 바로 아래에 있다. 사람의 경우 나비 모양으로 생겼으며, 크기도 약 5센티미터 정도로 실제 나비만 하다. 겉으로 보기엔 하나의 덩어리 같지만, 사실은 서로 다른 3가지 호르몬을 분비하는 조직이 융합된 구조다. 대부분의 조직은 갑상샘 본체로, 갑상샘호르몬을 생성한다. 갑상샘의 좌우 날개에는 각각 2개씩, 총 4개의 작은 렌틸콩만 한 조직이 있는데, 이것이 부갑상샘이다. 이곳에서 부갑상샘호르몬이 만들어진다. 칼시토닌은 갑상샘 조직 안에 흩어진 특정 세포에서 생성된다. 이처럼 서로 다른 호르몬이 목이라는 좁은 공간에서 함께 분비된다.

사람을 포함한 온혈동물에서 갑상샘호르몬은 몸 전체 세포의 반응 속도, 즉 신진대사 속도를 조절한다. 기본적인 에너지 소비량뿐 아니라 체온, 활동량, 체중에도 영향을 준다. 갑상샘호르몬이 과도하게 분비되면(갑상샘**항진**증) 땀이 많아지고, 불안해지고, 짜증이 늘며, 심장이 빨리 뛰고 체중이 감소한다. 반대로 호르몬이 부족하면(갑상샘**저하**증) 추위를 잘 타고, 무기력해지며, 살이 찌기 쉽다. 아이오딘이 부족하면 갑상샘호르몬 생성이 어려워지고, 이에 따라

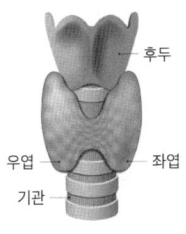
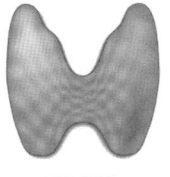

〈그림 9〉 기관 앞에 있는 인간의 갑상샘과 부갑상샘. 일러스트: iStock.

갑상샘은 더 많은 호르몬을 만들기 위해 커진다. 그 결과 갑상샘종이 생기며, 목이 눈에 띄게 부어오른다. 이 호르몬은 성인뿐 아니라 태아기에도 매우 중요하다. 갑상샘호르몬은 뇌를 포함한 여러 기관의 형성과 기능 발달에 필수적이다. 임신 중 호르몬이 부족하면 아이는 성장 지연이나 인지 기능 저하를 겪을 수 있다. 이를 '선천적 아이오딘 결핍'이라 부른다.

목에서 분비되는 서로 다른 호르몬인 부갑상샘호르몬과 칼시토닌은 뼈와 혈액 사이의 칼슘 이동을 조절한다. 신체의 모든 세포는 칼슘에 민감하기에, 두 호르몬은 혈중 칼슘 농도를 안정적으로 유지해야 한다. 뼈는 몸에서 가장 많은 칼슘을 포함하며, 칼슘의 주된 내부 공급원이자 저장소다. 혈중 칼슘 농도가 지나치게 낮으면, 부갑상샘호르몬 수치가 높아지면서 뼈를 분해하는 골세포가 활성화되고, 이로 인해 칼슘이 혈액으로 방출된다. 많은 척추동물은 칼시토닌을 분비해 뼈의 분해를 억제하고, 혈중 칼슘 농도를 낮추는 데 활용하지만, 사람에게는 그 효과가 크지 않다.9

이 두 호르몬에 이상이 생기는 경우는 드물지만, 부갑상샘에 종양이 생기면 부갑상샘호르몬이 과도하게 분비돼 뼈가 약해지고 몸 전체가 쇠약해진다. 칼슘은 세포 안에서 전기적 활동을 조절하는 중요한 신호 전달 물질이기에, 부갑상샘호르몬이 부족하면 신경계가 지나치게 흥분돼 발작, 근육 경련, 두근거림 등의 증상이 나타난다. 부갑상샘호르몬은 뼈를 튼튼하게 하고, 신경계의 흥분 정도를 조절한다.

인간 역사 속 아이오딘과 갑상샘호르몬

지난 200년 동안 각국 정부와 기관은 소금에 아이오딘을 첨가해 아이오딘 결핍 문제를 대부분 해결했다. 그러나 그 전의 인간 역사는 상황이 달랐다. 바닷가처럼 토양에 아이오딘이 풍부한 지역 사람들은 식물과 동물을 통해 자연스럽게 아이오딘을 섭취할 수 있었지만, 내륙지역에 사는 사람들은 흔히 갑상샘이 부어오르는 갑상샘종과 같은 질환을 빈번히 겪었다. 특히 히말라야, 알프스, 안데스산맥을 비롯한 내륙 산악 지역에서는 '갑상샘종 지대goiter belt'가 형성됐다. 이 외에도 아프리카, 북미, 남미의 평지 내륙에서도 유사한 사례가 많았다. 이 지역에선 수 세기 동안 갑상샘종과 선천적 아이오딘 결핍 증상이 자주 발생했다. 1800년, 나폴레옹의 명령으로 진행된 인구조사에 따르면 알프스 발레주에서는 전체 인구의 약 6퍼센트인 4,000명이 아이오딘 결핍으로 인한 장애를 겪은 것으로 나타났다. 1900년대 초반 미국의 갑상샘종 지대에서는 아동의 25~70퍼센트가 갑상샘종 증상을 보였다.[10]

그 증거는 예술과 문학에도 남아 있다. 미국 오하이오 계곡에서 출토된 2,000년 된 담뱃대에는 갑상샘종으로 돌출된 목이 조각돼 있다. 알프스산맥의 갑상샘종 지대 인근 이탈리아에서 발견되는 르네상스 시대의 회화와 조각에서도 목이 부어오른 인물이 자주 등장한다. 레오나르도 다 빈치, 라파엘로 산치오, 미켈란젤로 카라바조의 작품에서도 그러한 모습이 보인다. 이탈리아 르네상스 시대의 회화와 조각 600점을 분석한 결과, 80점 이상에서 목 부종이 발견됐다.[11] 일부는 기형을 강조하려는 의도였지만, 어떤 작품은 부풀어 오른 목을 아름다움의 특징으로 그리기도 했다.[12] 윌리엄 셰익스피어William Shakespeare는 유럽 중부 산악 지역을 직접 본 적이 없지만, 이 지역에 갑상샘종이 만연하다는 사실을 알았다. 《템페스트The Tempest》에서 그는 "목에 살덩어리가 늘어진 산사람들"을 언급한다. 훗날 마크 트웨인Mark Twain은 《유럽 방랑기A Tramp Abroad》에서 알프스 여행 후 유럽을 떠나며 이렇게 썼다.

"만족한다. 스위스에서 봐야 할 것, 몽블랑과 갑상샘종은 다 보았으니, 이제 집으로 돌아간다."[13]

이처럼 아이오딘 결핍으로 인한 목 질환은 오랜 세월 사람들의 삶과 예술에 깊이 스몄다. 식습관이 갑상샘종의 원인일 수 있다는 생각은 아주 오래전부터 있었다. 기원전 2700년, 중국 의사들은 갑상샘종 환자에게 해조류와 불에 태운 바다 해면을 먹여 병을 치료했다. 이 두 음식 모두 아이오딘을 풍부하게 함유한다는 사실은 현대에 이르러 과학적으로 입증됐다.14 콜럼버스가 신대륙을 발견하기 전, 안데스산맥 고지대 지역에서는 갑상샘종 발병률이 높았다. 당시 고지대 주민들은 해안 지역에서 나는 해조류와 해산물, 농작물을 교환해 아이오딘을 보충하려 했다. 이러한 교역은 단순한 물물교환을 넘어, '갑상샘 치료제'가 유통되는 상업 경로를 형성했고, 훗날 잉카문명이 통합되는 데 중요한 역할을 했다.

수천 년 전부터 해조류가 갑상샘종 치료에 사용돼 왔지만, 아이오딘과의 직접적인 연관성을 서양 의학이 인식한 때는 19세기 초였

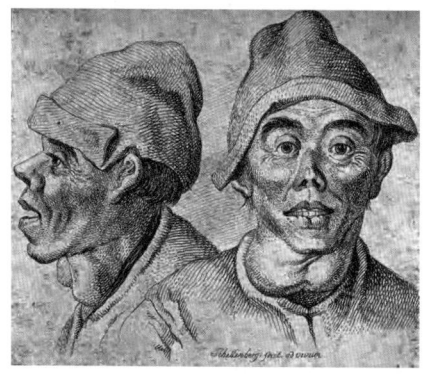

〈그림 10〉 갑상샘종에 걸린 남성을 그린 판화. 다니엘 프리드리히 셸렌베르크Daniel Friedrich Schellenberg, 1778년. 웰컴 컬렉션 (Wikimedia).

다. 여기에는 3명의 프랑스 화학자가 큰 몫을 했다.[15]

1811년, 베르나르 쿠르투아Bernard Courtois는 화약 제조에 사용하던 황산으로 해조류를 처리하던 중 보랏빛 연기가 피어오르는 현상을 발견했다. 그는 이 물질에 '아이오딘'이라는 이름을 붙였다. '보라색 모양'을 뜻하는 그리스어 '이오에이데스ioeides'에서 유래한 이름이다. 콜롬비아에서 연구하던 프랑스 화학자 장 바티스트 부생고 Jean-Baptiste Boussingault는 자연적으로 아이오딘을 함유한 소금을 섭취하면 갑상샘종을 예방할 수 있다는 사실을 입증했다. 안데스산맥 인근의 소금 퇴적물에서 아이오딘 수치를 측정한 결과, 아이오딘 함유량이 낮은 소금을 사용하는 마을에서는 갑상샘종 발병률이 높았다. 하지만 갑상샘종이 발병하지 않은 인근 지역에서 소금을 수입해 사용하자 발병률이 낮아졌다.

이러한 관찰을 토대로, 부생고와 함께 갑상샘종이 발병하는 프랑스 여러 지역에서 연구하던 화학자 가스파르 아돌프 샤탱Gaspard Adolphe Chatin은 갑상샘종 예방을 위해 더 많은 소금 아이오딘화가 필요하다고 주장했다. 1920년대 초, 스위스와 미국 오대호 인근의 갑상샘종 지대에서는 정부의 지원 아래 아이오딘 보충 프로그램이 시행됐다. 그러나 처음부터 이 프로그램이 환영받은 건 아니었다.

1924년, 아이오딘이 첨가된 소금이 처음 미시간주에 출시됐을 때, 아이오딘이 '독'이며 심지어 갑상샘항진증을 **유발**할 수 있다는 우려 속에 항의가 쏟아졌다. 미국 농무부 산하 최초의 화학국은 아이오딘이 첨가된 소금 포장지에 해골 마크를 의무적으로 표시하려고 했을 정도다. 대중의 불안을 잠재우기 위해 공중 보건 당국은 회의적인 이들을 설득하기 위한 캠페인을 벌였다.[16] 사우스캐롤라이나주는 과감하게 '아이오딘주'라고 선언하며, 지역에서 생산되는 농산물의 아이오딘 함유량이 높다고 홍보했다. 심지어 밀주 제조업자들까지 이 캠페인에 참여했다. 이들은 헬홀hell hole 늪 지역의 옥수수 음료 브랜드를 "갤런당 갑상샘종 미함유Not a Goiter in a Gallon"라는 슬로건과 함께 자랑스럽게 판매했다.

20세기에 아이오딘화 소금이 본격적으로 도입되면서 전 세계의 여러 지역에서 갑상샘종과 선천성 아이오딘 결핍 증후군이 거의 사라졌다. 현재 123개국에서 아이오딘화 의무 프로그램이 법제화됐고, 전 세계 가정의 90퍼센트가 아이오딘화 소금을 섭취한다.[17] 아이오딘 결핍은 특히 남아시아와 사하라 사막 이남 아프리카 지역에서 여전히 주요한 공중 보건 문제다. 가장 큰 문제는 목구멍보다 뇌에 발생한다. 태아기나 영아기에 경미한 혹은 중등도의 아이오딘 결핍을 겪은 아이는 갑상샘저하증으로 인해 인지 발달에 문제가 생기는 경우가 많다.

물론 이렇게 심각한 문제만 있는 건 아니다. 스위스의 갑상샘 연구자 마이클 치머만Michael Zimmerman은 "아이오딘 결핍은 전 세계적으로 예방 가능한 정신 질환의 가장 흔한 원인"이라고 했다.[18] 아이오딘화 소금을 보편적으로 공급함으로써 '세계인의 IQ'에 긍정적 영향을 끼친다는 점을 고려하면, 1인당 연간 2~3센트 정도의 비용은 충분히 가치 있는 투자다.[19]

갑상샘 질환과 수술

아이오딘이 풍부한 지역과 시기에도 갑상샘 질환은 흔히 발생한다. 미국 갑상샘 협회American Thyroid Association에 따르면, 미국인 8명 중 1명은 일생 동안 갑상샘 질환을 겪는다.[20] 하지만 대다수는 자각하지 못한다. 갑상샘 질환을 앓는 사람 가운데 약 60퍼센트는 자신의 상태를 모른다.

반대로 정치인과 유명 인사들이 관련 질환을 앓는 사실이 알려지면서 대중의 관심이 커진 사례도 있다. 조지 허버트 워커 부시George Herbert Walker Bush와 아내 바버라 부시Barbara Bush는 둘 다 갑상샘저하증을 겪었고, 힐러리 클린턴Hillary Clinton과 버니 샌더스Bernie Sanders도 같은 질환을 앓았다. 오프라 윈프리Oprah Winfrey는 갑상샘저하증과 항진증을 모두 앓았다. 이처럼 일부 유명인은 갑상샘 질환에 대한 인식을 높이기 위해 자신의 건강 상태를 공개하기도 했다.

갑상샘 질환이 흔한 만큼, 모든 목 수술 가운데에서도 갑상샘 절제술은 대표적인 수술이다. 갑상샘이 사라져도 큰 문제가 되지 않는 이유는 경구 복용으로 갑상샘호르몬을 보충할 수 있기 때문이다. 칼시토닌은 인체에서 거의 역할을 하지 않기에 따로 대체할 필요도 없다. 하지만 부갑상샘은 다르다. 이 조직이 사라지면 대체가 어렵고, 매일 고가의 부갑상샘호르몬 주사를 맞아야 한다. 이런 이유로 외과의들은 갑상샘을 제거하면서도 부갑상샘을 살리기 위해 최선을 다한다. 그러나 이 과정은 쉽지 않다.

먼저 부갑상샘 위치는 사람마다 다르다. 어떤 경우에는 양쪽 엽이 갑상샘에서 분리돼 목의 다른 조직에 박혀 있거나, 한쪽 또는 양쪽 엽이 모두 없는 경우도 있다. 더 중요한 건, 부갑상샘은 매우 작고 겉모습이 주변의 갑상샘 조직과 비슷해서 구분하기 어렵다. 실제로 부갑상샘은 눈에 잘 띄지 않아 1880년이 돼서야 해부학자들에게 발견됐으며, 인체에서 가장 늦게 이름 붙여진 기관이다.

갑상샘과 부갑상샘이 서로 얽힌 구조는 외과의들에게는 골칫거리지만, 해부학자들에게는 목의 해부학이 지닌 일반적이면서도 광범위한 특징을 보여 주는 좋은 예시다. 목의 여러 구조는 하나의 단위처럼 보이지만, 실제로는 서로 다른 기원의 조직들이 발달 중에 부차적으로 결합한 복합체다.

만약 논리적인 설계자가 목을 만든다면, 아직 자라지 않은 조각들을 미리 최종 위치에 정렬해 놓고 그대로 성장하게 만들었을 것이다. 하지만 인간의 몸, 특히 목은 그런 방식으로 만들어지지 않았다. 오히려 점토를 이리저리 뭉치고 펼쳐서 만든 도자기처럼 보인다. 실제로 배아는 조직이 이동하고 결합하며, 때로는 분리되고 스스로 파괴되는 일련의 과정을 거쳐 형성된다. 목은 정교한 설계의 결과라기보다 복잡한 이야기의 결말에 가깝다.

목에서 분비되는 3가지 호르몬을 생성하는 조직들이 어떻게 이동하고 모이는지 살펴보자. 이 세 조직 중 갑상샘호르몬을 만드는 부분이 배아 단계에서 가장 먼저 형성된다. 배아 초기에는 위장관이 먼저 발달한다. 임신 25주가 지나면 창고기 같은 원형 동물과 비슷하게 입 쪽 끝에 있는 관 바닥에서 튀어나온 주머니 모양으로 갑상샘이 생긴다. 이후 위장관 상단과 연결된 갑상샘은 분리돼 아래로 이동한 뒤, 후두 표면에 자리 잡는다.

부갑상샘은 완전히 다른 구조에서 시작한다. 갑상샘이 위장관 바닥에서 형성될 무렵, 위장관 옆이 접히며 '인두활pharyngeal arch'이라는 구조가 생긴다. 어류의 경우, 인두활이 아가미로 발달하지만, 육상 척추동물에서는 목과 여러 목구멍 근육, 후두덮개, 목뿔뼈, 후두연골 등의 조직으로 바뀐다. 부갑상샘은 두 쌍의 분리된 엽 형태인데, 한 쌍은 세 번째 인두활에서, 다른 한 쌍은 네 번째 인두활에서 발달한다.

갑상샘과 마찬가지로 두 쌍의 부갑상선 원형은 배아가 발달하며 점차 아래로 내려간다. 흥미로운 점은, 각 쌍이 서로 다른 경로를 따라 이동한다는 점이다. 갑상샘 양 날개 위쪽에 있는 점 모양의 엽 2개는 갑상샘을 타고 함께 내려간다. 날개 아래쪽에 있는 엽 2개는 이동하는 또 다른 분비선인 흉선을 타고 내려간다. 흉선은 아래쪽 부갑상샘 원형 근처의 인두활에서 시작해 심장 근처까지 내려간다. 반쯤 내려간 부갑상샘 조직은 흉선에서 분리돼 드디어 갑상샘의 양 날개 아래쪽에 자리 잡는다. 하지만 늘 그런 것은 아니다. 가끔은 특이한 위치에 내려앉아 목구멍의 여러 지점에 흩어져 많은 외과의를 당황하게 한다.

칼시토닌을 생성하는 C 세포는 세 번째 종류의 배아 조직과 발달 과정에서 발생한다. 이 세포는 신경능선세포에서 비롯되며, 이름에서도 알 수 있듯 발달 중인 척수 상부에서 생성된다. 이후 세포 덩어리는 아래로 이동해 마지막 인두활에 도달한다. 이때 '아가미끝

소체'라는 구조가 형성되는데, 이는 인간 배아에서는 일시적으로 존재하지만, 어류의 경우 성체로 성장해도 사라지지 않는다.

이후 아가미기관끝소체의 세포들은 갑상샘과 융합해 갑상샘 조직 전체에 흩어진다.[21] 단순히 호르몬 장애를 치료하려는 의사들에게 이처럼 3개의 내분비 조직이 뒤섞인 구조는 큰 골칫거리다. 이와 같은 복잡한 형태에 불평하는 장면은 상상하기 어렵지 않다. 하지만 이러한 복합적 융합은, 목이라는 기관이 전체적으로 어떤 방식으로 구성됐는지를 잘 보여 준다. 목은 여러 내분비 조직이 서로 얽혔으며, 이것이 바로 그 구조의 특징이자 진화의 흔적이다.

* * *

1936년에 촬영된 오하이오 주립 도서관의 사진 한 장에는 수술복과 마스크를 착용하고 수술 도구를 든 6명이 찍혀 있다.[22] 이 의사들 중 한 명은 조지 워싱턴 크라일George Washington Crile로, 이 사진은 그의 2만 5,000번째 갑상샘종 제거 수술을 기념해 찍은 것이다.

크라일은 수술 역사에서 중요한 인물이다. 갑상샘 수술 분야에서 탁월한 성과를 남겼을 뿐 아니라, 외과 수술로 후두를 제거한 초기 의사 중 한 명이며, 암 치료를 위해 림프절과 목 조직을 제거하는 수술법도 개척했다. 하지만 이런 수술법들보다 더 중요한 업적은, 그가 실험 생리학을 바탕으로 수술법을 개선하고 이를 널리 알린 초기 외과의 중 한 명이라는 점이다. 이로 인해 그는 '생리적 수술의 아버지'라는 별칭을 얻었다.

그는 환자의 외상 사례와 동물실험 결과를 바탕으로, 마취나 외상에 의해 혈압이 급격히 떨어지는 '수술 쇼크surgical shock'를 최소화하는 방법을 개발했다. 그는 환자가 불안하거나, 불안한 예상을 하는 것만으로도 생리적 반응을 유발해 수술 결과에 영향을 미친다는 사실을 발견했다. 따라서 수술은 가능한 한 고통 없이, 차분하고 신속하게 진행돼야 한다고 주장했다.

크라일은 수술 쇼크에 대한 이해를 여러 유형의 수술에 적용했는데, 특히 갑상샘 수술에서 큰 성과를 거뒀다. 그는 클리블랜드에서 근무할 때 미국 내 갑상샘종 지대의 중심부에 있었다. 그는 갑상샘 부종이 심해져 숨쉬거나 삼키는 것조차 어려운 환자를 자주 접했다. 초기에 만난 한 환자는 수술을 무사히 마쳤지만 합병증으로 사망했다. 이 사건을 계기로, 그는 수술 전 환자가 지닌 불안이 합병증 발생에 영향을 미친다고 결론 내렸다. 이후 그는 '갑상샘 빠르게 훔치기steal the gland'라는 수술법을 개발했다.

수술 전 간호사는 환자가 마취제를 흡입하는 과정에 익숙해지도록 매일 소량의 마취제를 투여했다. 수술 당일에는 별다른 예고 없이 마취제를 투여하고, 그는 수술실로 들어가 갑상샘 상부를 작게 절개해 갑상샘을 빠르게 절제했다. 수술은 환자가 무슨 일이 일어났는지 알 새도 없이 15분 이내로 끝났다. 당시 이렇게 갑상샘을 '빠르게 훔치는' 방식은 드문 기법이었고, 오늘날에는 허용되지 않겠지만 그때는 성공적인 결과였다. 이 수술법을 통해 그가 근무하던 병원의 갑상샘 절제술 사망률은 16퍼센트에서 2퍼센트로 낮아졌다. 이는 높은 수술 빈도도 한몫했을 것이다. 그는 하루에도

20~30건의 갑상샘 수술을 시행했다.[23]

갑상샘호르몬의 안정성과 조절 능력

갑상샘호르몬은 체온과 에너지 균형을 유지한다. 다시 말해, 신체 내부 안정성을 담당하는 호르몬이다. 다른 포유류나 조류와 마찬가지로, 인간은 대사열을 통해 일정한 체온을 유지할 수 있다. 생물학자들은 이를 '내온성endothermy'이라 부른다. 내온성은 포유류의 생활 방식을 규정하는 핵심 요소다. 덕분에 높은 수준의 신체 활동과 인지 활동이 가능하지만, 반대로 이를 유지하기 위해서는 끊임없는 음식 섭취와 지속적인 에너지 공급이 필요하다.

현대인은 냉난방이 가능한 실내에 살지만, 여전히 신체 내부의 열 환경은 계절과 환경 변화에 따라 조절된다. 이때 뇌는 열과 에너지 상태를 감지하고, 갑상샘호르몬 분비를 조절해 체온을 안정시킨다. 이러한 체온 조절 능력은 갑상샘호르몬이 진화 과정에서 내온성을 가능하게 한 주요 적응 중 하나였음을 보여 준다.[24]

배아 발달과 진화 관점에서 보면, 갑상샘호르몬의 기능은 안정성 유지에만 그치지 않는다. 이 호르몬은 삶의 주요 전환기를 조절하는 데 깊이 관여한다. 임신 초반, 엄마의 혈액을 통해 태아에게 전달된 갑상샘호르몬은 뇌와 심장, 폐, 근육의 세포 생성을 촉진한다. 임신 후반이 되면 태아는 자체적으로 갑상샘호르몬을 분비하고, 이를 통해 간, 뼈, 신장 등의 기능 분화를 조정한다. 즉, 발달기의 갑상샘호르몬은 전신에 작용하며 몸의 구조를 변화시킨다.

변형과 관련한 갑상샘호르몬의 더 큰 역할은 척추동물, 특히 급격한 형태 변화를 겪는 종에서 더 뚜렷하게 드러난다.[25] 사실 갑상샘호르몬은 이 동물들을 말 그대로 변태시킨다. 예를 들어 개구리는 며칠 또는 몇 주 만에 아가미로 숨 쉬는 수생의 초식성 올챙이에서, 폐로 숨 쉬는 수륙 양생의 육식성 성체로 변한다. 이 놀라운 변태 과정에는 새로운 구조의 생성(팔다리, 폐, 두꺼운 피부)뿐 아니라 기존 구조의 제거(꼬리, 아가미, 얇은 피부, 긴 내장)도 포함된다. 갑상샘호르몬은 이 상반된 두 과정을 모두 촉진한다.

이처럼 갑상샘호르몬이 인간과 기타 척추동물의 발달에 굉장히 중요한 역할을 하는 만큼, 이 호르몬 기능을 변화시킬 수 있는 수많은 화학물질은 우려를 낳는다.[26] 내연제, 살충제, 가소제 등 다양한 산업 화학물질은 뇌와 뇌하수체에 의한 갑상샘호르몬 분비 조절부터 호르몬 생성, 조직과의 결합까지 방해한다. 최근 주목받는 갑상샘 방해 물질 중 하나는 로켓 연료나 폭죽에 포함된 과염소산염이다. 이 물질은 갑상샘이 혈액에서 아이오딘 흡수를 억제하므로, 과도하게 노출될 경우 성인에게 갑상샘저하증을 유발한다.[27] 더 심각한 문제는 임신부가 저농도의 과염소산염에 노출될 때 발생한다. 이 경우 태반을 통한 아이오딘 공급이 방해받고, 태아의 갑상샘 기능이 억제돼 지능 저하와 같은 신경 발달장애가 생길 수 있다.[28]

2011년, 버락 오바마Barack Obama 정부는 식수 내 과염소산염 농도에 대한 규제를 법제화했다.[29] 그러나 2020년, 도널드 트럼프

Donald Trump 정부는 이 규제를 철회했고, 조 바이든Joe Biden 정부는 이를 그대로 유지했다. 현재 관련한 법적 분쟁이 진행 중이다.[30] 아이러니하게도, 200년에 걸쳐 아이오딘을 전 세계 식탁에 올리기 위해 노력한 끝에 맞이한 다음 공중 보건 전쟁은 신체의 아이오딘 사용을 억제하는 오염 물질을 제거하는 일이 됐다.

* * *

인간의 몸은 지구에 존재하는 풍부한 원소들로 이루어졌다. 탄소, 산소, 수소, 질소, 칼슘은 우리 몸에 존재하는 원자의 99퍼센트 이상을 차지한다. 이 외에도 소듐, 염화물, 포타슘 등은 공기와 물, 음식에서 쉽게 얻을 수 있다. 하지만 갑상샘은 인간의 운명을 흔치 않은 하나의 원소, 아이오딘에 의존하게 만든다. 아이오딘이 없으면 갑상샘은 부풀고, 신진대사는 느려지며, 인지능력은 저하된다. 방사성 아이오딘에 노출되면 암 발생 위험도 커진다.

그러나 아주 소량의 아이오딘만으로도 인체는 체온과 에너지를 유지하는 복잡하면서도 정교한 분자인 갑상샘호르몬을 만들 수 있다. 이 호르몬은 포유류의 삶을 가능하게 하고, 조그마한 배아가 고도의 인지능력을 지닌 아이로 자라도록 만든다. 그리고 동물의 변태까지 조율하는 능력도 지녔다. 드물고 특별한 이 원소는, 우리가 일상의 속도와 삶의 궤도를 조절하며 살아가도록 돕는다.

갑상샘 아래에 있는 부갑상샘도 중요한 역할을 한다. 이 조직은 부갑상샘호르몬이라는 신호 전달 물질을 만든다. 인류의 어류 조상에서는 아가미를 통해 외부 칼슘 흡수를 조절했을 것이고, 인간을 포함한 육상 척추동물에서는 뼈와 혈액 사이의 칼슘 균형을 유지하도록 도왔다. 이 균형은 신체 구조의 안정성과 신경 흥분의 조절에 필수적이다.

6장

언어와 목소리:
목에서 나오는 말과 노래

사람이 시체에 표하는 경의를 보고 깊은 인상을 받은 적이 있다. 1년 동안 진행된 인체 해부학 수업이 끝나고, 의대생과 교수는 미래의 의사들을 위해 자신의 몸을 기증한 사람을 기리는 비종교적 의식을 가졌다.

의식을 치르기 몇 주 전, 나는 7개월 동안 해부가 진행된 실험실을 방문했다. 당시 대부분의 조직은 건조해져 어둡게 변색돼 있었다. 그동안 동물은 여러 차례 해부했지만, 인체 내부를 직접 보는 건 처음이었다. 카데바(해부 실습을 위해 기증된 시신.—옮긴이)는 얼굴과 하반신이 거즈와 천으로 덮인 채 가슴과 배만 드러나 있었다. 덕분에 나는 이 몸이 한때는 인간이었음을 잠시 잊고, 복잡한 구조를 탐구하는 데 집중할 수 있었다.

잠시 후 동행한 사람이 나를 다른 방으로 데려갔다. 그곳에는 숨은 구조나 특이한 구조를 보여 주려 준비해 둔 해부한 지 얼마 안 된 시신이 있었다. 교수님은 후두를 조절하는 되돌이후두신경

recurrent laryngeal nerve을 가리켰다. 그리고 후두를 열어 아주 짧고 가느다란 성대주름을 직접 보여 줬다. 지금까지 이 카데바는 해부학적 구조를 아름답게 보여 주는 대상에 지나지 않았다. 하지만 그 조그만 성대를 보는 순간, 눈앞의 시신이 수많은 생각과 감정을 품고 살아온 한 사람이라는 사실이 갑자기 떠올랐다. 나는 적잖이 당황했다.

70년 넘게 이 남성이 입 밖으로 낸 모든 말('좋은 아침이에요' 같은 일상적인 인사부터 결혼식에서의 '맹세합니다' 같은 중요한 말까지)은 목에 있는 이 작은 조직 덩어리를 통해 나왔다. 이 덩어리가 있었기에 그 말들이 소리가 될 수 있었다. 모든 인사, 응원, 꾸짖음, 자장가, 작별 인사는 이곳, 성대에서 시작됐다. 그의 말은 육신이 됐다. 더 정확히 말하면, 그의 생각이 육신을 통해 목소리가 됐다.

성대를 울리는 진동은 단어와 노래를 만드는 첫 단계에 불과하다. 하지만 숨이 먼저 빠른 진동으로 전환되지 않으면, 그다음 단계는 작동하지 않는다. 그리고 가장 기본적인 수준에서, 타인에게 감정을 전달하는 방식 대부분은 목에서 시작되는 이 진동의 섬세한 차이에 달렸다.

* * *

음성언어에는 학습, 기억, 문법, 의미처럼 고도의 두뇌 능력이 필요하지만, 생각을 일련의 소리로 바꿀 수 있는 성도 역시 필요하다. 인간은 목구멍 아래에 있는 성대, 날렵한 혀와 입술 덕분에 다양한 음조, 강도, 음색의 소리를 낼 수 있다. 이 모든 요소를 빠르게 조절해 무한에 가까운 조합의 음향 단위인 음소를 만든다.

인간은 소통을 위해 말뿐만 아니라 다양한 방식으로도 소리를 낸다. 노래하고, 휘파람 불고, 외치고, 울기도 한다. 인간의 음향 표현은 특별할 정도로 풍부하지만, 인간을 능가하는 동물도 있다. 어떤 동물은 더 풍부한 음조를 내고, 더 크게 울고, 더 빠르게 노래하거나 거칠게 포효한다. 정교한 신경 제어로 음성을 조절하는 동물도 있지만, 대개는 특수화된 성도나 연골, 근육, 피부 구조를 통해 고유한 발성이 가능하다. 동물의 깍깍, 짹짹, 으르렁 같은 소리는 모두 호흡에서 시작돼 발성기관을 거쳐 변환된다.

발성 원리

500년 전, 다 빈치는 인간의 목소리를 악기에 비유했는데, 이 비유는 지금도 유효하다.[1] 악보에는 여러 음악적 특징이 표시된다. 음높이는 음표의 수직 위치로, 음량은 피아니시모pianissimo(아주 약하게)나 포르티시모fortissimo(아주 강하게) 같은 기호로, 지속 시간은 8분음표나 2분음표 같은 시가로 나타난다.

입술로 휘파람을 불거나 피리를 불 때처럼, 간단한 도구만으로도 소리를 만들 수 있다. 이때 만들어지는 소리는 중심 주파수에 배음이 겹친 순수한 소리다. 배음의 세기는 단순하고 규칙적인 방식으로 옥타브마다 약해진다. 예를 들어, 플루트가 가운데 '도' 음을 연주하면 초당 256회의 진동이 생기고, 중심 주파수의 2배(512헤르츠)인 약한 진동이 발생한다. 여기서 2배씩(1,024헤르츠, 2,048헤르츠 등) 올라갈수록 진동은 더 약해진다. 이런 규칙적인 음계는 단순한 악기에서 나오는 음 집합으로 제한된다. 하지만 목소리는 이보다 훨씬 복잡하다. 성대는 다양한 강도로 떨리고, 진동하는 조직은 배음의 강도를 조절할 수 있다. 목소리는 이런 진동을 만드는 구성 요소, 즉 '악기'인 성도의 산물이다.

모든 악기와 마찬가지로 목소리도 진동을 만들 수 있어야 한다. 바이올린 연주자는 활로 현을 진동시키고, 색소폰 연주자는 리드를 통해 숨을 불어넣는다. 목에서는 공기가 성대를 통과하며 진동을 만든다. 공기가 성대를 밀면 성대는 순간적으로 벌어지고 곧다시 닫힌다. 이 열림과 닫힘은 반복되며, 인간 후두에서는 초당 100~200회 일어난다. 가운데 '도' 음의 주파수인 256헤르츠와 거의 같은 속도다.

진동을 발생시키는 도구 외에도, 성대를 포함한 대부분의 악기에는 소리를 조정하는 공명실이 있다. 바이올린에는 곡선형 몸체가, 색소폰에는 점점 가늘어지는 튜브가 있으며, 목소리의 경우에는 복잡한 형태의 목구멍, 입, 비강, 부비강이 이에 해당한다. 각 공명실은 고유한 방식으로 공명하며, 이 과정에서 특정 소리를 걸러 낸다. 각 악기는 배음을 선택적으로 증폭하거나 약화시켜 음색을 만든다. 바이올린과 색소폰이 같은 음을 같은 크기로 연주해도 전혀 다른 소리를 내는 이유다. 음색 덕분에 우리는 통화하는 상대가 엄마인지 아빠인지 구분할 수 있다.

목구멍과 입, 혀, 치아는 사람마다 모양과 크기가 조금씩 달라, 누구나 자신만의 음색, 즉 '개성 있는 목소리Vocal Identity'를 갖는다. 최근에는 컴퓨터와 휴대전화가 이 고유한 목소리, 다시 말해 목소리 지문을 식별할 수 있게 되면서, 목소리가 개인 정보를 보호하는 암호나 열쇠를 대신할 가능성이 높아졌다.

노래를 부르거나 억양을 바꿀 때, 우리는 성도의 긴장과 위치를 조절해 목소리의 음조를 바꾼다. 예를 들어, 한 근육군(윤상갑상근)은 성대를 잡아당겨 음을 높이고, 다른 근육군은 후두 전체를 위(목뿔뼈)나 아래(복장뼈)로 움직인다. 이 움직임은 공명 공간의 길이를 바꾼다. 후두가 아래로 내려가면, 트롬본 슬라이드를 내릴 때처럼 소리가 낮아진다. 손가락으로 목젖(후두의 갑상연골)을 만지며 고음과 저음을 불러 보면, 후두가 위아래로 움직이는 것을 느낄 수 있다.

또 다른 근육군은 공기가 드나들 때 성대를 여닫는다. 들숨에는 공기가 원활히 폐로 들어가도록 성대를 열고, 말할 때는 날숨에 맞춰 성대를 진동시킨다. 이 과정을 '발성'이라 한다. 모든 모음은 유성음으로 발성된다. '아아', '에에' 같은 소리를 내면서 후두에 손을 대면 진동을 느낄 수 있다. 일부 자음(티읕, 시옷)은 무성음으로, 입과 입술만을 사용해 소리를 낸다. 영어에서 P와 B, F와 V 소리를 번갈아 발음하면, 후두가 울릴 때와 울리지 않을 때의 차이를 알 수 있다. 모든 발성은 근육이 성대를 고정하는 연골(모뿔연골)을 안쪽으로 움직여 공기가 지나는 경로에 성대를 놓을 때 발생한다. 즉, 음절 하나하나와 호흡의 변화마다 목소리의 '기어'는 섬세한 근육의 '클

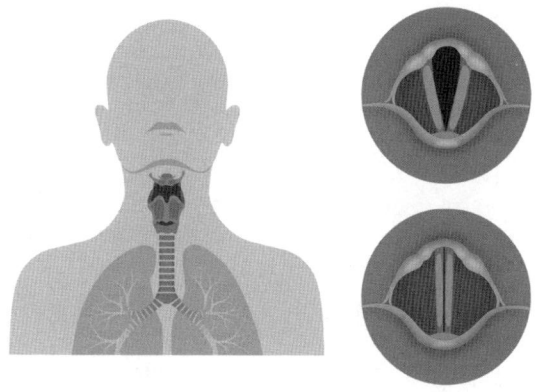

〈그림 11〉 인간 목에서 후두의 위치. 성대가 벌어지면서 공기가 폐로 들어가고, 숨을 내쉴 때 성대가 닫히면서 목소리를 만드는 진동을 낸다. 일러스트: iStock.

러치'로 분리되고 다시 연결된다. 후두에는 9개의 연골 위치를 조절하는 17개의 근육이 있다.

목소리의 크기, 즉 진폭은 성대를 지나는 공기의 압력과 시점에 따라 달라진다. 이 과정은 아래쪽의 호흡 근육(복부와 갈비사이근)과 위쪽의 판막 역할을 하는 목 근육이 조절한다. 가장 큰 소리는 성대를 닫은 상태에서 숨을 세게 밀어낼 때 발생한다. 숨이 축적됐다가 성문이 열리며 공기가 폭발적으로 나가고, 이때 성대가 크게 떨려 소리가 터져 나온다.

반면 속삭임처럼 작은 소리는 성대를 사용하지 않아도 낼 수 있다. 속삭일 때는 공기가 후두를 통과하지만 성대는 진동하지 않는다. 다 빈치는 후두를 그린 스케치에 이런 메모를 남겼다.

"속삭이는 이들이 그러하듯, 소리 없는 목소리의 원인에 대하여 쓰라."[2]

속삭임은 성도 내 공기 흐름에 난류를 일으키고, 입과 혀, 입술 모양에 따라 공기가 바뀌며 말소리로 전환된다. 성대가 진동하지 않기에 매우 약한 소리만 난다. 일반적인 목소리와 같은 크기의 속삭임을 내려면, 10배나 많은 공기를 내뿜어야 한다. 입 앞에 손바닥을 대고 평소 목소리로 말하다가 속삭이면, 공기의 흐름이 훨씬 세졌음을 느낄 수 있다. 연인이 속삭일 때 느껴지는 뜨거운 숨결도 그 예다.

대부분의 악기와 달리, 성도는 소리를 전달하면서도 그 형태와 공명 특성이 계속 변한다. 예를 들어 모음을 다르게 발음할 때마다 목구멍과 혀의 위치도 달라진다. '에에'라고 발음할 때는 혀를 입천장 쪽으로 들어올려 입술 쪽으로 내밀며, '아아'라고 발음할 때는 혀를 아래로 내리고 안쪽으로 넣는다. 이런 다양한 모음을 만들 수 있는 능력은 성도의 구조가 크게 변형될 수 있기 때문이다. 성도는 두 부분으로 나뉜 '이중 공명기 시스템double resonator system'으로 구성돼 있다. 하나는 수평으로 놓인 구강과 비강이며, 다른 하나는 수직으로 놓인 목구멍이다. 사람은 다른 포유류보다 구강과 비강이 짧다. 반면 인두는 길어졌다. 진화 과정에서 얼굴과 목구멍이 거의 같은 길이가 되면서, 인간은 더 다양한 소리를 낼 수 있게 됐다.[3]

인간의 성도가 처음부터 유리한 위치에 있던 것은 아니었다. 신생아의 후두는 목구멍 상단에 있어서 입과 후두 사이 공간이 거의 없다. 그리고 생후 1년 동안 후두가 점차 아래로 내려오며, 위쪽에 큰 공명 공간을 만든다. 이런 발달 과정은 인간뿐 아니라 인류 조상과 유인원 사촌들도 겪었다. 이들의 후두 역시 높은 위치에 있다가 인류 진화 과정을 거치며 아래로 내려왔다. 구강, 비강, 목구멍 공간의 길이는 거의 같지만 직경은 크게 다르다. 발성하는 동안 목구멍과 혀의 근육은 목구멍과 구강의 형태를 다양하게 바꾼다. 그 결과 직경 비율은 10대 1에서 1대 10까지 달라진다. 예를 들어 '에에'를 발음할 때는 구강 단면적이 목구멍 공간보다 10배 작다. 반대로 '아아'를 발음할 때는 목구멍 단면적이 구강보다 10배 작다.

동물 중에 이처럼 유연하게 움직이고, 발성 범위가 넓은 기관을 지닌 예는 없다. 인간은 목 형태를 다양하게 바꾸고, 흉곽의 호흡 리듬, 후두, 혀, 입의 재빠른 움직임을 결합해 마음속 언어를 말로 바꾸고 세상에 전달한다. 이 복잡한 과정은 전문적인 해부학 용어로 설명하면 건조하고 차가워 보일 수 있지만, 실제로는 가장 인간적인 충동을 표현하는 방식이다. 바로 이 진동하는 살덩어리 덕분에 우리는 시를 읊고, 아리아를 노래하며, 친구와 인사를 나누고, 피자를 주문할 수 있다.

*　*　*

목의 여러 기능 가운데 발성은 자발적으로 조절되는 기능이다. 목에 있는 감각기와 관, 분비샘 등은 대부분 무의식적으로 작동한다. 예외적으로 깜짝 놀랐을 때 지르는 비명처럼 일부 발성은 반사적으로 발생할 수 있지만, 대부분의 목소리는 뇌의 의식적이고 의도적인 개입으로 만들어진다.

목소리는 성도에 분포한 수많은 근육에 의해 제어되며, 모든 언어 행위에는 정교한 신경 작용이 필요하다. 뇌에서 직접 나오는 12개의 뇌신경 중 6개는 입, 혀, 목구멍, 후두로 뻗어 발성을 조절한다. 그중 특히 중요한 신경 가지는 이전에 방문한 해부학 실험실에서 봤던 되돌이후두신경이다. 이 신경은 후두내근을 제외한 거의 모든 근육을 제어해 성대의 여닫힘과 긴장도를 조절한다. 다른 신경이 손상되면 발성의 질이 떨어질 수 있지만, 되돌이후두신경이 손상되면 아예 발성이 불가능해진다. 이 신경은 서양 의학사에서 중요한 의미를 지닌 실험에도 등장했다. 특이한 해부학적 경로를 지닌 이 신경은, 목과 관련한 거의 모든 논의에서 다룬다.

서기 2세기 후반, 로마 황제의 주치의였던 페르가몬의 갈렌Galen of Pergamon은 로마의 저명한 학자들과 정치인들로 가득한 공회당에 들어섰다. 조수는 식탁 위에 돼지 한 마리를 눕혔다. 돼지는 고통에 몸부림치며 울부짖었다. 그는 돼지의 목을 절개해 기관 옆을 지나가는 두 가닥의 신경을 잘랐다. 그러자 돼지는 여전히 몸부림쳤지만, 신경이 잘리자마자 꽥꽥대는 소리를 멈췄다. 그는 되돌이후두신경을 절단해 이 신경이 발성을 제어한다는 사실을 명확히 보였다.

이 실험은 신경계가 행동을 통제한다는 사실을 입증한 첫 사례였으며, 이후 1,600년간 의학 교과서에 실렸다. 갈렌 이전에도 뇌가 신체를 조절한다는 추론은 있었지만, 직접적인 증거는 없었다. 꽥꽥 울던 돼지가 되돌이후두신경 절단 후 즉시 조용해지는 장면은, 신경계가 행동에 미치는 결정적인 역할을 실험으로 증명한 최초의 사례

였다.4

중대한 공개 시연을 진행하기 전에 갈렌은 그의 개인 공간에서 다양한 포유류와 조류의 목을 여러 차례 해부했다. 그리고 되돌이후두신경이 뇌 하단부에서 나와 기관을 따라 내려가다가 가슴으로 향하는 도중에 후두를 비켜 가는 우회 경로를 지난다는 사실을 발견했다. 그러고는 심장 근처의 대동맥(좌측의 대동맥과 우측의 빗장밑동맥)을 돌아 유턴한 다음 다시 올라가 목적지인 후두에 다다른다. 되돌이후두신경은 후두에서 겨우 15센티미터 위에 있는 머리뼈에서 시작되지만, 왼쪽으로 1미터 30센티미터 정도, 혹은 가슴을 통과하는 순회 경로를 통해 왼쪽으로 60센티미터 정도를 돌아가는 경로를 택한다.5 이 신경의 뉴런은 인간 몸에서도 가장 긴 축에 속한다. 목이 긴 공룡의 경우, 이 신경은 무려 28미터에 달했을 것으로 추정되며, 진화 역사상 가장 긴 뉴런 중 하나일 가능성이 크다.6

우리에게 되돌이후두신경의 우회 경로는 쉽게 이해되지 않는다. 그러나 갈렌에게 이 경로는 신경이 움직임을 제어하는 방식에 대한 그의 이론과 정확히 맞아떨어졌다.7 그는 신경이 근육을 전기적으로 활성화하는 것이 아니라, 기계적으로 당겨서 작동시키며, 근육은 신경이 들어가는 지점을 향해 수축한다고 믿었다. 뇌에서 후두 상단으로 곧장 이어지는 신경은 후두를 위로만 당길 수 있다. 따라서 말하는 도중 흔히 벌어지는 것처럼 후두를 아래로 움직이게 하려면, 아래쪽에서 신경이 근육으로 들어가야 한다. 이를 위해 신경은 동맥을 따라 유턴한 뒤, 아래로 들어가 근육을 당긴다. 그는 이러한 우회 경로 덕분에 신경이 도르래처럼 기계적인 이점을 활용할

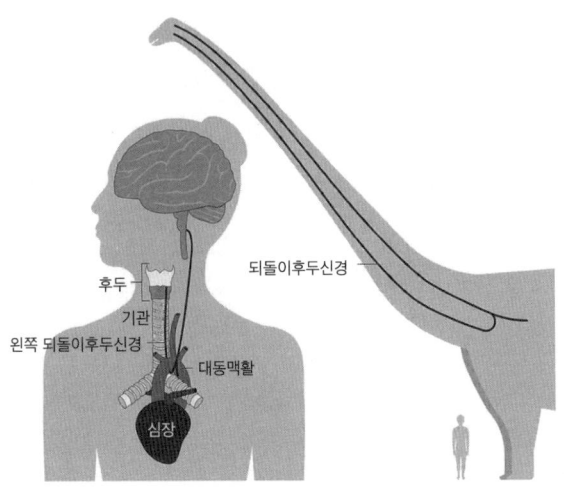

〈그림 12〉 인간의 왼쪽 되돌이후두신경과 용각류 공룡의 되돌이후두신경 추정 경로. 이 신경은 뇌줄기(뇌간)에서 시작해 대동맥 아래를 한 바퀴 돌아 내려간 뒤, 다시 후두로 올라간다. 용각류의 되돌이후두신경에 있는 뉴런은 진화 역사상 가장 긴 세포였을 가능성이 크다. 일러스트: 네타 카셔, 2024년. 매슈 웨델Mathew Wedel (2011년)의 그림을 수정함.

수 있다고 생각했다.

 이런 기계적 설명은 신경과 근육 사이의 상호작용에 내재한 전기적 특성에 대한 오늘날의 이해와는 맞지 않는다. 오늘날에는 이 경로의 이유를 배아 상태의 신경 형성에서 찾는다. 되돌이후두신경의 경로가 성인에게는 불합리해 보이지만, 배아 발달 단계에서는 자연스러운 경로다. 임신 1개월이 되면 발달 중인 머리와 뇌는 가슴과 심장을 덮는다. 인두활은 뇌와 심장 사이에 있으며, 후두와 심장에서 나오는 큰 혈관을 만든다. 이 시기에 되돌이후두신경은 뇌와 후두가 가까이 있는 상태에서 연결되며, 연결을 짧게 만들기 위해 심장의 큰 혈관 아래로 지난다. 이후 발달이 진행되면 머리는 위로 젖혀지고, 목은 길어지며, 심장은 아래로 내려간다. 이 과정에서 혈관에 걸렸던 신경도 함께 끌려 내려간다.

되돌이후두신경의 이 독특한 경로는 천지창조론자가 주장하는 '지적 설계'에 반하는 사례로 자주 인용된다. 아이러니하게도, 인간 지능의 정점이라 할 수 있는 언어와 말하기는 지능적으로 설계되기 어려운 신경 구조에 의해 이루어진다. 인류의 먼 척추동물 조상은 뇌와 심장이 같은 위치에 형성된 후 배아 발달 중간 단계에서 우연히 후두가 생겼다. 이 시점에 후두와 뇌 사이가 연결되면서, 이 신경은 기존 기관과 관 사이를 얽혀 지나게 됐다. 후두로 향하는 이 신경은 이후 육상 척추동물이 진화하는 내내 독특한 경로를 유지했으며, 인류 조상에는 정신과 목소리 사이, 최초의 언어적 신호를 전달했다.

발성 진화

언어능력이 언제 발생했는지는 여전히 논쟁의 대상이다. 과학자들은 여러 증거를 바탕으로 호모 사피엔스가 출현하기 20만 년 전부디 2,700만 년 전, 구세계원숭이와 인류의 공통 조상 사이에서 언어가 시작됐다고 주장한다.[8] 그러나 대부분의 과학자는 약 3억 년 전,

호흡 구조가 처음 생겨난 초기 수중 척추동물 사이에서 어떤 형태의 발성이 시작됐다는 데 동의한다. 아가미로 호흡하는 어류는 가슴지느러미를 치거나, 이빨을 갈거나, 부레를 떠는 등 다양한 방식으로 수중에서 소리를 낸다. 그러나 조직 안에 공기를 집어넣어 진동을 만들어서 소리를 만들지는 않는다. 공기를 호흡하는 척추동물만이 후두를 지녀 공기를 목소리로 바꿀 수 있다.

후두는 공기 흐름을 조절하기 위해 진화한 폐어류의 민물고기에서 시작됐다. 폐어는 입으로 수면의 공기를 삼켜 짧은 관(원시 기관)을 통해 혈관이 있는 공기 구멍(원시 폐)으로 주입했다. 구강과 기관의 교차점에 있는 폐어는 물이나 먹이가 폐로 들어가지 않도록 진화 과정에서 근육 판막을 발달시켰다. 오늘날의 폐어 중 일부는 판막을 닫는 근육만 있으나, 일부는 여닫는 동작도 가능하다. 이는 폐로 향하는 공기 흐름을 근육으로 제어하는 능력이 진화했음을 보여 준다. 수중 척추동물에서 처음 생겨난 이래, 후두는 이후 모든 육상 척추동물의 기관 상단에 자리잡았다.

고대 해양 생물도 분명 소리로 의사소통했겠지만, 육상 환경은 새로운 음향 소통의 가능성을 열었다. 공기라는 매개체 때문만은 아니다. 실제로 소리는 공기보다 물에서 더 빠르고 멀리 퍼진다. 중요한 변화는 소리 생성이 호흡과 체내 공기 흐름이 결합되면서 가능해졌다는 점이다. 폐로 산소를 흡입하기 시작한 척추동물은 목구멍, 혀, 입의 근육을 이용해 공기를 정교하게 조절하며 소리를 낼 수 있게 진화했다.[9]

척추동물이 육지에서 살기 시작하면서 물속에서 호흡하는 데 사용되던 구조 중 다수가 역할을 잃었고 발성을 위한 구조로 변형됐다. 예를 들어, 어류의 아가미를 만드는 인두활은 포유류의 후두(4번, 6번 인두활), 목 근육(4번 인두활), 입술 근육(2번 인두활), 혀(1번, 2번, 3번 인두활)로 발달한다. 초기의 육상 생활을 시작으로, 진화는 목 조직을 둔탁한 호흡의 진동에서 아름답고 다양한 목소리로 전환하는 방향으로 이끌었다. 청각으로 의사소통하는 척추동물 대부분(개구리, 새, 포유류)은 성대와 그 위의 공명 공간을 통해 소리를 낸다. '삑삑', '꽥꽥', '컹컹', '메에' 하는 소리는 모두 목에서 나는 소리다.

모든 육상 척추동물은 호흡을 위한 판막으로서 후두의 본래 기능을 공유하지만, 발성기관으로의 전환은 계통마다 여러 번에 걸쳐 이루어졌을 것이라 추정한다. 초기 개구리, 새, 포유류는 아마 발성을 하지 않았고, 발성 능력은 약 1~2억 년 전 계통별로 독립 진화했을 것이다. 1,800여 종을 분석한 조사에 따르면, 음성 의사소통의 기원은 야행성 생활양식으로의 변화와 관련 있는 경우가 많다. 시각으로 소통할 수 없는 밤에는 소리가 의사소통에 유리했기 때문이다.[10] 이후 여러 계통의 동물, 특히 조류는 낮에도 소리를 내기 시작했다. 현재 전체 육상 척추동물의 약 51퍼센트는 목소리를 내거나 노래를 부르는 것으로 추정된다.

개구리와 두꺼비의 경우 발성과 호흡은 후두 위의 울음주머니와 연결돼 있다. 포유류와 달리 개구리는 횡격막이 없고, 아주 작은 갈비뼈만 있어 이 구조들만 가지고는 공기를 폐로 빨아들일 수 없다. 대신 목 근육으로 입을 벌리고 콧구멍으로 공기를 빨아들여 폐로 넣는다. 폐가 공기로 차면, 공기가 빠져나가며 후두를 통과하고 이때 소리가 난다. 입과 코를 닫은 상태에서 내뿜는 공기가 목구멍을 채우면, 탄력성 높은 울음주머니가 부풀어 오른다.

울음주머니의 탄력성 덕분에 공기는 다시 폐로 밀려 들어가고, 울음에 또 한 번 사용된다. 공기 재사용은 생리학적으로 여러 이점이 있다. 울음주머니의 반동으로 에너지를 아낄 수 있고, 습기를 머금은 공기를 내부에 유지해 수분 손실도 줄일 수 있다. 울음주머니는 소리를 널리 퍼뜨리는 안테나이자 소리를 조절하는 필터 역할을 한다. 일부 개구리 종에서는 부푼 목구멍이 구애 시 음향신호를 강화하는 시각적 신호로도 작용한다. 이에 대해서는 7장에서 구체적으로 다룬다.

동물 음성 소통의 정점은 조류다. 인간은 역사적으로 새의 노랫소리에 매료됐다. 유럽의 클래식 음악에서도 새의 노래는 큰 영감을 줬다.[11] 베토벤 교향곡 6번 2악장은 개울 풍경을 묘사하며, 플루트는 밤꾀꼬리를, 클라리넷은 뻐꾸기를, 오보에는 메추라기를 흉내 낸다. 모리스 라벨Maurice Ravel의 발레곡 〈다프니스와 클로에Daphnis and Chloe〉는 아침을 여는 새들의 합창을 화려하게 묘사한다. 이란 고전 음악에서 밤꾀꼬리(볼볼bolbol)는 "창조물 중 가장 아름다운 목소리"를 지닌 새로 유명하다.[12] 더군다나 이 새는 결코 같은 노래를 부르지 않는다.

밤꾀꼬리는 창의력이 무한한 새로 여겨져, 이란의 모범적인 칼라키앗khalaqiat, 즉 창의적인 즉흥연주를 보인다. 배우는 사람은 라디프radif라는 고도로 구조화된 음악 체계를 익히는 데 수년이 걸리지만, 어느 정도 익숙해진 연주자는 밤꾀꼬리처럼 창의적인 즉흥연주를 구사할 수 있다.

조류는 대부분의 양서류와 포유류보다 훨씬 뛰어난 발성 능력을 지녔다. 새의 뇌에 있는 발성 제어 영역은 복잡한 음절 패턴을 만들고, 새로운 노래를 학습하고, 모방하는 능력을 가능하게 했다. 이러한 능력은 조류의 후두 깊은 곳에서 진화한 새로운 발성기관인 울대의 등장에 있다.[13] 다른 척추동물처럼 새의 후두도 기관 상단에 있으며, 호흡을 조절하는 판막 역할을 한다. 그러나 약 6,500만 년 전, 폐로 갈라지는 기관 하단의 울대가 진화했다. 울대는 발성 기능을 이어받았고, 단 한 번의 진화 과정을 거쳐 모든 새에 울대가 생겼다.

울대와 후두는 여러 구조적 요소를 공유하지만, 울대는 단순히 위치만 다른 후두가 아니라 완전히 새로운 기관이다. 다른 척추동물 가운데 기관 깊은 곳에서 이처럼 대체 발성 기능을 수행하는 구조는 없었기에, 울대는 처음부터 소리 생성만을 위한 기관이었음이 분명하다. 이처럼 울대의 새로운 역할 덕분에 조류의 지저귐은 다른 척추동물의 발성보다 훨씬 더 다양하고 화려하다. 후두는 공기와 음식이 지나는 경로를 나누는 기능도 수행해야 하지만, 울대는 발성만을 위한 기관이라 기능 간 충돌 없이 진화할 수 있었다. 울대는 단순한 관의 교차점에서 시작해 소리를 내는 기관으로 진화했고, 이어 여러 소리를 낼 수 있도록 다양화됐다. 지구는 이처럼 진화한 울대가 만든 멜로디의 축복을 받는다.

조류의 울대는 독창성과 보편성을 동시에 지녀서 왜 새들이 기존의 후두가 아닌 울대를 통해 소리 내는 방식을 선택했는지에 대한 과학자들의 궁금증을 자극했다. 토비아스 리데Tobias Riede와 동료들은 기관 내부의 공기 흐름을 조사했고, 울대가 폐 인근의 교차점에 있을 때 기관 벽에 더 강하고 복잡한 공기 힘이 작용한다는 사실을 발견했다.[14] 따라서 울대가 낮은 곳에 있으면 발성 구조 근처에서 더 다양한 진동이 일어날 수 있고, 이는 곧 더 다양한 소리를 만들 수 있다는 의미다. 또한 연구진이 발성기관을 본뜬 인공 모델에 공기를 불어넣어 관찰한 결과, 후두처럼 기관 상단에 있는 구조보다 울대처럼 기관 하단에 소리 생성 조직이 있는 것이 훨씬 더 효율적이었다. 울대는 호흡할 때마다 소리를 낼 수 있다는 의미다. 이러한 울대의 효율성은 먼 거리에서 소통해야 하는 몸집 작은 동물의 경우 매우 중요할 것이다.

울대가 낮은 위치에 있을 때의 이점은 공기 흐름으로 설명할 수 있다. 하지만 왜 오직 조류만 이러한 진화를 이뤘는지는 명확히 설명하지 못한다. 그 해답은 조류의 긴 목에 있다. 책의 초반부에서 설명했듯, 새는 이족 보행 방식과 상대적으로 가벼운 머리, 특수한 호흡기관과 함께 긴 목을 갖도록 진화했다. 이 길쭉한 목은 울대 위로 공기가 지나가는 긴 통로를 제공한다. 물리학적으로만 봐도 음원에서 뻗어 나온 관이 짧을 때보다 길 때 소리를 더 효율적으로 전달할 수 있다. 목이 짧은 포유류는 성대가 기관 하단에 있더라도 이와 같은 이점을 누리기 어렵다. 예컨대, 인간의 발성기관을 현재 후두보다 약 12센티미터 아래로 이동시켜도 효율은 크게 향상되지 않는다. 하지만 목이 긴 조류는 울대 위치를 재배치하면 발성 효율을 극대화할 수 있다.

대부분의 새는 비행해야 하므로 몸집이 작다. 이로 인해 소리를 낼 때 일부 음향적 특성, 예를 들어 가장 저음을 내는 능력 등은 제한된다. 그러나 몸집이 작기에 속도와 민첩성 등 뛰어난 발성 기술을 발휘할 수 있다. 특히 작은 명금류는 아주 빠르게 다양한 음절로 노래한다. 각 음절의 음높이(지저귐)와 음색(짹짹, 꽥꽥 등)은 빠르게 변하며, 서로 다른 음절을 조합해 복잡한 노래를 만든다. 이 노래는 너무 빨라서 사람의 귀로는 그 구조를 완전히 이해하기 어렵다. 그러나 새들의 노래를 녹음해 느리게 반복해서 들으면, 음높이와 음색, 멜로디, 화성이 복잡한 흐름으로 구성됐음을 알 수 있다.

이러한 복잡성과 정확성은 대부분 중요한 의미를 지닌다. 일부 종의 암컷은 노래에 담긴 시간적 세부 요소에 따라 짝을 선택한다. 미묘한 음향 변화는 친구와 적을 구별하는 데 기준이 되기도 한다. 명금류는 체구가 작아 울대도 작다. 그래서 음색이나 음조를 바꿀 때 근육을 아주 미세하게만 조정해도 된다. 이로 인해 동물계에서 가장 빠르게 수축하는 근육을 가졌다.[15] 작은 새들이 내는 고주파 음에서는 한 음절이 다음 음절을 방해하지 않도록 빠르게 변조된다. 인간을 기준으로 비유하자면, 오케스트라에서 가장 빠르고 복잡한 멜로디는 저음을 내는 튜바나 콘트라베이스가 아니라, 고음을 내는 플루트나 바이올린에서 나온다. 작은 새는 포효하지는 못하지만, 노래하는 매 순간 어마어마한 양의 소리 변화, 즉 정보를 응축해 전달한다.

개구리와 마찬가지로 포유류의 발성도 후두의 진동에서 시작된다. 하지만 포유류는 양서류와 달리, 후두 위에 훨씬 더 복잡하고 물리적으로 유연성이 있는 성도를 지녔다. 이 구조 덕분에 진동을 걸러 내어 공명시킬 수 있다. 포유류의 성도는 모유 수유라는 독특한 행동과 함께 진화했다. 젖을 빠는 데 필요한 움직이는 입술, 살이 많고 민첩하게 움직일 수 있는 혀, 그리고 운동성이 뛰어난 목 근육이 발달했다. 이 구조들은 젖을 빨지 않을 때 다양한 형태로 변형되며, 성도의 음향 특성에도 영향을 준다.

또한 포유류는 고에너지, 온혈성 생활 방식에 맞춰 폐로 들어오는 외부 공기에 습기와 온기를 더하는 복잡한 비강을 지녔다. 이 비강은 소리를 조정하는 중요한 공명 공간으로도 작용한다. 코를 막고 말해 보면, 비강이 목소리에 얼마나 큰 영향을 미치는지 알 수 있다. 인간 외 포유류는 조류처럼 복잡한 노래를 부를 수 없다. 그러나 성도 구조가 정교하게 다듬어졌고, 근육을 섬세하게 통제할 수 있기에 양서류나 파충류에 비해 훨씬 다양한 발성을 낼 수 있다.

영장류 포유류 중 많은 동물은 성도 안에 개구리와 두꺼비를 연상케 하는 공기주머니가 있다. 턱 바로 아래에 공기로 채워진 돌출부가 있어 음성을 걸러내거나 발산할 수 있다.[16] 이 공기주머니의 증폭 능력은 신세계New World(개척 시대의 남북 아메리카를 의미한다.—옮긴이) 열대우림에서 흔히 볼 수 있다. 짖는원숭이는 나무 꼭대기에서 날카로운 울음을 내며, 멀리 떨어진 숲속에서도 이 소리를 들을 수 있다. 이 원숭이는 동물 중에서도 가장 큰 소리를 내는 편에 속한다.[17]

공기주머니의 전체 기능은 아직 명확히 밝혀지지 않았다. 그러나 음성을 증폭하는 동시에 특정 모음의 음향 특성을 흐릿하게 만들어, 뚜렷하게 구별되는 음성 단위의 수를 제한하는 것으로 보인다.[18] 침팬지와 고릴라 같은 유인원에도 공기주머니가 있다. 그러나 한 가지 예외가 있다. 바로 인간이다. 인류 조상은 공기주머니를 잃었고, 이로 인해 낼 수 있는 음성의 영역이 더 이상 확장되지 못했을 것이라 추정한다.

인간 성도의 두 번째 특징은 후두 자체다. 인간은 진화 과정에서 울림막을 잃었다. 40여 종 이상의 영장류를 대상으로 한 조사에 따르면, 인간을 제외한 모든 종은 성도와 연결된 얇은 울림막을 지녔다.[19] 이 울림막은 고음의 강한 발성을 내는 능력을 강화하지만, 동시에 외부로 나가는 음성을 불안정하게 만든다. 인간에게는 이 울림막이 없어, 음향적 혼란을 피해 안정적이고 제어 가능한 소리를 낼 수 있다. 따라서 공기주머니와 울림막이 사라진 것은 인간의 섬세한 발성 능력에 기여했을 가능성이 크다. 인간 발성의 복잡성은 아이러니하게도 목구멍의 해부학적 단순성에서 비롯된 셈이다.

발성과 관련해 인간 성도에서 뚜렷하게 나타나는 세 번째 특징은 하강한 후두다. 지난 수십 년 동안, 후두의 하강은 진화 과정에서 인간 발성의 기반이 됐다는 통설로 여겨졌다. 후두가 내려가면서, 명확한 말소리를 내기 위한 '이중 공명기'가 생겼기 때문이다. 그러나 최근 몇몇 증거는 이 통설에 의문을 제기한다.[20]

첫째, 하강한 후두는 인간에게만 있는 특징이 아니다. 연구자들은 최근 수십 년 간 사슴, 고양이, 코알라 등 여러 동물에서 하강한 후두를 발견했다. 이들 중 독특한 후두 위치로 언어와 유사한 발성을 하는 사례는 없었다. 둘째, 연구자들은 원숭이 성도의 형태를 다시 분석해, 후두가 내려가지 않아도 낼 수 있는 소리의 범위를 측정했다.[21] 마카크원숭이가 씹고, 삼키고, 소리 내는 모습을 X선 영상으로 분석한 결과, 이들의 성도 모양 변화 범위가 인간 언어에서 필요한 거의 모든 소리를 낼 수 있을 만큼 넓다는 사실을 발견했다.

따라서 하강한 후두는 기능적으로는 그리 독특하지 않을 수 있다. 아직 논쟁의 대상이지만, 이러한 논의는 발성의 진화를 성도의 해부학이 아니라, 성도의 신경 제어 능력을 설명하는 방향으로 이끈다. 결정적인 진화적 혁신은 인간 두뇌의 언어 중추에서 비롯됐을 가능성이 크다. 그리고 이 인지능력에서 특히 중요한 요소는, 학습을 통해 발성을 조정할 수 있는 능력이다.[22]

발성 연습

유아는 3살이 되면 거의 모든 말소리를 발음할 수 있고, 200~1,000개의 단어를 만들 수 있다. 정교한 문법에 맞춰 2~3개의 단어를 조합해 말하기도 한다. 그러나 인간의 발성 학습은 영유아기의 언어 발달에만 국한되지 않는다. 인간은 생애 전반에 걸쳐 다양한 발성 기술을 배운다. 새로운 언어의 발음을 익히고, 다른 사람이나 동물의 소리를 흉내 내며, 목소리를 내고 노래하고 흥얼거리고 휘파람 부는 법까지 배운다. 전문 보컬리스트(가수, 배우, 연설가, 경매사, 복화술사 등)는 평생에 걸쳐 발성 기술을 훈련한다. 고도의 운동 기술이 필요한 직업군(운동선수, 무용수, 악기 연주자 등)도 특정 동작을 온전히 자기 것으로 만들 때까지 반복해서 연습한다. 하지만 전문 보컬리스트의 기술은 대부분 목 안에 있다. 목소리를 훈련하려면 정확히 무엇이 필요할까?

목소리는 일종의 소리 서명과 같다. 이상적인 서명이 없듯, 이상적인 목소리도 없다. 그러나 세계 여러 문화권에서는 발성 훈련을 통해 특정 음향적 특성을 얻을 수 있도록 가수들을 훈련시켰다. 전통 유럽 클래식 음악에서는 실용성이 발성 훈련의 주요 목표 중 하나였다. 성악가는 청중이 잘 듣고 이해할 수 있도록 원형극장이나 계단식 극장의 공간 전체에 소리를 퍼뜨려야 했다. 전자 증폭 장비가 없던 시대에 공연자는 가슴과 목, 머리의 공명 공간에서 발생한 진동을 오직 호흡 근육의 힘으로 증폭시켜 공연장을 울려야 했다.

이처럼 풍부한 성량이 요구되던 시기에는 발성 스타일이 제한적이었을 것이다. 반면 오늘날 공연 예술가들은 다양한 발성 스타일을 구사하는데, 이는 현대 음향 기술 덕분이다. 과거의 무대에서는 가냘프거나 걸걸한 목소리는 들리지 않았을 것이며, 들렸다 해도 알아듣기 어려웠을 것이다. 하지만 지금은 마이크와 스피커 덕분에 이런 목소리도 무대에 오를 수 있다.

강하고 명확한 목소리를 내는 데 필요한 기술의 대부분은 가슴과 복부 근육을 통해 호흡을 만들고 조절하는 법을 배움으로써 가능하다. 하지만 이 책에서는 목에서 시작해 머리로 올라가는 호흡을 쫓아가 보려 한다. 클래식 음악계에서 훈련받은 성악가에게 목 근육의 주요 역할 중 하나는 긴장을 풀고 방해 없이 소리를 발산하는 것이다. 긴장을 풀면 목구멍이 열리고, 공명 공간이 넓어지며, 목구멍 벽이 느슨해져 더 큰 폭으로 진동한다. 또한 숨을 내쉴 때의 저항도 줄어든다. 반대로 목 근육이 긴장되면 후두가 자유롭게 움직이지 못하고, 낼 수 있는 음역이 제한된다.

목소리가 목에서 입으로 올라가면 말소리에 큰 영향을 미치는 숙련된 근육을 만난다. 바로 혀다. 사실 혀는 목소리의 조각가다. 혀는 각 음절마다 성도의 형태를 바꾸고, 다양한 음색과 자음을 만든다. 하지만 혀는 노래하는 데 중요한 역할을 하지만, 방해가 되기도 한다.

"혀는 마치 비행 청소년 같아요. 혀는 할 일을 주지 않으면 문제를 일으키죠."23

성악가이자 30년 이상 성악을 가르친 조앤 스캐터굿Joanne Scattergood이 한 말이다. 선명한 모음 소리를 내려면 혀끝은 아래 앞니 뒤에 있어야 하고, 혀는 구강 아래에서 앞으로 나와 공기의 흐름을 방해하지 않아야 한다. 이른바 '하품 자세'에서 모음은 성도 앞쪽에서 형성돼 입으로 쉽게 빠져나올 수 있다. 혀를 뒤로 젖히면, 적어도 영어의 경우 모음 소리가 흐려져 클래식 성악에서는 바람직하지 않다.

음표는 혀에 의해 조각되고 난 즉시 세상으로 나온다. 우리는 흔히 목소리가 입을 통해 나온다고 생각한다. 물론, 입술과 턱이 최종 결과물을 만드는 것은 분명하나. 그러나 발성 훈련의 핵심 기술 중 하나는 얼굴에 있는 추가 공명 공간, 즉 보컬리스트들이 '마스크mask'라고 부르는 공간을 활용하는 것이다. 훈련된 가수는 성도의 근육을 미세하게 조절해 입천장의 특정 부위에 진동을 집중시키고,

그 진동을 부비강을 거쳐 뺨, 코, 이마 쪽으로 확산시킨다.

이러한 '마스크 공명'은 특히 소프라노가 고음을 낼 때 중요하다. 소프라노는 얼굴 바로 위로 뻗은 상상의 기둥에 숨을 집중시키는 장면을 떠올리며 소리를 낸다. 소프라노는 음계를 올릴 때 기둥을 따라 음을 밀어 올리는 상상을 하는데, 이 시각화 기법은 위에 있는 부비강으로 진동을 보내 더 높은 주파수에서 진동하는 데 도움이 된다. 이렇듯 추가적인 공명 공간을 활용하면 소프라노는 성도에 과도한 부담을 주지 않고도 고음을 풍부하게 낼 수 있다.

발성을 훈련하는 학생들이 겪는 어려움 중 하나는 자신이 통제해야 하는 영역의 해부학적 구조를 볼 수 없다는 점이다. 누구나 그렇듯, 이들 역시 자신의 목소리가 청중에게 어떻게 들리는지 듣지 못한다. 목소리를 녹음해 보면 알 수 있지만, 세상에 나온 목소리는 스스로가 듣는 자신의 목소리와 상당한 차이가 있다. 신뢰할 수 있는 시각적 혹은 음향적 피드백 없이, 이들은 결국 '느낌'에 의존해야 한다. 스캐터굿은 말한다.

"학생이 느끼는 목소리가 곧, 모든 사람에게 들리는 방식이죠."

저명한 소프라노 필리스 브린 줄슨Phyllis Bryn-Julson의 지도를 받으며 훈련한 경험을 바탕으로, 스캐터굿은 발성 훈련에서 겪은 결정적인 전환점에 대해 이야기한다. 가장 높고 큰 소리를 내기 위해 애쓰던 시절, 그녀는 발성에서 가장 중요한 요소가 '높이'가 아니라 '길이'라는 사실을 깨달았다. 입을 얼마나 넓게 벌릴 수 있는지가 핵심이었다. 목구멍을 길게 열면 후두에 더 많은 공간이 생기고, 적당히 긴장한 성대가 더 쉽게 늘어나 가장 높은 음을 낼 수 있었다. 이런 조정 덕분에 그녀의 목소리는 더 편안하게 느껴졌다. 적은 힘으로 더 풍성한 소리를 낼 수 있었다. 이제 그녀는 학생들에게 이렇게 강조한다.

"더 선명한 소리를 내고 싶다면, 먼저 쉽게 소리를 낼 수 있어야 해요."

가수의 실력은 흔히 특정 음을 얼마나 쉽고 정확하게 낼 수 있는지와 그 음의 크기로 평가된다. 그러나 이런 기준들은 대개 노래의 감정적 영향력이라는 핵심 요소에 비하면 부차적인 것에 불과하다. 존 콜라핀토John Colapinto는 《보이스This Is The Voice》에서 부정확성과 불안정성이 노래하는 목소리에 어떤 정서적 영향을 미치는지 설명한다.[24] 그는 노래에 내재한 정서적 힘의 음향적 근거를 조사한 초기 연구 중 일부를 시간순으로 살핀다.

1920년대, 칼 시쇼어Carl Seashore와 밀턴 멧페슬Milton Metfessel은 조지아주, 테네시주, 노스캐롤라이나주의 흑인들이 부르는 영가(미국의 흑인들이 부르는 일종의 종교적인 성가.—옮긴이)를 음향학적으로 분석했다. 이들은 슬픔을 전달하는 특정 음정의 꺾임과 비탄을 암시하는 발성 특성을 분류했다. 그들이 발견한 가장 두드러진 특징은 소리의 '부정확성'이었다.[25] 가수는 의도적으로 음정을 살짝 벗어나거나, 박자를 조금 빠르거나 늦게 불렀다. 이는 단순한 실수가 아니라, 음악에 정서적 깊이와 예술성을 부여하는 수단이었다. 그들은 이후 고도로 숙련된 클래식 성악가의 노래에서도 비슷한 음악적 '불완전성'을 발견했다. 즉, 대중음악과 클래식 음악 모두에서 진정한 재능은 청중의 예상을 '살짝' 벗어나 감정을 끌어내는 기술에서 비롯된다.

노래의 감정을 증폭하는 또 다른 발성 기술은 의도적인 불안정성, 즉 비브라토vibrato다. 긴 음을 강조하고 고조하기 위해, 가수는 고음과 저음 사이에서 빠르게 떠는 비브라토를 자주 사용한다. 오페라 가수의 경우, 비브라토가 있는 목소리는 없는 목소리보다 감정 표현이 더 풍부하다고 인식된다.[26] 비브라토는 한 감정에만 국한되지 않는다. 비애부터 두려움, 흥분에 이르기까지 다양한 감정을 강화하는 만능의 표현 기법이다.[27] 비브라토는 기도, 후두, 성도에 있는 근육을 빠르게 진동시키면서 발생한다. 이 떨림은 불안정하지만, 무작위 떨림은 아니다. 클래식 음악, 대중음악, 컨트리음악 등 다양한 음악 장르에서 비브라토는 반음 범위 내 2~5헤르츠 대역에서 일정하게 흔들린다. 이는 피아노 건반에서 백건과 바로 다음 흑건 사이의 음 차이다. 이는 단순한 우연이 아니다. 이와 같은 진동은 인간의 가장 자발적인 감정 표현인 웃음과 울음에서도 공통적으로 나타난다.

인간과 동물의 목소리 차이

뛰어난 보컬리스트는 수년간의 연습을 통해 우리를 다양한 감정의 영역으로 이끈다. 블루스 가수는 우리를 깊은 곳으로, 오페라 소프라노는 우리를 높은 곳으로 이끈다. 그러나 발성에 잠재력이 내재돼 있어도 인간 목소리는 성도의 물리적 특성 때문에 본질적인 한계를 지닌다. 인간은 낮고 높으며, 크고 빠른 소리만 낼 수 있다. 반면, 1억 년이 넘는 진화를 거쳐 동물의 목소리는 거의 무한대로 다양해졌다. 인간 발성은 지구에서 가장 유용하고 풍부한 정보를 담는 음향 소통 체계일 수 있지만, 인간이 낼 수 있는 소리는 동물 세계의 극히 일부에 불과하다. 동물이 왁자지껄 내는 소리를 해독하는 일이 늘 쉬운 건 아니지만, 그 장엄함은 의심할 여지가 없다.

소리 스펙트럼의 저음 영역에서 인간이 낼 수 있는 가장 낮은 소리는 남성의 경우 약 100헤르츠, 여성은 그보다 한 옥타브 높은 약 200헤르츠다(참고로 피아노 건반에서 가장 낮은 소리는 30헤르츠다). 이론적으로 인간이 지금보다 더 낮은 음을 낼 수 있다면 큰 이점이 있다. 저음은 고음보다 공기 중에서 훨씬 효과적으로 전달되며, 방해 없이 목소리를 아주 먼 거리까지 전달할 수 있다. 그러나 인간의 발성 시스템은 성도 크기의 한계 때문에 목소리를 일정 수준 이하로 낮출 수 없다.

팀 스톰스Tim Storms는 인간 발성 시스템을 넘은 예외적인 인물이다. 그는 세계 곳곳에서 공연하며 베이스 음역대를 노래한다. 8살 때부터 저음을 부르기 시작했으며, 교회 성가대의 노래를 들으며 자신이 매우 낮은 음역대와 잘 맞는다는 사실을 깨달았다. 성인이 된 그의 목소리는 더 깊어졌고, 피아노가 내는 가장 낮은 소리보다 두 옥타브 더 낮은 음까지 낼 수 있었다. 이는 인간 청력의 범위(20헤르츠 이상)를 벗어난 저음이다. 예를 들어 그가 부른 '어메이징 그레이스Amazing Grace'에서는 일부 소리가 마치 그르렁대는 듯

들린다. 기독교 아카펠라 그룹의 공연 후, 청중석에 있던 한 이비인후과 의사가 그에게 다가와 말했다.

"성대를 한번 보고 싶은데, 제 병원으로 오실 수 있나요?"

그는 흔쾌히 수락했고, 내시경으로 후두를 살펴본 결과 그의 성대는 일반인보다 거의 2배 길었다.[28] 발성기관 기형은 불과 몇 센티미터 차이만으로도 놀라운 차이를 만든다.

스톰스 같은 예외적 사례도 있지만, 발성 깊이는 인간을 포함한 척추동물의 경우 체구와 밀접한 관련이 있다(그의 체격은 특별히 크지 않다). 몸집이 큰 동물일수록 일반적으로 성대가 더 길고, 그만큼 더 낮은 주파수로 진동한다. 이 관계는 직관적으로 이해할 수 있다. 큰 개는 '컹컹' 짖고, 작은 개는 '깨갱깨갱' 짖는다. 그러나 그르렁대는 고양이는 이 규칙이 적용되지 않는다. 고양이는 자신보다 훨씬 큰 인간이 말할 때보다 더 낮은 소리를 낼 수 있다. 고양이는 '야옹' 하고 울 때와는 완전히 다른 방식으로 그르렁 소리를 낸다.[29] 고양이는 숨을 내쉬며 성대를 진동시키지 않고, 후두를 진동시키는 근육을 빠르게 수축해서 약 25헤르츠 수준의 작은 소리를 만든다.

육상 척추동물 중 가장 큰 동물인 코끼리의 목소리는 너무 낮아 과학자들도 아직 원리를 완전히 파악하지 못했다. 코끼리는 우리에게 익숙한 크고 우렁찬 나팔 소리 외에도, 인간과 대부분의 동물도 들을 수 없는 초저주파수(1~20헤르츠) 소리를 낸다. 코끼리는 이 깊고 낮은 웅웅거리는 소리로 최대 10킬로미터 떨어진 곳에 있는 잃어버린 새끼나 영토 경쟁 상대와도 소통할 수 있다.

코끼리의 이른바 초저주파 발성은 1980년대 연구자들에 의해 처음 발견됐지만, 이후 30년 동안 그 원리는 밝혀지지 않았다. 2012년, 베를린 동물원에서 코끼리 한 마리가 자연사했을 때, 연구자들은 이 코끼리의 후두를 떼어 내 실험실에서 '인공 폐'에 연결했다.[30] 인공 폐는 코끼리의 자연 호흡과 유사한 공기 흐름을 만들었고, 연구자들은 성대를 촬영하며 그 소리를 녹음했다.

연구 결과, 살아 있는 코끼리가 내는 저음과 유사한 소리가 잘린 후두에서 나왔다. 이로써 코끼리의 깊은 울림소리는 뇌나 특수한 원리가 필요 없다는 사실이 밝혀졌다. 거대한 몸집 덕분에 코끼리는 후두가 크고, 따라서 성대도 길다. 이 구조가 초저주파의 울림을 가능하게 한다.

* * *

말을 통해 의사소통할 때 우리는 단어의 의미를 의식적으로 해석하고, 동시에 무의식적으로는 화자의 목소리를 통해 비언어적인 정보를 파악한다. 목소리의 음조로 감정 상태를 추정하거나, 음색으로 나이를 짐작하기도 한다. 목소리만 듣고도 상대의 체격을 추측할 수도 있다. 전화 통화만으로도 상대방의 키를 유추하는 일이 가능하고, 선천적으로 앞을 볼 수 없어 타인의 체구를 본 적 없는 사람도 목소리만 듣고 상대방의 몸집을 추측할 수 있다. 보통 목소리가 깊을수록 몸집이 크지만, 이 규칙에서 벗어나는 사람도 있다. 생물음향학 연구자들은 체격을 판단하는 데 있어 음조보다 더 복잡한 음성 지표(주파수 분포)가 도움이 된다는 사실을 발견했다.[31]

평균적으로 몸집이 작은 사람은 성도가 짧다. 물리학 관점으로 보면, 짧은 파이프에서 소리가 진동할 때는 다양한 주파수가 넓게 퍼진다(200, 1,000, 2,000헤르츠). 반대로 성도가 길면 주파수는 더 좁은 범위로 압축된다(200, 400, 600헤르츠). 이처럼 주파수 분포를 분석하면 화자의 신체 크기를 추정할 수 있다. 주파수 분포가 좁을수록 몸집이 크고, 넓을수록 작다.

사람들은 이런 음향적 단서를 무의식중에 인식한다. 체구가 큰 사람의 목소리를 흉내 내라는 요청을 받은 보컬리스트는 주파수 분포를 좁혀 목소리를 낮춘다. 그러나 듣는 사람은 흉내 낸 목소리라는 것을 곧 알아챈다. 우리는 목소리를 이용해 신체 크기를 '속여서' 표현하는 데 그리 능숙하지 않다.[32]

그러나 어떤 새들은 매일같이 거짓말한다. 이 새들은 소리로 자신의 체구를 속인다. 모방이 아닌 해부학적 적응을 통해, 실제보다 훨씬 더 큰 소리를 낼 수 있는 구조를 지녔다. 이 새들의 기관은 폐와 울대에서 솟아오른 뒤 후두 근처에서 나선형으로 굽은 후 목을 따라 입으로 올라간다. 이러한 연장된 기관 구조는 드문 일이 아니다. 13세기 프리드리히 2세가 검은목두루미black-necked crane를 처음 묘사한 이래, 다양한 조류에서 약 60종 이상이 이 구조를 지닌 것으로 기록됐다. 이는 조류의 진화 과정에서 여러 차례 독립적으로 발생한 것으로 보인다.[33]

가장 극단적인 사례는 새들의 천국, 뉴기니섬에 있는 트럼펫 매뉴코드trumpet manucode라는 새다. 이 새의 기관은 몸 안에서 다섯 바퀴를 완전히 돌고 난 다음 목을 타고 올라간다. 닭처럼 땅에 사는 새는 기관 고리를 가슴살 피부 바로 아래에 지닌다. 그러나 두루미나 백조처럼 몸집이 큰 새는 기관이 복장뼈를 관통해 안에서 나선형으로 감긴다. 미국흰두루미whooping crane의 기관을 직선으로 펴면 그 길이는 최대 1.5미터에 달하며, 일부 종은 몸 전체보다 기관이 더 길다.

이처럼 기관이 연장된 새는 큰 울음소리를 낸다. 과학자들은 오랫동안 이 구조가 발성의 음높이나 음량을 조절하거나, 혹은 2가지 기능을 모두 수행해 울음 범위를 넓히는 데 도움이 된다고 추정했다. 실제로 이들 중 일부는 놀라운 울음 능력을 지닌다. 이는 일견 타당해 보인다. 가장 긴 관을 지닌 관악기(튜바, 바리톤 색소폰 등)가 가장 낮고 깊은 소리를 내기 때문이다. 또한, 일부 새들은 몸속의 빈 공간(복장뼈나 공기주머니)을 울림판처럼 활용할 수 있다. 이는 바이올린이나 기타의 텅 빈 몸체가 소리를 증폭시키는 방식과 유사하다. 그러나 테쿰세 피치Tecumseh Fitch는 이 현상을 정밀하게 분석한 결과, 기관 연장의 주요 기능은 음높이나 음량 조절이 아니라 완벽한 '속임수'라고 결론 내렸다. 그는 이를 크기 부풀리기 가설size exaggeration hypothesis이라 불렀다.

피치는 조류에서 기관 길이와 울음소리의 음높이 사이에 뚜렷한 상관관계가 없다는 사실을 입증했다. 기관이 긴 새가 낮은 울음을 내는 경우가 많지만, 이는 긴 기관 때문이 아니라 큰 울대의 울대 주름이 길어 첼로의 긴 현처럼 진동하기 때문이다. 즉, 이들의 저음은 긴 기관이 아니라 울대 크기에서 비롯된다. 또한 그는 빈 뼈와 공기 공간의 울림판 효과가 그 위를 덮는 근육과 피부 때문에 대부분 사

〈그림 13〉 조류에서 관찰된 기관 연장. (a) 볏뿔닭, (b) 노랑부리저어새, (c) 휘파람고니, (d) 트럼펫 매뉴코드. 그림: 테쿰세 피치, 1999년.

라진다고 했다. 소리를 증폭하려면 울림이 방해받지 않고 몸 밖으로 빠져나가야 한다.

 피치는 음향학 이론과 새 울음소리 녹음 자료를 토대로, 긴 기관의 가장 큰 특징은 음높이나 크기가 아니라 울음소리 주파수 분포를 강화하는 능력이라고 주장했다. 기관이 긴 종은 더 좁은 주파수 범위의 울음을 낸다. 그는 새도 인간처럼 주파수 분포를 기반으로 몸집을 추정하며, 분포가 좁을수록 더 크게 인식한다고 봤다. 더불어 특정 조류 종은 영역 경쟁에서 자신을 실제보다 크게 보이게 하기 위해 기관이 길어지도록 진화했다고 믿었다. 그는 어떠한 종 안에서 성별에 따른 기관 길이의 차이가 영역 방어에서의 성별에 따른 역할 차이와 일치한다고 말하며, 구애 활동보다는 영역을 두고 벌어진다고 봤다. 즉, 수컷이 보초를 서는 종의 경우 긴 기관은 수컷에만 있다. 암컷이 영역을 지키는 종의 경우 암컷에만 긴 기관이 있으며, 암컷과 수컷 모두 영역을 지키는 종의 경우 모두 긴 기관을 지닌다.

기관이 긴 종은 주로 울창한 열대우림이나 키 큰 풀이 많은 습지처럼 시야가 제한된 서식지에서 산다. 기관 연장은 실제 몸집을 확인하기 어려운 상황에서 경쟁자를 속여 더 커 보이게 하는 전략이 된다. 보이지 않는 새가 울음으로 가슴을 부풀리는 셈이다.

* * *

경쟁을 피하려고 많은 종이 영역을 지키거나 최소한의 서식 범위를 유지한다. 이는 대개 서로 멀리 떨어졌다는 뜻이다. 일부, 심지어 몸집이 작은 동물도 수백에서 수천 미터 떨어진 동족에 울음소리를 전한다. 이를 통해 멀리 있는 짝을 끌어당기거나 경쟁자를 쫓아내고, 들을 수 있는 누구에게든 자신의 영역을 알린다. 동물들은 이렇게 하루의 많은 시간을 소리를 지르며 보낸다. 이들의 소리는 인간보다 훨씬 크다.[34]

새와 포유류가 장거리 의사소통을 위해 목소리를 어떻게 특수화했는지 파악하기 위해 잉고 티체Ingo Titze와 아닐 팔라파르티Anil Palaparthi는 소리 전파의 물리 원리와 성도 해부 구조를 결합한 모델을 만들었다.[35] 그들은 장거리 의사소통하는 동물들이 보통 높은 주파수(인간은 100~300헤르츠, 동물은 1,000~5,000헤르츠)에 에너지를 집중한다는 점을 확인했다. 높은 주파수일수록 성도 벽에 흡수되는 비율이 낮다. 또한 대부분 동물은 입이 상대적으로 크고, 소리를 낼 때 입을 크게 벌린다. 예를 들어 가장 큰 소리를 내는 것으로 기록된 흰방울새white bellbird는 체구가 인간의 600분의 1에 불과하지만, 울음소리를 낼 때는 인간보다 훨씬 더 크게 입을 벌린다.[36]

인간도 멀리 소리칠 때 고음을 내고, 입을 크게 벌린다. 그러나 많은 조류와 포유류는 인간이 쓰기 어려운 세 번째 기술을 쓴다. 이들은 머리를 어깨 쪽으로 집어넣어 몸 전체를 칸막이처럼 써서 소리를 전방으로 보낸다. 스피커 상자가 소리를 증폭하고 전향하는 원리와 비슷하다. 3가지 발성 전략을 통합하면 장거리 소통을 하는 동물들은 거의 100퍼센트 효율로 날숨의 힘을 발성으로 변환한다.

반면 인간을 포함한 사회적 동물은 서로 가까이에서 시간을 보내며 목소리를 크게 낼 일이 적다. 가까이서는 강조하거나("아이스크림 **너무 좋아!**") 사생활 보호를 위해("**헉** 너 뺨에 아이스크림 묻었다") 목소리 크기를 조절한다. 때로는 멀리서 소리 지르거나 건물 전체가 울릴 정도로 고함치긴 해도, 본질적으로 인간의 목소리는 표현력은 뛰어나지만 효율은 낮다.

인간 성도, 즉 목구멍, 입, 입술은 다양한 음소를 만들도록 발달해, 주로 저주파수 대역에서 최고의 명료도를 낸다. 하지만 구조상 음향 에너지 상당 부분이 소멸되거나 흡수된다. 특히 상대적으로 작은 입 크기가 에너지 대부분을 목구멍으로 반사하기 때문이다. 더 높은 주파수로 말하면 효율이 올라가지만, 자모음 구분과 미묘한 질감을 표현하는 능력 일부를 잃는다. 결과적으로 인간의 자연스러운 목소리는 명료성은 뛰어나지만 장거리 전파 효율은 낮다. 일부 조류, 포유류와는 정반대로 인간은 날숨을 목소리로 바꾸는 효율이 10퍼센트에도 못 미친다.

* * *

대부분의 부모는 인간이 큰 소리를 낼 수 없다는 주장에 동의하지 않는다. 아기 울음소리의 위력을 알기 때문이다. 아기는 태어나자마자 울음으로 세상에 나왔음을 알린다. 사람들은 보통 아기의 울음소리를 들으면 놀라거나 걱정한다. 그러나 테네시 윌리엄스Tennessee Williams의 희곡 〈뜨거운 양철지붕 위의 고양이Cat on a Hot Tin Roof〉의 매기 폴릿Maggie Pollitt에게 아기 울음소리는 너그러움을 불러오지 않는다. '고양이 매기Maggie the Cat'라고 불리는 그녀는 결혼했지만 아이는 없고, 어린 조카를 몹시 싫어한다. 그녀는 그 경멸을 아이들의 목에 투사한다.[37]

"목이 없는 괴물 중 한 마리가 내 아리따운 레이스 원피스를 엉망으로 만들어서 옷을 갈아입어야 했어! 확실히 목이 없었어. 안 보였으니까. 쪼그만 머리들이 퉁퉁하고 깡똥한 몸뚱아리에 붙었는데, 둘을 잇는 부분이 없었다니까. 안타까운 일이지. 목이 없으니까 비틀어 버릴 구석도 없고. 정말, 개들은 괴물이야. 소리 지르는 거 들려? 목도 없는데 대체 어디에서 소리가 나는 건지 모르겠네."

우리에게는 모두 어느 정도 매기와 같은 면이 있다. 아기 비명은 사람을 미치게 하는 힘이 있다. 음향학적으로 아기 울음의 힘은 무질서에서 나온다.³⁸ 말소리는 대개 여러 주파수가 질서 있게 모인 집합이다. 각 주파수는 뚜렷하고, 그중 가장 낮은 주파수가 주요 주파수가 된다. 이 소리가 귀에 닿으면 그 주파수에 해당하는 내이 영역이 활성화되고, 다른 주파수 영역도 그에 맞게 반응한다.

반대로 아기 울음은 임의 주파수가 뒤섞인 폭발적이고 무질서한 신호라서 달팽이관의 여러 영역을 동시에 강하게 자극한다. 이런 울음은 특이한 발성기관에서 비롯된다. 아기들의 성대 안쪽은 끈보다는 젤에 가깝고, 성대가 맞닿는 지점이 성인보다 훨씬 덜 발달됐다. 따라서 강한 날숨이 성대를 자극하면 진동이 불규칙해져서 거친 울음이 나온다. 또한 아기 성대는 성인보다 훨씬 더 짧아 전체적으로 더 높은 주파수(500헤르츠 이상, 성인은 100~200헤르츠)로 진동한다. 짧고 헐렁한 아기 성대는 익숙하지만 다소 거슬리는 높은음의 울음소리를 만든다.

헐렁한 성대가 강력한 발성을 만드는 또 다른 동물이 있다. 바로 사자다. 도움을 필요로 하는 아기와 사나운 사자는 많은 면에서 다르지만, 목으로 큰 관심을 끈다는 점은 같다. 아기와 마찬가지로 사자 성대는 폭넓은 주파수로 무질서하게 진동해 강렬한 소리를 낸다. 성대가 맞닿는 가장자리는 지방층으로 이루어져, 팽팽한 끈처럼 깔끔한 진동이 아닌 거친 진동을 만든다.

가장 큰 차이는 음조와 성량이다. 사자 성대는 아기보다 약 10배 길어 더 낮은 주파수(약 50헤르츠)에서 포효한다. 잔디 깎는 기계보다 약 25배 큰 사자의 포효는 성대의 섬세한 모양 덕분이다. 사자 성대는 평평하고 각진 가장자리가 맞붙어 진동하며, 이런 구조는 고진폭 파동을 만드는 데 필요한 에너지를 줄인다. 그래서 가슴에서 엄청난 압력을 만들지 않고도 엄청나게 큰 소리를 낸다. 아기는 건넛방의 부모를 부르고, 사자는 사바나 반대편까지 자신의 존재를 알린다.

* * *

시 낭독이나 성악가 독창은 우리에게 다양한 감정을 불러일으키고 때로는 눈물짓게 한다. 그리고 여러 목소리의 상호작용에서도 큰 감동을 받는다. 여러 시기와 지역에서 인간은 듀엣부터 합창까지 다양한 다성 형식을 발전시켰다. 예외적으로, 어떤 문화권에서는 한 사람이 동시에 두 목소리를 낸다. 몽골의 투바인, 티베트의 승려, 캐나다의 이누이트족, 이탈리아 사르데냐의 칸토 아 테노레canto a tenore(사르데냐 지역의 전통 음악으로, 4명의 남성이 부르는 다성 음악이다.―옮긴이) 가수에게서 보이는 배음 창법(복합음 창법)은 보통 일정하게 낮은 울림음 위로 고음 선율이 흐르는 듯 들린다.[39] 투바인 가수들은 어려서부터 성도 모양을 바꾸고, 호흡 조절하는 법을 배우며 긴 수련 과정을 거쳐 창법을 연마한다.

하나의 목구멍으로 다성 음을 내는 원리를 확인하려고 캐나다와 미국의 연구진은 투바인 그룹 '훈 후르 투Huun Huur Tu' 멤버 3명을 연구했다.[40] 그들이 흐미Khoomei라는 배음 창법으로 노래하는 동안 자기공명영상MRI으로 성도를 촬영해 발성 원리를 시각화했다. 분석 결과, 저음은 일반 가수와 비슷하지만 휘파람 같은 고음은 완전히 다른 방식으로 만든다는 사실을 발견했다. 그들은 성도를 자유롭게 조절해 고음역의 여러 배음 에너지를 한 음으로 합칠 수 있다. 덕분에 가장 높은 배음을 선별적으로 여과해 좁은 주파수 범위(1,000~2,000헤르츠)에 에너지를 집중시키고 휘파람 같은 고음을 낸다. 이 독특한 두 음색을 내기 위해 그들은 성도를 두 지점에서 수축한다. 하나는 혀를 이용해 성도의 위쪽을 막고, 다른 하나는 목 깊은 곳을 조인다. 이렇게 그들과 그 외 몇몇 문화권의 가수는 목구멍을 비트는 방법을 배워 사람 한 명이 하나의 목소리만 낸다는 보편적 한계를 넘어선다.

인간의 경우 몇몇 사람만이 다성 음 내는 법을 배웠지만, 동물 세계에는 한 목구멍으로 두 음을 내는 종이 많다. 어떤 종은 심지어 '내적 듀엣internal duetting'을 부른다. 어떤 새는 울대가 양 기관지까지 내려가고, 좌우 울대 가지는 독립적으로 신경이 조절되며 다른 소리를 낸다. 인간으로 치면 한 가수가 알토와 테너를 동시에 부르는 셈이다. 보통 오른쪽 울대가 고음을, 왼쪽 울대가 저음을 낸다.

어떤 종은 좌우가 동시에 화음을 내고(다성음악), 어떤 종은 좌우가 번갈아 음이나 음절을 낸다(응답가). 예를 들어 갈색 개똥지빠귀의 노래에서 한 소절은 4음절이다.[41] 첫 음절은 좌우가 약간 다른 음을 동시에 내며 짧게 화음을 만든다. 그다음에는 서로 다른 3개의 음이 번갈아 나온다. 우측 울대가 음을 높이고 좌측 울대가 음을 낮춘다. 그리고 마지막으로 우측 울대가 중간 음을 낸다. 이어지는 두 음절은 각각 오른쪽과 왼쪽이 순차적으로 만든 서로 다른 음으로 구성된다. 이렇게 두 목소리가 주고받는 응답가가 형성된다. 마지막 음은 서로 다른 음을 지닌 3개의 음이 동시에 섞인다. 이 모든 일이 1.5초 안에 일어난다. 아침 내내 노래하는 개똥지빠귀를 떠올려 보라.

이런 '내적 듀엣'은 단순한 곡예가 아니다. 복잡한 두 부분으로 이루어진 화음은 실제 짝짓기에 영향을 준다. 암컷 카나리아는 넓은 음역에서 여러 음으로 된 음절을 빠르게 반복할 수 있는 수컷과 짝짓기를 원한다.⁴² 이렇게 '성적 매력이 있는 음절'에서는 음이 빠르게 (초당 15음 이상) 변하고, 거의 두 옥타브를 휩쓴다(약 7,500헤르츠에서 2,000헤르츠로). 단 몇 음절만으로도 카나리아는 최고 수준의 인간 가수를 압도한다.

이를 위해 카나리아는 아주 짧은 간격으로 양쪽 울대를 번갈아 쓴다. 오른쪽이 고음으로 시작해 첫 옥타브를 훑고, 곧바로 왼쪽이 이어받아 다음 옥타브로 내려온다. 이 과정이 몇 초 동안 약 30회 반복된다. 좌우 울대는 뇌의 서로 다른 영역이 제어하므로, 이 노래에는 뇌 양반구의 정밀한 협응력bilateral coordination이 필요하다. 암컷 카나리아는 이러한 발성 민첩성에서 매력을 느낀다. 실제로 연구자들은 암컷 카나리아가 속도나 음높이 같은 단일 요소보다 노래에 드러나는 양측 협응력을 높이 평가한다고 가정했다. 즉, 하나의 목으로 여러 목소리가 상호작용하는 듀엣 기술이 가장 매력적이라고 판단한다.

* * *

아무도 인간 내면에서 생각과 감정이 어떻게 시작되는지 알지 못한다. 그 기원은 오래도록 수수께끼로 남을 것이다. 그러나 일단 생각과 감정이 시작되면 우리는 그 추상적인 개념을 음향적 표현, 곧 단어와 노래로 바꿔 서로의 마음 간격을 좁힌다. 인간의 뇌는 정교한 전기신호 패턴을 가슴·목·얼굴 근육 수십 개로 보내고, 유연한 발성기관의 형태를 잡아 숨을 불어넣는다. 육체를 통해 숨을 의미로 바꾸는 연금술이 일어난다. 추상이 물성으로 바뀐다. 인간의 목이 보여 주는 진정한 경이로움 중 하나다.

최초의 단어가 태어나기 수억 년 전, 육상동물은 호흡의 부산물인 숨소리를 재잘거림과 노래로 쓰기 시작했다. 음향신호는 넓은 공간과 복잡한 환경을 가로질러 멀리 퍼진다. 밤낮 가리지 않고 효과적이며, 순식간에 소리가 나왔다가 곧 사라진다. 동물은 이런 장점을 여러 방식으로 활용했다. 초기 육상 척추동물의 후두는 본래 폐를 보호하기 위해 생겼지만, 나중에 진동 기관으로 기능하며 표현 가능성을 크게 넓혔다. 동물은 초저주파부터 초음파까지 스펙트럼을 확장했고, 성도에 새로운 공명 공간을 더하거나 아예 새로운 발성기관을 발달시켰다. 성도의 크기를 바꾸고 근육을 다르게 조절해 가능한 변수를 조합하며 목소리를 끝없이 바꿨다. 가수 톰 웨이츠Tom Waits는 이렇게 말했다.

"노래란 공기랑 노는 재미있는 장난 같은 것이지."

자연은 끝없는 창의력으로 놀라울 만큼 다양한 음성기관을 활용해

'재미있는 일'을 더 정교하게 다듬었다. 인간을 겸허하게 만드는 장대한 합창은 인간보다 훨씬 먼저 시작됐고, 지금도 우리 곁에 있다.

7장

구애와 매력:
목으로 하는 성적 소통

흑백조가 몸을 파도 모양으로 흔들며 머리를 안정적으로 유지한 채 긴 목을 곧게 뻗어 호수를 향해 날아간다. 착지 후 고개를 돌려 날개를 치장하고, 머리를 물속 깊이 넣어 호수 바닥의 수초를 먹는다. 물에서 첨벙거리다 고개를 높이 들어 주변을 살피고는 호숫가로 뒤뚱걸어 올라와 목을 뒤틀어 등에 얹고 휴식을 취한다. 이 짧은 연속 동작 속에서 백조의 목은 감각을 느끼고, 치장하고, 먹고, 쉬는 등 다양한 기능을 수행한다. 그러나 이 백조가 호수에 온 목적은 사회적 행위인 짝짓기다. 그리고 목(근처 백조의 목 포함)은 짝짓기라는 사교 드라마에서 더욱 다양한 움직임과 발성을 보여 줄 것이다.

 짝을 찾기 위해 백조는 다시 호수를 건넌다. 그러나 그곳의 다른 백조는 큰 소리로 쉭쉭대거나 깃털을 세우고 머리를 숙여 위협한다. 백조는 마침내 짝을 찾는다. 두 백조는 리듬에 맞춰 움직이며 끙끙거리는 소리를 내고 콧김을 내뿜으며 서로를 소개한다. 그리고 길고 유연한 목으로 느리고 우아한 의례적인 춤을 추기 시작한다.

서로 마주 보고 고개를 숙이거나 양옆으로 돌리고, 가끔은 목을 쭉 뻗거나 서로의 가슴에 비빈다. 둘은 동시에 머리를 물에 담그고 흔들다가, 목이 얽힌 채로 혹은 목 깃털을 부풀린 채로 천천히 들어 올린다. 여러 감각이 섞인 이 행위에서 확신을 얻으면 둘은 짝짓기를 하고 평생 함께 지낸다. 이런 행위는 몸길이의 절반에 가까운 백조의 목을 통해 이루어진다.

★ ★ ★

생물학자들은 목을 비롯해 과장된 신체 부위를 설명할 때 진화의 두 과정, 자연선택(차등 생존)과 성선택(차등 번식)에서 원인을 찾는다. 이 두 진화론적 힘의 논리는 간단하다. 자연선택에서 포식자와 질병을 피하고 식량과 산소를 확보하는 데 유리한 목을 가진 동물은 생존 확률이 높아지며, 그 특징을 자손에게 물려줄 가능성도 높아진다. 그리고 성선택에서 건강한 짝을 얻는 데 유리한 목을 가진 동물은 건강한 새끼를 더 많이 낳고, 그 목의 특징을 더 많이 남긴다. 두 힘이 세대를 거듭하며 작용하면 목은 다양한 형태로 과장된다. 길거나 짧고, 유연하거나 뻣뻣하며, 소리를 내거나 내지 않고, 화려하거나 단조로울 수 있다.

두 힘의 이론은 단순해 보이지만, 실제로 동물에서 작용하는 방식은 복잡하다. 자연선택과 성선택은 다양한 요인에 의해 영향을 받으며 서로 작용을 주고받는다. 예를 들어 노래나 목장식을 이용해 짝을 유혹하는 동물은 포식자에 더 많이 노출될 수 있어, 두 힘이 충돌

한다. 어떤 목장식은 짝을 유혹할 수 있지만, 다른 짝을 쫓아낼 수도 있다. 따라서 최고의 목 디자인은 없다. 소리로 짝을 유혹하는 동물은 목에 시각적으로 눈에 띄는 변화를 만들 수 있지만, 어떤 특징을 선택해야 할지는 불분명하다. 이번 장에서는 복잡한 상호작용과 그로 인해 나타난 다양한 목 형태를 살펴본다.

목은 생존에 필수적인 기능(먹이 찾기, 섭취, 호흡, 포식자 탐지 등)에 쓰이므로 자연선택의 대상이 된다. 또 성적 신호와 번식에 활용되므로 성선택의 대상이 되기도 한다. 목을 이용한 성적 신호 중 가장 익숙한 예는 해 질 녘과 새벽녘에 새와 개구리가 합창하는 짝짓기 소리다. 그러나 목으로 잠재적 짝의 시선을 끄는 방식은 소리만이 아니다. 목이 시각적으로 화려한 경우도 많다. 칠면조나 일부 가금류 수컷의 부리 아래에는 늘어진 화려한 피부가 있고, 많은 도마뱀 수컷은 번식기에 목에 선명한 무늬를 드러낸다. 보통 이런 신호는 수컷이 암컷을 유혹하기 위해 나타내지만, 일부 종에서는 수컷이 암컷의 목 색깔을 보고 짝을 고르기도 한다. 가장 화려한 목장식이나 짝짓기 소리를 가진 개체는 매력적인 그 목을 새끼를 낳아 후대에 전한다.

목에는 공기를 전달하는 기도가 있어 청각적 구애에 유리하다. 반면 목장식을 통한 시각적 구애가 활발한 이유는 명확하지 않다. 한 가지 이유는 목이 머리와 가까워서다. 동물은 서로의 머리에 관심을 기울이는데, 눈에서 나오는 시선은 관심을 드러내고 더 중요한 건 관심을 되돌려줄 수 있기 때문이다. 게다가 많은 동물은 고개를 들어 주변을 살피므로 머리가 특히 눈에 띈다. 목의 뛰어난 움직임은 머리를 더 돋보이게 한다. 움직이는 대상은 정지한 대상보다 감지가 쉽기 때문이다. 따라서 의사소통할 때 잘 보이는 위치에 있다는 점이 성적 장식이 발달한 이유 중 하나일 수 있다. 대부분의 장식은 피부나 깃털, 털로 이루어지는데, 신체 다른 부위(부속 기관, 꼬리, 배 등)에서는 움직임에 방해되거나 손상될 수 있지만, 목은 머리 뒤에 있어 방해가 적고 보호하기 쉽다.

성적 신호는 청각 신호와 시각 신호로 구분된다. 그러나 목을 이용한 구애는 때로 두 감각을 동시에 자극하는 다감각적 행위로 나타난다. 뇌조(북미와 유리시아 고산지대에 사는 꿩과 새.—옮긴이)는 목의 큰 주머니로 깊은 울림소리를 내면서 화려한 무늬를 드러낸다. 일부 종에서는 후각과 촉각 신호가 더 큰 역할을 하기도 한다. 이렇듯 다양한 감각 수단은 다양한 범위에서, 구애의 여러 단계에서 개별적으로 또는 함께 작용해 매력을 높인다.

목은 화려하고 매혹적인 구애 활동뿐 아니라 일부 종에서는 번식을 둘러싼 공격에도 쓰인다. 짝을 두고 벌이는 경쟁은 주로 수컷끼리이며, 때로 목을 이용한 싸움이 뒤따른다. 수컷 큰뿔양은 뿔로 서로를 공격하며 목뼈에 강한 충격을 가한다. 수컷 엘크는 목으로 거대한 뿔을 지탱하며, 이를 과시와 무기로 쓴다. 수컷 늑대는 싸울 때 목에서 으르렁거리는 소리를 낸다. 수컷 벌새는 날카로운 부리로 상대의 목을 찌르며 결투를 벌인다. 이처럼 경쟁에서 이긴 개체는 짝에 더 자주 접근할 기회를 얻고, 많은 새끼를 남기며 그 목을 후대에 전한다. 따라서 성선택에서 목은 짝의 매력뿐 아니라 짝을 향한 경쟁 과정에서도 작용한다.

생물학자들은 수십 년 동안 어떤 힘(자연선택 혹은 성선택, 짝짓기 경쟁 혹은 짝 선택, 청각 기반 신호 혹은 시각 기반 신호) 또는 어떤 조합이 동물의 특이한 목을 형성하는지 규명하려 했다. 이번 장에서는 목으로 성적 상호작용을 하는 사자, 기린, 도마뱀, 개구리 사례를 통해 성선택이 목 다양화에 어떻게 기여하는지, 또 이를 연구하는 방법을 살핀다. 이어 인간으로 시선을 돌려 목소리, 해부 구조, 외관에서 나타나는 성별 차이를 살펴본다. 인류학자, 심리학자, 생물학자는 이러한 차이에 진화론적 해석을 더했다. 그들은 여성과 남성이 목을 장식하는 방식에 문화가 어떤 영향을 미쳤는지도 조사했다.

이 책에서는 미국 국립보건원의 정의를 따라 '생물학적 성sex'은 해부학, 생리학, 유전학을 아우르는 인간과 비인간 동물 모두에 적용되는 생물학적 구조를, '사회적 성gender'은 정체성, 역할, 규범을 아우르는 인간에게만 적용되는 사회 문화적 구조를 지칭하는 데 사용하겠다.[1]

동물의 성선택과 생존 전략

몸에 털이 난 동물은 포유류뿐이다. 성적 신호를 보내는 데 사용하는 화려한 피부, 비늘, 깃털과 달리 털은 갈색, 황색, 검은색, 흰색 등 색이 단조롭다. 따라서 포유류는 싱직 매력을 높이기 위해 목에 밝은색의 장식을 달지 않는다. 대신 목을 크게 보이게 하거나 부풀린다. 일부 영장류(마카크원숭이, 개코원숭이, 드릴원숭이), 육식동물(늑대, 호랑이, 사자), 유제류(들소, 일부 낙타, 영양)는 목 주변에 털이 많다. 갈기는 수컷에서 두드러지며, 이는 성적 상호작용에서의 기능을 시사한다.

사자의 암수 구별은 목을 보면 쉽다. 수컷은 갈기가 있고 암컷은 없다. 진화 과정에서 선택의 힘은 생물학적 성에 따라 다르게 작용했다. 다만 성선택이 갈기의 진화를 어떤 방식으로 이끌었는지는 그리 단순하지 않다. 여기에는 수컷 사이의 경쟁과 더불어 암컷의 선택도 영향을 미쳤으며, 사바나의 강렬한 더위도 두 선택적 힘에 영향을 미쳤다.

찰스 로버트 다윈Charles Robert Darwin은 사자 갈기가 수컷 싸움에서 보호 기능을 한다고 가정했다.[2] 수사자는 암사자를 차지하려 치열하게 경쟁하며, 갈기는 상대의 이빨이나 발톱 공격으로부터 목처럼 취약한 부위를 보호한다. 갈기는 생존을 돕는 장치다. 그러나 갈기가 금발부터 흑발까지 다양한 점은 성적 과시 기능을 시사한다. 갈기 색은 보호 기능과 무관하므로 다윈의 가설만으로는 색 다양성을 설명하기 어렵다. 갈기 길이도 개체마다 다르며, 긴 갈기를 가진 수컷이 높은 지위를 차지하는 경우가 많다. 결국 갈기는 암컷의 짝 선택과 수컷의 경쟁자 평가에 쓰인다. 따라서 생물학적 성 영역에서 수컷이나 암컷 중 한쪽이 선택을 주도한다.

1990년대 후반, 학위 논문 주제를 찾던 페이턴 웨스트Peyton West는 큰 질문에 도전했다. 그는 사자 연구자 크레이그 패커Craig Packer

와 대화를 나눴는데, 패커는 사자 생물학에서 아직 해결되지 않은 큰 질문이 2개 남아 있다고 말했다. 그중 하나가 '갈기는 왜 존재하는가?'였다. 웨스트는 다윈의 주장대로 갈기가 보호 수단인지, 아니면 현장 연구에서 발견된 성적 과시 수단인지 답을 찾기 시작했다. 패커가 수십 년간 모은 방대한 현장 자료, 여러 대학생 조교의 도움, 네덜란드 장난감 회사와의 협업을 통해 웨스트는 갈기가 짝짓기를 위한 장치이며, 심지어 수컷과 암컷이 서로 다른 시선으로 본다고 결론을 내렸다.[3]

수사자의 싸움은 때로 잔인하지만, 직접 목격하는 일은 드물다. 따라서 보호 가설을 직접 검증하기는 어려웠다. 웨스트와 동료들은 과거 탄자니아 사진과 기록을 토대로 사자들이 목만 공격하는 것도 아니고, 목 상처가 다른 부위 상처보다 더 치명적이지 않다는 사실도 발견했다. 이에 이들은 갈기의 보호 장치 가설을 기각했다. 이 가설은 다윈이 틀렸을 가능성이 크다.

웨스트와 패커는 시선을 성적 과시 신호로 돌렸다. 핵심은 과시가 허풍인지, 상태와 번식 가능성을 전하는 '정직한 신호'인지였다. 연구진은 갈기 길이의 색과 부상률, 생리 상태의 연관성을 평가했다.[4] 수십 년간 현장에서 찍은 사진을 분석한 결과, 갈기가 긴 수컷은 목 이외 부위의 상흔이 적고, 큰 싸움 뒤 갈기가 빠졌다가 새로 날 때 비교적 짧아지는 경향이 나타났다. 따라서 긴 갈기가 목 부상을 막아 주지는 못하지만, 수컷의 부상 저항력과 싸움 실력을 드러내는 지표가 된다. 또한 갈기 색은 나이, 테스토스테론, 상대적 신체 상태와 양의 상관관계를 보였다. 결론적으로 갈기는 호르몬 기반 남성성과 먹이 획득 능력을 알리는 신호이며, 수컷의 활력을 파악할 수 있는 믿을 수 있는 정보를 전달한다.

그러나 이 연구 단계에서는 수컷이든 암컷이든 다른 사자들이 갈기 차이를 인식하는지 명확하지 않았다. 여기에서 네덜란드 장난감 회사가 등장한다. 웨스트와 패커는 갈기 특징에 사자들이 어떻게 반응하는지 실험하기 위해 갈기 길이와 색을 독립적으로 조절할 방법이 필요했다. 이에 동물 인형을 제조하는 장난감 회사를 섭외해 짧은 금발, 짧은 흑발, 긴 금발, 긴 흑발 등 갈기 길이와 색을 다르게 조합할 수 있는 실제 크기와 같은 사자 모형을 만들었다.

이 모형을 현장에 배치하자 사자들이 처음에는 마치 진짜를 대하는 듯 접근했다. 수컷과 암컷의 반응은 달랐다. 수컷은 어두운 갈기를 피하고, 짧은 갈기 모형 근처에 더 오래 머물렀다. 갈기가 지배력과 싸움 능력을 드러내는 신호이므로, 수컷은 덜 위협적인 사자 곁에 머무르려 했다. 반면 암컷은 더 어두운 갈기 모형과 가장 많이 상호작용했지만, 길이에 대한 뚜렷한 선호는 보이지 않았다. 현장 관찰에서 암컷이 어두운 갈기의 수컷을 선호한다는 사실과 합쳐 보면, 어두운 갈기는 신뢰성과 성적 매력을 함께 표현한다.[5]

그렇다면 암사자를 유혹하는 데 어두운 갈기가 유리하다면 왜 모든 수사자의 갈기가 어둡지 않을까? 성적 장식은 생리적 비용이 크고 생존을 위협한다. 어두운 갈기는 사자를 '핫hot'하게 만든다. 성적 매력을 높이는 동시에 체온도 올린다. 많은 사자 개체군은 더운 기후에 서식하는데, 수컷은 큰 체구 탓에 체열 발산에 불리해 높은 온도에 특히 취약하다. 많은 포유류는 목으로 열을 방출해 체온을 조절하는데, 사자는 목에 두툼한 갈기가 있다. 따라서 어두운 갈기는 더 많은 열을 흡수해 체온 조절에 악영향을 준다.

실제로 웨스트와 패커는 적외선카메라로 짙은 색 갈기가 있는 수컷이 밝은색 갈기가 있는 수컷 대비 체표면 온도가 더 높다는 점을 발견했다.[6] 열 스트레스에 대한 민감성은 더운 날 짙은 색 갈기를 지닌 수컷이 밝은색 갈기를 지닌 수컷보다 사냥에 시간을 덜 쏟게 만든다. 또한, 사자는 먹이를 많이 먹으면 체온이 높아지는데, 짙은 색 갈기의 수컷은 상대적으로 덜 먹는 경향을 보인다. 따라서 짙은 색 갈기의 수컷은 아주 더운 날에는 먹는 양을 줄인다.

종합하면, 암컷 선택과 수컷 경쟁을 통해 작용하는 성선택은 수컷의 갈기 색을 짙게 만드는 방향으로 작용한다. 반면 체온 조절 문제 때문에 자연선택은 밝은 갈기를 지닌 개체를 유지하려는 방향으로 작동한다. 한 맥락에서는 성적으로 매력 있어 보이는 목이, 다른 맥락에서는 생명을 위협할 정도로 뜨거워질 수 있다. 기후변화가 심한 21세기에는 짙은 색 갈기의 수컷들이 화려한 목으로 인해 높은 체온 문제나 굶주림을 겪으며 사망률이 높아질 것으로 예상한다.[7] 인간은 사자 서식지를 뜨겁게 만들면서 자연선택과 성선택 사이의 상호작용에 개입하는지도 모른다.

사바나 건너편, 사자 서식지 반대편에는 또 다른 목으로 유명한 짐승이 산다. 목 길이가 약 2.5미터에 이르는 기린이 바로 그 주인공이다. 기린의 기다란 목 형태는 오래도록 인간의 상상력을 자극했고, 시대와 지역을 가로지르는 이야기들은 원시 기린의 목이 길어진 이유에 대한 다양한 설명을 전한다.

생물학자들은 기린의 목에 대한 설명을 거의 모든 생물학 교과서에 등장하는 자연선택에서 찾는다. 여러 세대에 걸쳐 목이 길수록 나무 높이 있는 잎을 먹는 데 유리해 생존 확률이 높았다는 해석이다.[8] 실제로 기린의 목은 다윈의 자연선택 이론을 설명하는 데 다른 어떤 생물학적 구조보다 더 많이 인용된다. 그러나 지난 30년 연구에 따르면 성선택이 목 길이에 영향을 줬을 가능성도 있다. 목이 길면 수컷이 짝을 찾는 경쟁에서 유리했을 수 있다는 것이다.

다윈은 기린의 긴 목이 생존에 유리하다는 설명을 제시했다.[9] 짧은 목을 가진 기린의 조상군 사이에서도 개체별로 목 길이가 다양했다. 가뭄이 닥치고 잎이 많은 나무를 두고 경쟁이 치열해지면서 목이 더 긴 개체가 더 높은 곳의 먹이를 먹을 수 있었다. 그렇기에 긴 목을 가진 개체는 짧은 목을 가진 다른 개체보다 생존할 가능성이 더 높았다. 목 길이는 유전되기에, 이러한 생존의 차이는 후속 세대가 점차 더 긴 목을 가지게 되는 결과로 이어졌다.

다윈은 먹이를 구할 때의 이점과 더불어 긴 목에는 다른 생존적 이점도 있다는 사실을 깨달았다. 예를 들어, 기린의 긴 목은 감시탑 역할을 해 포식자를 더 빠르게 발견할 수도 있고, 무기 역할을 해 포식자를 쫓아 보낼 수도 있다. 다윈 이후, 다른 과학자들은 긴 목에 체온 조절 기능이 있다고 주장했다. 더운 아프리카 환경에서 기린의 긴 목은 바람을 맞으며 열을 식히는 방열기 역할을 한다. 이렇게 기린의 목이 여러 기능으로 사용되는 점을 고려하면 목이 길어진 데는 다양한 생존적 이점이 있을 것이다. 다윈과 이후의 과학자들은 자연선택이 여러 방면에서 이루어질 수 있다는 사실을 알았다.

1990년대 중반, 로버트 시먼스Robert Simmons와 루 시퍼스Lue Scheepers는 생존이 아니라 성을 기반으로 한 논쟁적인 설명을 제안했다.10 두 사람은 나미비아에서 기린을 직접 관찰했지만 기린이 나무 높은 곳에서 잎을 뜯는 모습은 볼 수가 없었다. 영양가 있는 잎이 부족하고 먹이 경쟁이 심한 건기에도 기린은 대부분 다른 경쟁 개체도 닿을 수 있는 어깨 높이에 달린 잎을 먹었다. 교과서에서 설명한 높은 곳의 먹이 찾기는 자연에서는 자주 일어나지 않는다. 과거에는 진화적으로 중요했을 수 있지만, 현재는 그렇지 않음을 보여 준다.

한편 시먼스와 시퍼스는 진화적 영향력이 과소평가된 행위, 즉 수컷이 암컷을 지배하고 접근하기 위해 서로 목을 이용해 싸우는 장면을 자주 목격했다. 짝짓기 철이 되면 결투를 벌이는 두 수컷은 같은 방향이나 혹은 반대 방향으로 서서 서로를 향해 세차게 머리

〈그림 14〉 수컷 기린이 '목 싸움'으로 힘을 겨루는 모습. 사진: 비에른 크리스티안 퇴리센Bjørn Christian Tørrissen, 2015년.

를 흔든다. 이 결투로 부상을 입는 경우가 많고, 한 관찰 사례에서는 한쪽 수컷이 죽기도 했다. 목이 가장 긴 수컷 기린은 싸움에서 이기는 경향을 보였고, 암컷은 가장 긴 목을 지닌 수컷을 짝으로 잘 받아들였다. 이는 성선택으로 목이 길어졌음을 말한다. 수컷은 암컷을 차지하는 '목 싸움'에서 승리하면 더 많은 짝을 만나고, 평균적으로 목이 더 긴 새끼를 낳는다.

'짝짓기를 위한 목' 가설에 반대하는 쪽에서는 싸움은 수컷만 하는데도 수컷과 암컷의 목 길이가 비슷한 점을 설명하지 못한다고 주장한다. 시먼스는 암컷의 긴 목은 수컷의 긴 목에 대한 선택의 중립적 부산물neutral by-product이라고 주장했다.[11] 다른 동물에서도 한쪽 성별의 특징 변화가 반대 성별에도 나란히 나타나는 경우가 있다. 즉, 근본적인 유전 및 발달 구조는 수컷과 암컷이 동일한 방향으로 진화하도록 작용한다. 대표적인 예로 유두는 암컷에서만 기능하지만 수컷 포유류에도 존재한다. 또 목 싸움에서 수컷의 승리에 대한 선택적 힘이 강력해, 진화 과정에서 암컷의 목 형태도 영향을 받았을 가능성이 높다. 그러나 이를 뒷받침할 유전적 증거가 부족해 기린의 긴 목에 대한 성선택 가설은 처음에는 큰 지지를 받지 못했다.

기린의 긴 목이 수컷 간의 경쟁 도구로 쓰였다는 생각은 2020년대 초반, 초기 기린과 종족 중 하나인 **디스코케릭스 (셰즈)**Discokeryx (xiezhi)의 목 화석과 머리 해부 구조가 발견되면서 다시 주목받기 시작했다.[12] **디스코케릭스**는 몸집이 양과 비슷하게 작지만 긴 목을 지녔다. 그러나 가장 두드러진 특징은 두껍고 뼈로 된 머리 덮개와 튼튼한 목뼈였다. 두 구조 모두 **디스코케릭스**가 사향소처럼 머리로 들이받는 동물보다 훨씬 강한 박치기를 했음을 보여 준다. 이러한 정면 충돌 방식은 오늘날 기린의 공격과는 비교되지 않을 만큼 격렬했으며, 이는 기린 진화 초기부터 머리와 목이 무기로 쓰였고 짝짓기 경쟁에도 이용됐음을 알려 준다. 이후 기린 계통에서 목이 더 길어지고 싸움 방식이 변한 것은 수컷 경쟁에서의 성선택과 높은 위치의 먹이를 얻기 위한 자연선택이 함께 작용했을 가능성이 크다. 연구자마다 두 선택 요인 중 어느 쪽이 목 길이에 먼저 또는 더 강하게 작용했는지 의견이 갈리지만, 대부분 두 요인이 모두 영향을 미쳤음을 인정한다.

목장식 연구는 보통 한 측면에 초점을 맞춘다. '목장식의 어떤 특징이 짝짓기 성공을 가장 잘 예측하며, 자연선택은 목장식의 어떤 요소를 제한하는가?' 그러나 짝짓기 경쟁에서 이기는 방법은 하나가 아니라는 점을 보여 주는 사례도 있다. 옆줄무늬도마뱀의 목장식이 대표적이다. 이 도마뱀은 미국 서부에 널리 분포하는 몸길이 약 45밀리미터의 작은 종이다. 다른 도마뱀과 마찬가지로 번식기가 되면 목덜미에 화려한 반점이 나타나는데 주황, 파랑, 노랑 3가지 색상으로 구분된다. 한 개체는 오직 한 가지 색만 띠며, 색상별로 다른 짝짓기 전략을 쓴다.

진화생물학자 배리 시네르보Barry Sinervo와 동료들은 수십 년간 이 도마뱀의 3가지 색상 유형과 그 행동을 연구했다. 주황색 목 수컷은 가장 크고 공격적이며, 암컷 여러 마리가 사는 넓은 영역을 방어한다. 파란색 목 수컷은 암컷 한 마리가 사는 작은 영역을 지킨다. 노란색 목 수컷은 '은밀한 침입자'로, 다른 수컷 영역에 들어가 몰래

교미한다. 이는 노란 목덜미가 교미 수용기에 있는 암컷의 목덜미처럼 보여 다른 수컷의 눈에 위협으로 인식되지 않기 때문이다. 각각의 색상 변화는 다른 색을 지닌 개체와의 경쟁에서 장단점이 있다. 주황색 수컷은 짝을 많이 만나지만 영역이 넓어 방어가 느슨해져 노란색 수컷으로부터 짝을 빼앗기기 쉽다. 파란색 수컷은 작은 영역을 철저히 지키며, 다른 파란색 수컷과 협력해 침입자를 막기도 한다. 하지만 짝은 한 마리뿐이다. 노란색 수컷은 영역 방어 부담이 없지만, 짝짓기를 하려면 주황색과 파란색 수컷의 공격을 피해 재빨리 움직여야 한다.

가위바위보처럼 각 전략은 이길 수도, 질 수도 있다. 이 균형 덕분에 3가지 색상 유형 모두가 개체군 내에서 지속된다.[13] 수년에 걸쳐 특정 유형의 개체 수가 증가할 수는 있지만, 밀도가 높아짐에 따라 해당 유형이 전략상 우위를 잃는다. 또 암컷은 개체 수가 가장 적은 색 유형을 선호하는 경향이 있어 결국 다른 색 유형이 우세해진다.[14] 승자는 언젠가 패자가 되므로 각 색상 유형의 개체 수는 해마다 증감을 반복한다. 그러나 부계 DNA 연구에서 입증됐듯, 시간이 지나면 각 색상 유형의 수컷은 결국 같은 수의 새끼를 낳는다. 목덜미 색상의 다양성과 이에 얽힌 복잡한 관계는 균형을 유지하는 진화적 힘으로 변화를 거듭한다.

인간은 구애 행위가 여러 감각을 동반하는 경험이라는 사실을 잘 안다. 인간은 외모, 목소리, 냄새, 촉감을 바탕으로 잠재적인 짝에게 매력을 느낀다. 그러나 일부 동물의 구애 신호는 지나치게 밝은 색이나 요란한 소리처럼 한 가지 감각에만 치중돼, 구애의 춤에 동원

되는 다른 감각이 간과되기도 한다.

퉁가라개구리Túngara frog가 그 예다. 퉁가라개구리는 시각, 청각 모두에서 튀는 성적 신호를 보내기 위해 목을 부풀린다. 암컷 개구리는 수컷 개구리가 내는 특정 음향 정보를 바탕으로 짝을 선택한다. 그러나 이 소리에는 다른 구혼자의 불협화음도 섞인다. 대부분의 개구리는 목에 있는 유연한 울음주머니를 부풀린 다음 성대를 통해 공기를 밀어내 소리를 낸다. 이 발성은 인간의 귀에도 잘 들리기에, 과학자들은 오랫동안 개구리 짝 선택을 주로 청각적 관점에서 연구했다.

울음소리는 대개 시각적 신호를 알아채기 어려운 밤에 발생하며, 낮에 우는 종은 위장이 뛰어나 눈에 잘 띄지 않는다. 그러나 수십 년에 걸친 연구 끝에, 청각 자극만으로도 암컷 개구리의 짝 선택 반응을 이끌어 내는 데 충분하다는 사실이 밝혀졌다. 여러 연구에서 두 스피커로 서로 다른 수컷의 울음소리를 들려주면, 암컷 개구리는 한쪽 스피커로 이동해 어느 쪽을 더 좋아하는지 보여 준다. 이와 같은 실험을 통해 연구자들은 암컷이 선호하는 울음소리 특성을 쉽게 파악할 수 있었다. 음향 자극을 손쉽게 조절해 짝을 끌어들이는 데 가장 효과적인 울음소리의 특징이 무엇인지 파악할 수 있었던 덕분이다.

최근 과학자들은 개구리 발성에서 눈에 띄지만 보통 무시되곤 하는 또 다른 요소, 즉 울음주머니의 팽창과 수축이라는 시각 정보에 주목했다.[15] 예를 들어, 퉁가라개구리는 1초도 안 걸려 울음주머니를 부풀렸다가 줄이며 크기를 최대 40배까지 키워 몸집이 2배 가까이

커 보인다.16 이렇듯 팽창과 수축을 반복하는 시각 신호 효과를 연구하는 것은 어렵다. 따라 하기도, 조작하기도 쉽지 않기 때문이다.

2008년, 생물학자 라이언 테일러Ryan Taylor와 마이클 라이언Michael Ryan은 엔지니어들과 함께 '로봇 개구리robofrog'를 제작했다. 퉁가라개구리와 똑같이 생긴 이 로봇은 합성된 울음소리를 내는 동안 실험자가 울음주머니를 원격으로 조절할 수 있다.17 연구팀은 이 실험 장치를 이용해 암컷이 짝을 선택할 때 청각과 시각 자극이 어떤 상호작용을 하는지 조사했다. 수컷의 울음소리와 울음주머니를 움직이는 로봇 개구리로 보여 주자 암컷 개구리는 변함없이 수컷 울음소리만을 선택했다. 퉁가라개구리의 가장 중요한 자극은 청각임이 확실했다. 그러나 연구자들은 암컷이 수컷 울음소리의 리듬에 맞춰 울음주머니가 팽창했다가 수축하는 로봇 개구리를 선호한다는 사실도 발견했다. 시각 신호가 청각 신호의 효과를 높이는 것이다. 반대로 리듬이 어긋나면 암컷은 로봇 개구리를 피했다.

우리가 더빙이 어긋난 영화를 보면 불편하듯, 개구리도 소통을 위한 시각과 청각 신호가 어긋나는 것을 싫어한다. 중앙아메리카의 자연 서식지에서 퉁가라개구리는 울음소리를 내는 수십, 수백 마리의 개구리 사이에서 짝을 정해야 한다. 두 생물학자는 수컷의 울음주머니가 암컷이 특히 매력적인 울음소리를 선택하는 데 도움을 준다고 추측했다. 암컷은 울음소리만으로도 수컷 근처로 간다. 그런 다음 가까운 거리에서 시각적 신호를 통해 주변의 여러 수컷 중 누가 가장 매력적인 소리를 내는지 판단한다.18

놀랍게도 세 번째 감각 방식인 진동 감지 역시 울음소리 인식에

⟨그림 15⟩ 수컷 퉁가라개구리가 울음소리를 내며 울음주머니를 부풀리는 모습. 사진: 마이클 라이언.

영향을 미친다.[19] 수컷이 울면 팽창하고 수축하는 울음주머니가 잔물결을 일으키고, 근처의 암컷은 이를 감지해 마음에 드는 진동인지 느낀다. 진동을 통한 소통의 역할을 확인하기 위해 생물학자 로건 제임스Logan James는 테일러와 라이언 그리고 여러 연구자와 실험을 진행했다. 이들은 암컷 개구리를 향해 구애하는 수컷의 울음소리를 들려주고, 울음주머니의 팽창과 수축을 동반한 시각 자극, 물결을 일으키는 진동 자극, 그리고 두 자극을 모두 포함한 울음소리를 각각 들려줬다.

암컷은 모든 신호가 포함된 울음소리를 가장 선호했다. 청각, 시각, 진동이 조합된 울음소리를 가장 매력적으로 느낀 것이다. 또한 연구진은 적절한 외관과 진동이 덜 매력적인 소리를 보완할 수 있다는 점도 보여 줬다. 암컷은 하나의 요소로만 구성된 단순한 울음소리보다 두 요소가 결합한 울음소리를 선호했다. 팽창하고 수축하는 목과 적절한 진동이 큰 차이를 만든 셈이다.

더 나아가, 일부 개구리 종은 목에 있는 샘에서 화학적 신호를 만들어 울음주머니의 팽창과 수축이 일으킨 잔물결을 통해 퍼뜨린다. 개구리의 구애는 인간과 마찬가지로 화려하며, 그중 많은 부분이 목에서 시작된다.

인간의 성적 소통과 구애 활동

다른 많은 동물과 마찬가지로 인간도 성별에 따라 해부학적 목 구조가 다르다. 구애 활동과 성적 매력 발산에 중요한 역할을 하는 목소리와 목 모양이 성별마다 다르게 나타난다. 하지만 다른 동물과 달리 인간은 목에 매력적인 장식을 달거나 매혹적인 향을 뿌려 성별 차이를 더욱 강조한다. 성관계에서 가장 친밀한 성적 상호작용은 흔히 손과 입술을 이용해 서로의 목을 만질 때다. 목은 구애와 성관계라는 복잡한 춤에서 시각, 청각, 후각, 촉각 등 다양한 감각 신호를 주고받는 부위다. 진화 과정에서 인간의 후두와 목 근육은 자연선택과 성선택의 영향을 모두 받아 성별에 따른 목소리와 목 모양 차이를 만들었을 가능성이 크다. 인간은 동물과 달리 성관계와는 관련 없는 성별에 따른 행동과 목장식을 다양하게 선택해 왔지만, 여기에서는 목장식이 인간의 성적 소통과 구애 활동에 어떤 역할을 하는지에 집중하려 한다.

대부분의 성인 남녀는 뚜렷이 다른 목소리를 낸다. 사회적 관계에서 우리는 목소리만으로도 성별을 구분한다. 사춘기 전 남성과 여성의 목소리는 비슷하지만, 사춘기를 지나며 음높이가 낮아지고 음색도 변한다. 일반적으로 사춘기에 고환(남아)이나 부신(여아)에서 분비되는 안드로젠의 영향으로 후두 연골이 커지고 성대가 길어져 낮은 주파수로 진동한다.[20] 그러나 사춘기를 겪는 남아는 여아보다 훨씬 많은 안드로젠이 분비돼 성대가 약 60퍼센트 더 길고 두꺼워진다. 남성의 후두에는 흔히 '이차 하강'이 나타나 후두가 목 깊숙이 내려가며, 성대 길이가 여성보다 평균 2.8센티미터 더 길어진다.

호르몬 변화로 목구멍 구조가 달라지면서 사춘기 소년의 목소리는 한 옥타브 정도 낮아지고, 사춘기 소녀의 목소리는 서너 반음 정도 낮아진다. 이 격차는 꽤 커서 사춘기 이후에 남녀의 기본 음조가 겹치는 경우는 거의 없다.[21] 남성의 후두 크기와 위치는 목 중간에 튀어나온 후두융기Adam's apple로도 쉽게 확인된다. 이 돌출부는 시각적으로도 두드러져, 종종 만화에서는 턱 아래 V자를 그려 남성성을 표현하기도 한다.

음도(목소리 높낮이.—옮긴이)와 후두 크기는 생물학적 성별을 구별할 수 있는 거의 완벽한 지표지만, 드물게 생물학적 성을 정의하는 기준에 부합하지 않는 사례들이 있다. 예를 들어, 염색체나 생식기 구조상 한쪽 성의 특징을 보이는 사람이 때로는 반대쪽 성에서 주로 나타나는 호르몬 특성을 보이기도 한다. 이런 경우 음도는 보통 염색체나 생식기로 구분되는 성별보다 호르몬 특성에 더 가깝게 나타난다.[22]

인간의 성도는 진화 초기 언어 소통을 위해 다양한 소리를 내도록 자연선택에 의해 발달했다. 그러나 성별에 따른 목소리 차이는 짝을 유혹하거나 짝을 차지하고자 경쟁하기 위한 성선택의 결과일 가능성이 크다. 인간은 특히 성선택의 영향을 많이 받았는데, 다른 유인원보다 성별에 따른 목소리 차이가 훨씬 크기 때문이다.[23] 발성뿐만 아니라 성선택은 음성신호를 인지하는 방식에도 작용해 성적으로 매력적인 상대와 경쟁자를 평가하는 데 영향을 줬다. 다른 동물과 마찬가지로 인간의 성적 소통 진화가 수신자의 감각 선호도에 따라 주도됐는지 아니면 송신자의 발성 능력에 따라 주도됐는지 단정하기는 어렵다.

인류학자 데이비드 퍼츠David Puts와 공동 연구자들에 따르면, 저음의 남성 목소리는 배우자 경쟁력과 건강, 생식능력을 보여 주는 성선택의 산물이다.[24] 많은 연구가 완전히 일관되지는 않지만, 목소리가 저음인 남성일수록 체격이 크고 상체 근력이 강하며, 다른 남성이 목소리만 듣고도 그 우위를 인식하는 것으로 드러났다. 이 모든 요소는 배우자 경쟁에서 유리함을 가리킨다.[25]

또한, 녹음된 남성 목소리를 들려줬을 때 여성은 고음보다 저음 목소리를 더 매력적으로 평가한다. 특히 배란 가능성이 가장 높은 월경 주기 중간에 이런 경향이 두드러진다.[26] 이 관찰 결과는 성선택이 남성의 깊은 목소리를 선호한다는 점을 시사한다. 저음의 목소리는 생식능력이 있는 짝을 유혹하는 데 유리하다. 여성들이 잠재적인 짝의 저음 목소리를 무의식적으로 더 매력적이라고 느끼는 이유는 미래에 태어날 아들의 성적 경쟁력이나 매력도를 예측할 수 있기 때문이다. 퍼츠는 저음의 남성이 강한 면역력과 관련된 호르몬 특성을 가져 여성이 깊은 목소리에 끌릴 수 있다는 의견도 제안했다.27 기본 작동 원리가 배우자 경쟁이든 여성의 선택이든, 목소리가 남성의 '성공'을 나타내는 지표라는 증거는 많다. 대체로 목소리가 낮은 남성일수록 소득이 높고, 선거에서 당선되며, 성 파트너 수가 많고, 자녀 수도 많은 경향을 보인다.28 이에 퍼츠는 남성의 음도가 선택된 이유는 건강 상태를 보여 주는 지표이기 때문이라고 주장한다.

음성 연구자인 데이비드 파인버그David Feinberg와 공동 연구자들은 이에 동의하지 않는다.29 이들은 음 높낮이와 체격, 우위, 면역력 사이의 연관성을 뒷받침하는 증거가 통계적으로 약하다고 주장한다. 대신, 남성의 깊은 목소리는 저주파 음에 대한 인간의 기존 감각적 편견을 '이용'했기에 선택됐다는 의견을 제시한다. 물리학적으로 큰 물체는 종류와 무관하게 작은 물체보다 낮은 주파수로 진동하며, 인간의 청각은 저음에 특히 민감하다. 이는 덩치가 큰 존재로부터 다가올 위협을 감지할 수 있기 때문이다.

사람은 물론 포식자, 떨어지는 바위, 천둥번개를 동반한 폭풍이 내는 저음은 인간의 주의를 끈다. 모두 크고 위협적인 존재로 인식되기 때문이다. 저음에 대한 특별한 민감성은 대부분의 척추동물에게서 발견되며, 이는 인간 진화보다 훨씬 더 오래된 것이다. 성선택은 이 오래된 감각 선호를 남성에 적용했을 것이라 추정한다. 퍼츠와 동료들은 이러한 감각적 편견이 남성의 저음 기원을 설명할 수 있다고 반박했지만, 진화적으로 짝을 두고 경쟁하거나 짝을 얻는 데 유리하지 않다면 이와 같이 '직관적이지 않은dishonesty' 신호는 선택되지 않았을 것이다.30 이에 대해 파인버그와 동료들은 인간 문화에 신체적 특징과 행동, 성격을 연관 짓는 부정확한 속설이 많다고 지적했다.[31] 논쟁은 여전히 계속된다.

사춘기를 거치며 여성의 목소리는 남성보다 변화 폭이 적지만, 성선택이 배우자 선택 과정을 통해 여성 목소리에도 영향을 미쳤다는 증거는 많다. 많은 여성은 생식능력에 따라 목소리가 변한다. 배란기나 더 젊은 나이, 즉 생식능력이 더 높은 시기에는 목소리가 높아진다. 이러한 변화는 성 스테로이드(에스트로겐과 프로게스테론)가 성대에 작용해 발생한다. 경구 피임약을 복용하는 여성은 성 스테로이드 양의 변동이 적어 목소리 변화가 거의 없다.[32] 따라서 목소리는 생식능력을 직관적으로 드러내는 신호다. 그리고 남성은 이를 알아차린다. 녹음된 여성들의 음성을 들은 남성은 평균적으로 고음의 여성 목소리를 선호했다. 더불어, 배란기 여성의 목소리를 가임기가 아닐 때보다, 그리고 경구피임약을 복용하는 다른 여성의 목소리보다 더 매력적이라고 평가했다.[33]

이처럼 호르몬 조절과 목소리 진화에 관한 연구는 인간의 목소리가 생애 동안 무의식적인 생리 변화와 진화 역사 속 선택적 힘에 의해 형성된다는 가정을 바탕으로 한다. 그러나 또 다른 연구에 따르면, 인간은 이성과 대화할 때 상황에 따라 목소리 톤을 조절한다. 발성은 단순한 특성이 아니라 하나의 행동이다. 한 연구에서 여성들에게 여러 장의 사진을 보고 남성들의 매력을 평가한 뒤, 마음에 드는 남성에게 데이트 신청 전화 메시지를 남기도록 했다. 여성들은 매력적이라고 판단한 남성에게 남긴 전화 메시지에서만 목소리 톤을 높였다.[34] 남성도 비슷한 방식으로 발성을 바꾼다. 모의 데이트 상황에서 남성은 매력적이라고 생각한 여성에게 목소리를 더 낮춰 말했다.35 각 사례에서 음 높낮이 변화는 미미했지만, 남녀 모두 성적으로 고조된 상호작용에서 성별에 따른 전형적인 방식으로 목소리를 과장했다.

그러나 모든 목소리가 성별 패턴을 따르는 것은 아니다. 예를 들어 정치나 사업 분야에서 권력을 쥔 여성은 때때로 권위나 자신감을 드러내기 위해 목소리를 더 낮춘다.36 대체로 이 전략은 효과적이다. 남녀 모두 성별과 관계없이 목소리가 낮은 리더를 더 자신 있고 권위 있다고 느낀다.37

여성 권력자의 저음 사용은 영국 총리 마거릿 대처Margaret Thatcher의 정치적 부상 과정에서도 드러난다. 정치계에 입문한 지 얼마 되지 않았을 때 그녀의 목소리는 고음이었으며 "가볍고 무게감이 없다"는 평가를 받았다.38 야당 지도자가 된 그녀에게 고문 중 한 명이 목소리가 정치적 목표 달성에 방해가 될 수 있다고 조언했다. 유권자들은 강한 어조의 지도자를 원했다. 영국의 유명 배우 로런스 올리비에Laurence Olivier의 소개로, 그녀는 영국 국립극장 발성 코치에게 훈련을 받았다. 그 결과, 목소리 톤을 46헤르츠 낮춰 남성과 여성 목소리의 중간에 가까운 음색을 갖게 됐다. 이는 '철의 여인'이라는 그녀의 이미지에 잘 어울리는 목소리였다.

더 최근의 사례로, 권력에 따른 발성 조절은 20대에 90억 달러 규모의 의료 테스트 기기 기업 테라노스Theranos의 창업자 엘리자베스 홈스Elizabeth Holmes의 성공과 몰락에서도 뚜렷하게 나타났다. 회사가 성상하는 동안 그녀는 경력의 정점이던 2014년 테드 강연에서 특히 낮은 목소리로 회사를 소개했다. 이 강연에서 그녀는 자신의 회사 기술이 의료 시스템 전반을 어떻게 변화시킬 수 있는지에 대해 야심 찬 비전을 제시했다.[39]

그러나 2018년, 30대 중반이던 그녀는 투자자 사기 혐의로 기소돼 결국 연방 교도소에 수감됐다. 유죄판결을 받을 무렵 그녀는 저음을 버렸다. 《뉴욕타임스》와의 인터뷰에서 기자 에이미 초직Amy Chozick은 그녀의 목소리를 "약간 낮지만 전혀 특별할 것 없다"며 "현재는 사라진 혈액검사 스타트업 테라노스를 운영하면서 사용했던 알토 톤의 목소리 흔적은 보이지도 않는다"라고 했다.[40] 해당 인터뷰에서 그녀는 어떻게 하면 '젊은 여성'이나 '뛰어난 기술적 아이디어라곤 없는 여성'으로 여겨지지 않고, 진지하게 받아들여질 수 있는 '테라노스적인 페르소나'를 만들었는지 솔직하게 이야기했다.

우리는 목소리를 이용해 구애하고, 유혹하고, 협박하고, 드러내고, 숨기는 등 성적 매력과 경쟁의 무대를 펼친다. 이 복잡한 드라마 속, 두뇌에서 나오는 단어도 중요하지만, 목에서 나는 단순한 소리만으로도 성적 정체성과 의도를 전달할 수 있다. 성행위는 오랜 시간 동안 인간의 목소리에 영향을 줬고, 매일 서로에게 던지는 음성 표현에도 영향을 미쳤다. 인간 문화는 사랑과 욕망에 대한 언어적 표현으로 가득하지만, 적어도 구애 초기 단계는 간접적이고 미묘한 방식으로 이루어진다. 유혹은 암시의 기술이자 정교하게 조율된 모호성의 기술이다. 대부분은 무언의 손짓으로 이루어지고, 특히 여성은 구애를 표현하는 미묘한 시각적 신호에 목을 사용한다. 목을 드러내거나, 고개를 살짝 기울이거나, 장식으로 치장하는 행동이 바로 그 예다.

 장식이 없어도 남녀의 목은 비율 차이가 있어 육안으로 구별할 수 있다. 많은 문화권에서 긴 목이 여성스러운 특징으로 여겨져 남녀 간에 목 길이 차이가 있다고 생각한다.[41] 하지만 실제 길이 차이는 거의 없다. 여성의 평균 목 길이는 남성보다 0.5센티미터 짧지만, 키를 고려하면 오히려 1.3퍼센트 더 길다.[42] 그러나 이런 차이가 눈으로 구분될 정도는 아니다. 목의 모양에서 성별 차이는 길이보다 둘레에서 더 뚜렷하다. 남성의 목 둘레는 여성보다 평균 5센티미터 굵고, 부피는 50퍼센트 크다. 또한, 여성의 경우 목에서 근육이 차지하는 비중이 4분의 1 미만인데, 남성은 3분의 1 가까이 차지한다. 따라서 성별을 구별하는 기준으로 목을 볼 때 우리는 대부분 길이보다는 형태를 더 중요하게 인식한다. 하지만 여성의 목이 상대적으로 얇기에 더 길다고 착각한다.

 길고 얇은 목의 정적인 이미지만으로도 여성스러움을 전달할 수 있지만, 목의 움직임에도 종종 성적 의미가 담긴다. 여성은 구애 상황에서 고개를 들거나 숙이거나 기울이는 동작을 한다. 실제로 연구자들이 술집에서 젊은 여성을 관찰한 결과, '비언어적 구애 행동'에서 머리와 목의 움직임 빈도는 얼굴 표정(시선, 미소 등)에 이어 두 번째로 높았다. 특히 여성은 머리 젖히기(5초 미만의 시간 동안 머리를 빠르게 위아래로 움직임) 또는 목 보여 주기(약 45도 고개를 숙여 목의 옆면을 드러내는 움직임)를 자주 했다.[43] 이렇듯 구애의 춤은 종종 어깨 위에서 시작된다.

 목의 모양과 움직임은 성별에 따라 다르지만, 목과 그 아래를 노출하는 정도는 사회적 성의 영향을 훨씬 더 많이 받는다. 지난 500년 간 서양 회화의 격식 있는 초상화를 보면 여성의 목은 드러나 있는 반면, 남성의 목은 옷으로 가려졌다. 패션을 마음껏 펼치는 오늘날의 공식 행사(아카데미 시상식)에서 여성은 턱에서 쇄골까지, 혹은 그 너머까지 드러내는 반면, 남성은 목젖 아래를 옷깃과 넥타이로 가린다.

운동용 티셔츠를 봐도 여성 제품의 목선은 남성 제품보다 더 많이 파였다(심지어 남성은 셔츠를 입지 않고 운동하는 경우가 훨씬 더 많은데도 말이다). 여성이 목을 드러내는 이유가 성적 매력으로서 가슴골에 시선을 끌기 위함인지, 아니면 서양 문화에서 미의 척도로 여기는 목 길이를 과장하기 위해서인지는 분명하지 않다. 아마 두 요소가 복합적으로 작용할 것이다. 반대로 대부분의 남성은 목 노출을 꺼리는 경향이 있다. 아마 취약한 이 부위를 숨기고 싶거나 여성성과 대비되는 남성성을 표현하려는 의도일 수 있다. 생물학적 성 정체성과 사회적 성 정체성은 목의 해부학적 구조와 이 부위를 둘러싸는 것이 무엇인지를 통해 누구나 알 수 있다.

언어적 구애 활동과 비교했을 때 시각적 구애 활동은 일반적으로 덜 서술적이며, 이야기를 전달하는 데 한계가 있다. 그러나 남아프리카 줄루족의 목장식을 보면 구애 신호가 시각적이고 비언어적임에도 장식 사용 방식이 무척 정교해 문법과 의미 측면에서 언어와 공통되는 요소가 많다.[44] 줄루족은 의복을 꾸미는 구슬 장식 문화가 있다.[45] 구슬의 색상과 패턴, 순서는 다양하며, 각 요소는 의미를 전달하거나 함께 묶여 하나의 이야기가 된다. 목에 거는 러브레터인

잉와디Incwadi는 미혼인지 기혼인지, 사귀는 사람이 있는지 없는지, 부유한지 가난한지, 근처에 사는지 멀리 사는지 등 특히 구애와 관련된 정보를 전달한다. 구슬은 진정한 사랑부터 질투, 상심에 이르기까지 다양한 낭만적 감정과 이야기를 표현한다.

구슬을 활용한 구애는 대부분 미혼 여성과 사춘기 소녀가 함께 만들며, 구슬 공예와 구슬 언어를 서로 가르친다. 구애의 첫 단계는 보통 소녀가 마음에 드는 소년에게 흰 구슬로 만든 목걸이 **우쿠**ucu를 건네면서 시작한다.[46] 목걸이를 걸면 소녀의 제안을 받아들인 것이다. 그러면 소녀는 2~4센티미터의 정사각형 펜던트 **잉와디**를 목걸이에 매단다. 구슬로 만든 이 '러브레터'는 다양한 디자인과 색으로 더 구체적인 메시지를 전한다.

예를 들어, 위를 가리키는 삼각형은 미혼 여성을, 아래를 가리키는 삼각형은 미혼 남성을 의미한다. 두 삼각형이 연결된 다이아몬드 모양은 기혼 여성을, 모래시계 형태로 꼭짓점이 맞닿은 모양은 기혼 남성을 뜻한다. 각각의 색은 긍정적이거나 부정적인 두 감정을 표현한다. 빨간색은 욕망이나 분노를, 파란색은 충실함이나 적대감을, 초록색은 만족이나 불화를 의미한다. 색 조합은 보통 거주지를 말한다. 색과 디자인이 결합하면 의미는 더 구체화된다. 예를 들어, 녹색 고리는 목걸이를 찬 소녀가 젊지만 남자 친구의 청혼을 수락했음을, 검은색 고리는 결혼할 준비가 끝났음을 나타낸다.[47]

구슬은 조합과 순서에 따라 매우 구체적인 메시지를 전한다. 한 여성이 도시로 이사한 약혼자에게 **잉와디**를 만들어 보냈다. 여성은 흰색 바탕에 의도적으로 색상을 대칭으로(검정, 빨강, 노랑, 파랑, 노랑, 빨강, 검정) 배열했다. 간단하게 번역하면 이런 뜻이다. '당신과 나는 결혼을 약속했어요. 하지만 우리 사랑이 시드는 듯해 마음이 아파요. 언제 돌아올 건가요?'[48] 이처럼 명시적인 언어 표현 없이도 암묵적으로 의사소통할 수 있다. 물론 **잉와디**는 다양한 의미로 가득하지만, 구슬의 언어가 하나로 정해진 것은 아니다. 시간에 따라 의미는 달라지고, 개별 메시지를 위한 자신만의 '방언'을 만들 수도 있다. 따라서 **잉와디**를 목에 건 사람은 모두에게 자신이 구애라는 춤을 함께 춘다는 사실을 알리지만, 그 해석은 사람마다 다르다.[49] 고도로 발달한 구슬 장식 문화에서도 구애와 욕망, 헌신에는 여전히 미스터리가 남아 있다.

* * *

서양 문화에서 초커(목에 딱 달라붙는 목걸이.—옮긴이)는 대개 성적 행위와 관련 있지만, 본래는 보호와 은폐에 사용됐다. 메소포타미아와 이집트 같은 고대 사회에서는 목에 꼭 맞는 크기의 목걸이에 부적을 넣어 특히 취약한 목 부위를 질병으로부터 보호했다. 알프스산맥의 갑상샘종 지대에 사는 여성들은 목에 널찍한 목걸이를 걸어 갑상샘종 때문에 튀어나온 부위를 가렸다. 19세기 중엽, 덴마크의 알렉산드라 공주가 커다란 보석으로 장식된 초커를 착용해 보기 흉한 흉터를 가린 데서 초커 패션은 시작됐다.[50] 그러나 근대에 들어 초커는 성적 표현과 폭력의 상징을 띤다. 성적 지배와 통제를 암시하는 수단이 된 것이다. 미술사학자 마샤 포인턴Marcia

Pointon은 말한다.

"목은 신체에서 굉장히 취약한 부분이며, 여성에게 아름다움과 성적 욕망을 상징하는 부분 중 하나입니다. 19세기에 유행하기 시작해 '초커'라고 불린 목장식은 외형에서도 알 수 있듯 질식을 암시하죠."[51]

19세기 유럽에서 매춘부는 목에 꽉 끼는 목걸이로 구별할 수 있었다. 은밀한 에로티시즘과 복식 장식의 조합은 1865년 에두아르 마네Édouard Manet가 매춘부를 그린 작품 〈올랭피아Olympia〉에서 큰 논란을 불러일으켰다.[52] 그림 속 올랭피아는 고대 여신의 자세로 비스듬히 누워 머리에는 붉은 난초를 꽂고, 손목에는 금팔찌를 차고, 목에는 검은색 리본을 꽉 묶은 채 자신감 넘치는 눈빛으로 관람자를 바라본다. 나체에 색정적이고 창피함을 모르는 그녀의 모습은

〈그림 16〉 덴미그 공주 시절부터 유행시키기 시작한 초커를 착용한 알렉산드라 여왕, 1887년. 사진: 스타니스와프 발레리Stanislaw Walcry.

7장 구애와 매력: 목으로 하는 성적 소통　　　　　　　　　　227

당시 대중에게 커다란 충격을 안겼다.

20세기 후반과 21세기 초반에는 대중문화의 반항적 트렌드와 함께 성적 의미가 완화된 초커가 히피, 펑크, 그런지, 고스 패션에 자주 등장했다. 최근 연구에 따르면, 초커는 여성의 성적 자유와 구애받지 않는 성교를 상징한다.53 초커를 착용하는 여성은 남녀 대학생 모두에게 '사회 성적 지향성sociosecual orientation', 즉 연인 외의 사람과도 성관계를 맺을 의사가 있는 것으로 인식했다. 초커를 착용한다고 밝힌 여성은 스스로가 사회 성적 지향성이 높다고 판단했다. 초커는 위험과 반항, 에로티시즘이 모두 만나는 불안한 곳에 놓였다.

* * *

목소리와 목은 먼 거리에서도 성적 신호를 전달하는 데 효과적이지만, 가까운 거리에서는 향과 접촉을 통해 성적 의사를 주고받기도 한다. 여성은 목에 매혹적인 향수를 뿌리고, 남성은 은은한 향수를 뿌려 성적 매력을 높인다. 향수는 신체 여러 부위에 뿌릴 수 있지만, 특히 목에 뿌리는 것이 적절하다. 목 피부와 가까운 혈관에서 흐르는 혈류의 열 덕분에 향수가 더 잘 퍼지고, 목이 신체에서 높은 위치에 있어 상대방 코 가까이까지 향이 전달되기 때문이다.

구애 단계에서 연인은 서로의 목을 만지기 시작한다. 처음에는 목뒤를 부드럽게 쓰다듬다가, 욕망이 고조되면 앞쪽을 부드럽게 키스한다. 연인에게 목은 중요한 부위다. 여기에서 '목'은 동사로도 사용될 수 있는데, '목 애무하기necking'는 아직 어색한 연인이 육체적 관계로 발전하는 과정에서 가장 먼저 하는 행위 중 하나다. 목은 보통 노출됐고, 피부가 얇고, 혈관이 발달해 성적으로 흥분하면 붉어진다. 목에는 신경 말단이 밀집했으며, 연인의 민감한 입술과도 가깝다.54

목에 하는 키스는 섬세할 수도, 격렬할 수도 있다. 가끔 젊은 연인은 키스하는 도중 살을 빨고 싶은 유혹을 참지 못하고 피부 아래 수많은 모세혈관을 터뜨려 성적 욕망의 상징 '키스 마크'를 남긴다. 이 모든 접촉은 부드러운 쾌감과 설렘을 준다. 그리고 목은 여러 감각을 거치는 구애 과정을 함께한 사람에게만 허락되는 인간의 취약한 부위다.

* * *

목은 진화 과정과 문화 속에서 성적 소통의 중심이었지만, 성적 매력과 경쟁 외에도 사회적·미적 표현에도 쓰인다. 여성은 유혹뿐 아니라 자신의 미적 취향이나 스스로의 만족을 위해 목에 향수를 뿌리거나 장신구를 한다. 남성도 자기표현이나 즐거움을 위해 향수를 뿌리거나 목걸이를 착용하지만, 여성과 꽤 다른 방식으로 이를 표현한다.

진화 생물학자 리처드 프럼Richard Prum은 다윈이 처음 제기한 미적 충동(아름다움과 쾌락을 추구하는 본능)은 성선택과 별개의 것이 아니라 오히려 성선택에서 파생한 자연스러운 산물이라는 주장을 되살렸다.55 한때 배우자 선택과 매력 표현에 사용됐던 장식은 단순히 감각만을 자극하는 데에서 나아가 더 정교하게 진화했다.

가장 유명한 문화에 따른 인체 변형 중 하나는 미얀마와 태국에 거주하는 파다웅족Padaung 여성들의 긴 목이다. 이는 배우자 선택이나 매력 발산이 아니라 사회적 성별에 따른 미적·문화적 정체성을 반영하는 목장식 사례다. 많은 파다웅족 소녀와 여성은 빗장뼈부터 턱 밑까지 목 전체에 놋쇠로 만든 고리를 착용한다. 5살부터 착용해 매년 고리를 추가하는데, 나중에는 25~30개 고리를 착용하면서 목이 최대 35센티미터까지 길어진다. 이 고리들은 목이 매우 길어 보이는 효과를 준다. 그러나 X선으로 확인한 결과, 고리들은 빗장뼈를 아래로 누르고 턱을 들어 목뼈를 늘리는 것이 아니라 시각적 **착시 효과**를 준 것뿐이었다.[56] 이 관습은 여성만 행하며, 구애 활동과는 관련이 없다.

파다웅족 여성의 고리 착용 관습에 대한 연구는 매우 부족하고, 기원은 대부분 전설로만 전해진다.[57] 부족 여성끼리도 전설 내용이 다르다. 한 전설에 따르면 여성들이 목에 고리를 두르는 건 호랑이의 공격으로부터 목을 보호하기 위해서였다고 한다. 호랑이는 먹잇감의 목을 노린다. 목에 두른 고리는 보호의 상징으로 이어졌다. 파다웅족 출신 작가 쿠 트웨Khoo Thwe는 이렇게 적는다.

"할머니는 우리가 아플 때 '갑옷'을 만지게 했어요. 질병 치료와 여행의 축복이 필요할 때만 갑옷을 만질 수 있었죠."[58]

어떤 여성은 목 고리를 여성성의 근원과 아름다움의 상징으로 여긴다. 파다웅족은 모계 중심 문화이며, 목 고리는 부족을 '용 어머니와의 기억'과 잇는다. 용 어머니는 목이 긴 여성으로 인간과 천사 사

이에서 난 혼혈 남성과 결혼해 파다웅족의 조상을 잉태했다고 전한다. 12살 소녀는 이렇게 말했다.[59]

"저는 그 고리가 좋아요. 아름답고, 제 어머니도 착용하시니까요."

부족의 한 노인은 이렇게 말했다.

"목이 아주 길 때 가장 아름답습니다. 길수록 더 아름답지요. 나는 이 고리를 절대 빼지 않을 겁니다. 죽을 때까지 빼지 않을 거예요."[60]

성별에 따라 다른 관습은 때로는 그저 전통과 미학의 문제일 뿐이다. 목 고리의 기원은 불분명하지만, 지난 수십 년간의 관행은 경제적·문화적 관음증과 관련됐다.[61] 20세기 초반, 파다웅 여성은 태국의 관리에게 '대여'되거나 서커스의 구경거리로 유럽에 보내졌다. 20세기 후반, 파다웅족이 미얀마의 인종 청소 운동으로 인해 고향에서 쫓겨나며 이러한 관음적 현상은 심화됐다. 사회의 주변부로 밀린 많은 파다웅 여성들은 외국인이 돈을 내고 파다웅 거주지를 방문해 목이 긴 여성을 구경할 수 있는 관광 산업의 일부가 됐다. 미를 위한 장식으로 시작했던 것이 성별에 따른 경제적 착취로 변질됐다.

* * *

성과 생식은 전신이 관여하는 과정이다. 하반신의 생식선과 성기는 생식 과정에 직접 작용하는 한편, 상반신의 머리는 다양한 감각 자극을 수집해 뇌에 언제, 누구와 짝짓기를 할지 알린다. 목은 신경 자극과 혈액 매개 호르몬을 전달해 두 영역에서 발생하는 생식 과정을 연결한다. 이 외에 목은 생식 과정에 지접적인 역할은 하지 않지만, 목은 중요하고 필수적인 보조 역할을 한다.

목은 장거리 유혹의 매개체다. 목소리는 짝을 유인하고, 목장식(자연적으로 생긴 것과 인위적으로 만든 것 모두)은 구혼자의 시선을 사로잡는다. 특히 인간의 목은 근거리 상호작용에서 중요하다. 목은 가까운 사람에게만 보이는 취약한 부위다. 즉, 목은 머리와 몸을 잇는 생리적 소통을 위한 신경과 혈관이 지나는 통로이자, 번식에 필요한 사회적 연결을 위한 메시지를 세상에 내보내는 통로이기도 하다. 목은 몸 안팎으로 성적 중개자 역할을 한다.

8장

소속과 지위:
목의 정체성 표현

21세기에 들어 미국은 특이한 대통령을 몇 명 선출했다. 2008년과 2012년에는 스스로 '이상한 이름'을 가졌다고 말한 하와이 출신의 흑인 남성을 대통령으로 뽑았다. 2016년에는 정치 경험이 전무한 리얼리티쇼 출신의 억만장자 사업가를 대통령으로 뽑았다. 이를 두고 일부 유권자들은 어떻게 받아들여야 할지 몰랐다. 이 후보자들은 어떤 사람인가? 이들의 성격과 충성도는 어떠한가? 이 질문에 답하기 위해, 일부 언론인들은 그 단서를 목에서 찾고자 했다.

2008년 〈뉴스위크Newsweek〉의 한 논설위원은 대선 후보의 넥타이를 유심히 관찰한 후 이들의 남성성과 리더로서의 정체성을 분석했다.¹ 당시 오바마 후보는 손에 고삐 4개를 쥔 19세기 마부가 발명한 어딘가 불편해 보이는 비대칭 포인핸드four-in-hand 매듭으로 넥타이를 맸다. 이는 그가 '대중의 매듭'을 내보인 것이다. 반면, 오바마의 상대 후보인 존 매케인John McCain은 삼각형에 대칭인 윈저Windsor 매듭을 했는데, 이는 '구세대 워싱턴 기득권층의 상징'을 드러낸 것이다.

넥타이를 매는 법은 수백 가지가 있는데, 오바마는 왜 '평범한' 매듭을 택했고, 매케인은 '우아'하고 '대통령다운' 매듭을 택했을까? 분명 어떤 의미가 있을 것이다. 논설위원은 개인의 역사, 반항, 열망, 정치, 물리학이라는 5가지 범주로 가설을 세웠다. 넥타이를 해석하는 일은 단순하지 않다.

2017년 〈뉴스위크〉 기자들은 〈뉴욕타임스〉, 〈보스턴 글로브The Boston Globe〉 기자들과 함께 트럼프의 특이한 넥타이에 담긴 의미를 추측하는 기사를 게재했다.[2] 〈뉴욕타임스〉 객원 논설위원 리처드 톰프슨 포드Richard Thompson Ford는 무능해 보이게 만드는 트럼프의 파격적인 넥타이 매는 습관에 충격을 받았다. 그는 "넥타이 매듭은 성정과 성격, 성장 과정을 드러내는 실크로 쓰인 자서전"이라며 트럼프의 두툼한 더블 윈저 매듭은 무례하고 외향적이라고 지적했다. 하지만 가장 충격적인 부분은 매듭 모양이 아니라 넥타이 길이였다.

트럼프는 넥타이 앞쪽을 너무 길게 매서 허리선 훨씬 아래까지 늘어뜨리는 한편, 뒤쪽은 옷깃 바로 아래에 덩그러니 짧게 남겨 둔다. 심지어 짧은 쪽을 고정하려고 넥타이 끝에 셀로판테이프를 붙였다. 그는 취임식에서도 그렇게 했다. 포드는 트럼프의 과도하게 긴 넥타이가 '엘리트 감수성'에 대한 일종의 거부를 상징한다고 추측하며, 다음과 같이 결론 내렸다. 그리고 언론도, 트럼프도 모두 이런 모호한 대통령 정체성에 대한 질문을 통해 성장했다.

"트럼프 대통령의 넥타이는 그의 대선 후보 시절과 대통령이 된 현재까지도 핵심 질문 가운데 하나를 상징한다. 그의 서툴러 보이는 모습은 진짜인가? 아니면 권력의 상징은 활용하되, 그동안 그것을 규정하고 제약한 문명적 관습을 거부하려는 의도적인 연출의 일부인가?"

지난 수 세기 동안 서구권에서 목은 남성이 정장을 입을 때 패션 취향을 표현하는 몇 안 되는 부위 중 하나였다. 넥타이의 다양한 형태는 (적어도 여성의 패션과 비교하면) 제약이 많은 남성 패션 세계에서 눈에 띄는 예외였다. 보통 정장은 검은색, 회색, 푸른색으로 제한되고, 셔츠는 단색, 줄무늬, 격자무늬이며, 바지는 주름 유무 정도만 다르다. 이렇듯 단조롭고 획일적인 배경에서 넥타이는 다양한 스타일을 보여 준다.

예를 들어, 넥타이의 폭은 시대별로 달라진다. 당시 사진에 등장하는 넥타이만 봐도 1960년대 초반인지 1970년대 중반인지 알 수 있다. 존 F. 케네디John F. Kennedy 대통령과 린든 베인스 존슨Lyndon Baines Johnson 대통령의 폭이 좁은 넥타이와 리처드 밀하우스 닉슨Richard Milhous Nixon 대통령, 지미 카터Jimmy Carter 대통령의 폭이 넓은 넥타이를 비교해 보라.

넥타이의 색과 패턴, 매듭 모양은 이보다 훨씬 더 다양하며, 대통령 후보뿐만 아니라 텔레비전에 출연한 남성의 패션 취향을 평가할 때도 넥타이는 논평 대상이 되곤 했다.[3] 하지만 넥타이는 개인의 취향을 넘어 다른 목장식과 마찬가지로 집단 정체성과 사회적 지위를 나타내는 중요한 지표였다. 8장에서는 넥타이의 비언어적 시각언어가 얼굴 아래에서 표현하는 다양한 상징을 살펴본다.

　　　　　　　　＊ ＊ ＊

　목은 시각적으로 드러나는 부위다. 목은 모두가 볼 수 있도록 노출되며, 목에 장식을 달아 시선을 끌곤 한다. 넥타이, 스카프, 옷깃, 보석, 문신 등 목에 하는 다양한 장식은 자신이 속한 단체나 본인의 정체성, 소속, 지위를 표현한다. 얼굴이 초상화라면 목은 그 아래 덧대는 설명으로 사회적 지위나 개성을 표현한다.
　신체 부위 중에서도 왜 목을 사용해 정체성과 사회적 지위를 보여 주는 걸까? 아마 얼굴과 가깝고 가늘기 때문이다. 우리는 타인의 소속과 지위를 알고 싶지만, 그것을 알고 싶어 한다는 사실을 드러내고 싶지 않다. 상대방은 눈과 얼굴에만 집중하는 척하지만 목과 목에 걸린 장식도 훑는다. 초상화와 그림 설명을 한눈에 보듯 말이다. 주민등록증을 발이나 허리에 차고 다닌다고 상상해 보라. 멍하니 주민등록증을 바라보는 사람을 쉽게 찾을 수 있을 것이다.
　목은 정중한 시선의 범위 안에 들어갈 뿐만 아니라, 잘록해서 신분을 상징하는 물건을 고정하거나 제거하기 편리하다. 목은 해부학적 표지판이다. 이곳에 우리는 쉽게 물건을 묶고, 장식하고, 감싸고, 걸 수 있다. 목에 거는 이러한 상징들은 우리의 시선이 아니라 남의 시선을 위한 것이다.
　인간 외의 다른 동물도 목을 활용해 소속과 지위를 표현한다. 많은 육상 척추동물은 목에 종의 정체성이나 사회 서열을 나타내는 정교한 장식이 있다. 7장에서도 설명했듯, 인간보다 동물의 이러한 신호는 훨씬 더 자주 구애 활동과 그 외 성적 상호작용에서 사용됐다. 8장에서는 목으로 표현하는 신호들이 짝 선택 외 사회적 상호 작용에서 어떤 역할을 하는지 살펴본다.

예를 들면, 일부 도마뱀은 짝을 유혹하기보다 종의 정체성을 표현하는 데 집중한 목 무늬를 가진다. 일부 참새 종은 번식기가 아닐 때도 사회적 서열과 나이를 알리는 목덜미 깃털을 달고 다닌다. 인간의 정체성과 지위를 나타내는 신호는 역사적 시대와 유행에 따라 변하지만, 동물의 세계에서는 복잡한 사회 맥락에서 눈에 띄고 소통하기 위해 오랜 시간에 걸쳐 선택된 것이다.

집단의 정체성

대통령의 넥타이가 개인의 특성을 드러내는 단서로 활용됐다면, 일반 남성의 넥타이는 집단 정체성을 나타내는 지표로 쓰였다. 넥타이의 색이나 무늬는 출신 학교에 대한 충성심, 가문, 특정 지역 출신임을 나타낸다. 군대 내 특정 단체나 분과 소속을 보여 주기도 하며, 일반적으로는 기관이나 하위 문화에 속한다는 점을 은근히 드러내는 데 사용됐다. 넥타이와 다른 목장식은 간결하면서도 눈길을 사로잡기에 정체성을 전달하는 데 매우 효과적이다. 넥타이는 전 세계적으로 통용되는 개념을 보여 준다. 대개 임의의 신호에 의존하는데, 그래서 인류학자의 관심을 끈다. 깃발, 마스코트, 로고 등 집단 정체성을 표시하는 상징은 비언어적이며, 최소한의 추상적인 시각적 부호로만 작용한다.

인류학자 메이어 포르테스Meyer Fortes는 넥타이가 큰 의사소통 기능을 수행하는 이유는 그 외에 기능이 전혀 없기 때문이라고 주장했다.[4] 그는 1950~1960년대 영국의 대학에서 학과, 동아리, 사교 계급에 소속됨을 나타내는 넥타이를 매는 남성들 사이에 거의 보편적으로 나타난 관행을 관찰한 뒤 글을 썼다.

"한마디로 넥타이는 조직 모임이나 친목 모임에 속한 남성, 혹은 가치관이 비슷한 남성 사이에서 소속감과 충성도를 나타내는 이상적인 휘장이다. 그리고 넥타이가 이런 용도에 적합한 이유는, 기능적인 필요 때문에 메시지가 흐려지지 않기 때문이다."

이렇듯 대부분의 의복에는 덮고, 보호하고, 단열하고, 물건을 나르는 목적이 있다. 반면 넥타이는 단순한 천 조각으로, 오직 소통의 수단으로만 기능한다.

서양에서 넥타이는 수 세기 동안 공식 사교 행사에서 소속 단체를 나타내는 '쓸모없는' 신호로 쓰였지만, 이는 전장에서 국가 정체성을 표현하는 수단에서 시작됐을 가능성이 크다.[5] 30년 전쟁(17세기에 로마 가톨릭과 개신교 세력 간 일어난 전쟁.—옮긴이) 당시 전 부대가 착용한 최초의 군복에는 적군과 아군을 구별할 수 있도록 다채로운 색상의 띠를 둘렀다. 예를 들어, 1632년 뤼첸 전투에서 로마 가톨릭 제국군은 목 가까이에 붉은 띠를 맸고, 개신교도 스웨덴군은 초록 띠를 맸다. 짙은 안개로 유명한 이 전투에서 밝은 색상의 띠를 둘러 적군과 아군을 구별한 것은 특히 유용했을 것이다.

크라바트cravat(넥타이처럼 목에 두르는 남성용 스카프.—옮긴이)에도 군사적 기원이 있다. 1678년, 프랑스가 튀르키예를 장악하기 위해 오스트리아-헝가리 제국과 싸울 때 크로아티아 출신 용병을 고용했는데, 이들은 화려한 색의 실크 두건으로 목을 장식했다. 이후 크로아티아 부대가 승리해 파리로 진군하자 루이 14세가 크게 기뻐하며 비슷한 스카프를 착용했고, 이것이 대중 사이에서 유행했다. 루이 14세는 군대 전체 연대를 왕립 크라바트Royal-Cravates라고 명명하기까지 했다. '크라바트'라는 이름도 크로아티아인Croat 용병에서 유래했다. 크로아티아인이 목에 두른 두건은 아마 크로아티아 주변의 정착촌에 살던 로마인이 입던 옷에서 모티브를 얻었을 것이다. 지금은 권력의 상징이 된 넥타이가, 한때 소외된 로마인의 장식에서 유래했다는 사실은 아이러니하다.

넥타이와 달리 목에 두르는 스카프에는 다양한 용도가 있다. 우선 목을 따뜻하게 한다. 일부 문화권과 특정 시기에는 여성 복장에 스카프를 둘러 목과 가슴 윗부분을 가려 단정함을 표현했고, 스카프를 위로 둘러 머리를 덮거나 머리 모양을 보호했다. 스카프도 넥타이처럼 집단 정체성의 상징으로 활용됐다. 100년 넘게 여성들은 여성 권리를 위한 투쟁에 연대한다는 의미로 스카프를 착용했다.[6] 20세기 초 영국의 여성사회정치연합Women's Social and Political Union은 여성 참정권을 지지한다는 의미로 회원들에게 초록색, 보라색, 흰색 스카프를 배포했다.[7] 연합 설립자 에멀라인 팽크허스트Emmeline Pankhurst는 이렇게 설명했다.[8]

"보라색은 모든 여성 참정권 운동가의 혈관에 흐르는 왕족의 피를, 흰색은 사생활과 공공의 일에서의 순수성을, 초록색은 희망과

봄을 상징합니다."

수십 년 뒤, 아르헨티나 여성들은 호르헤 라파엘 비델라Jorge Rafael Videla의 독재 정권하에서 실종된 성인 자녀를 위해 모인 시위 장소에 흰색 스카프를 두르고 나타났다. 여기에서 흰색은 순수성이 아니라 모성애를 상징했다. 1977년, 이후 마요 광장의 어머니들 Madres de la Plaza de Mayo 운동이 시작됐을 때, 창시자 아수세나 비야플로르 데 빈센티Azucena Villaflor de Vincenti는 여성들에게 머리에 흰 기저귀 천을 두르고 목에 묶어 시위에 참여 중임을 알리자고 제안했다. 그리고 그녀는 이렇게 말했다.

"모든 어머니는 자녀가 아기였을 때 사용하던 물건을 간직하기 때문입니다."

이후 수년 동안 수백 명의 여성이 매주 목요일에 기저귀 스카프를 착용하고, 부에노스아이레스에 있는 마요 광장에 모였다. 많은 기저귀에는 실종된 자녀의 이름을 수놓았다.

2005년, 아르헨티나 여성들이 전국 낙태권 지지 캠페인을 조직하면서 이번에는 자연, 성장, 생명의 상징인 초록색 스카프를 흔들며 목에 두르고 다녔다.9 2018년, 수천 명의 낙태권 운동가들(녹색 바다)이 낙태 합법화 법안을 지지하기 위해 아르헨티나 의회 밖에 모였다. 이 운동의 상징은 대중에게 널리 퍼져 초록색 천이 부족할 정도였다. 한편, 낙태를 반대하는 이들은 이에 맞서 목에 파란색 두건을 두르기 시작했다. 낙태권 운동과 목에 두르는 초록색 두건은 라틴아메리카 전역으로 확산됐고, 미국 대법원이 로 대 웨이드Roe v. Wade 사건에서 낙태 보호 판결을 뒤집자, 시위대는 같은 상징을 사용했다. 오늘날에도 초록색 두건은 여성 생식권을 의미하는 국제적 상징이다.

* * *

넥타이와 스카프가 집단 정체성을 나타낸다면 옷깃, 특히 옷깃의 색은 직업 정체성을 나타낸다.[10] 1910년대 등장한 '화이트칼라white collar 노동자'라는 용어는 깔끔한 사무실에서 옷을 더럽힐 염려 없이 서류 작업하는 관리직과 사무원을 가리키는 말이다. 역사적으로 사무직 노동자는 흰 셔츠를 입었고, 셔츠를 표백하고 다림질할 사람을 고용할 만큼 부유했다.

그로부터 10년 뒤, 육체노동으로 기름, 먼지, 때를 가리기 위해 어두운색 옷을 입은 노동자를 가리키는 '블루칼라blue collar 노동자'라는 용어가 사용되기 시작했다. 원칙적으로 작업복은 어두운색이면 무엇이든 상관없었다. 그런데 왜 파란색을 사용했을까? 작가 주드 스튜어트Jude Stewart는 파란색 염료가 작업복의 내구성과 편안함을 연결한다고 설명했다.[11] 내구성을 위해 작업복은 두껍고 튼튼해야 하는데, 그러면 너무 뻣뻣하고 불편해진다. 이때 인디고(염색 재료이자 색상명으로, 인디고색은 짙은 푸른색을 띤다.—옮긴이)로 염색하면 뻣뻣한 천이 유연해진다.

실을 통과하는 대부분의 염색과 달리 인디고는 표면에만 달라붙는다. 따라서 인디고로 염색한 옷을 계속 입고 세탁하면 염료 얼룩이 떨어지면서 섬유조직도 함께 빠진다. 이로 인해 원단의 새이 열어지기도 하지만, 우리가 즐겨 입는 청바지처럼 부드러워지기도 한다. 1911년부터 리바이스트라우스Levi Strauss 회사는 기존 작업용 바지를 인디고로 염색하기 시작했다. 데님은 편한 셔츠를 만들기에는 두껍지만, 사람들은 청바지를 부드럽고 옅은 파란 셔츠와 함께 자주 입었다. 그리고 이 파란 셔츠와 목을 감싸는 파란 옷깃이 육체 노동자의 상징이 됐다.

1970년대부터 직업을 식별하는 수단으로 옷깃 색이 더 다양해졌다. 1978년 출간된 《Pink Collar Workers(핑크칼라 노동자)》에서 루이즈 하우Louise Howe는 여성 평등에 관한 수많은 논의가 있었음에도 직업은 여전히 성별로 크게 분리됐다고 설명했다. 그리고 비서, 간호사, 초등학교 교사, 은행 창구 직원, 승무원 등의 직업은 '핑크칼라Pink Collar 노동자'라고 불리는 여성 노동자로 채워졌다고 주장했다.[12]

21세기에는 옷깃 색에 더 많은 의미가 부여됐다. 금색 옷깃은 금융, 기술, 의학, 법률 분야의 지적 노동자를, 녹색 옷깃은 환경 관련 직종 종사자를, 주황색 옷깃은 교도소 근무자를, 자홍색 옷깃은 성 노동자를 의미한다.[13] 최근에는 고급 기술이 필요하지만 고학력은 필요하지 않은 신흥 직종 종사자를 가르키는 '뉴 칼라new collar', 특정 노동층을 대체할 수 있는 로봇을 가리키는 '가상 칼라virtual collar'까지 등장했다.[14]

옷깃 구분이 다양해지는 동시에 비즈니스 복장에 대한 전통적 제약이 완화되기 시작했고, 일부 회사원은 권위적인 넥타이와 셔츠를 과감히 벗어 던졌다. 그중 가장 유명한 인물은 애플Apple의 설립자

스티브 잡스Steve Jobs다. 그는 전통적인 넥타이를 피하면서 패션 혁신가로서 자신만의 스타일을 만들었다.

잡스는 비즈니스와는 거리가 먼 옷깃도, 특별한 색도 없는 검은색 터틀넥을 즐겨 입었다. 애플 제품에서 그는 최소한의 아이콘으로 아주 복잡한 기계를 제어하는 아이디어를 제시했다. 그리고 짧게 깎은 머리와 수염, 무테안경으로 개인 이미지에도 미니멀리스트의 모습을 투영했다. 목에 최소한의 것만 걸친 모습은 불필요한 어수선함에서 벗어났음을 강조하는 듯했다. 그는 계층을 나타내는 넥타이와 직업적 지위를 나타내는 옷깃의 변덕을 넘어섰다. 이후 급성장한 기술 산업의 2세대 거물들(세르게이 브린Sergey Brin, 래리 페이지Larry Page, 홈스, 마크 저커버그Mark Zuckerberg 등)은 기성 체제를 상징하는 넥타이를 피함으로써, 기성 체제의 가치를 거부하는 그들의 주장을 계속해서 널리 알렸다.

격식을 차리는 비즈니스 세계에서는 복장 규정이 완화된 듯 보이지만, 종교계는 적어도 하나의 전통을 고수한다. 거의 모든 종교계의 복장은 목을 가리는데, 얼굴 아래의 신체는 단정하게 감추면서 머리의 권위를 드러낸다. 이 장식은 머리와 몸의 경계를 명확히 보여 주며, 1장에서도 설명한 바와 같이 일부 서양의 종교 전통에서는 목을 머리의 순수한 작용과 몸의 세속적인 기능을 가르는 경계로 본다.

20세기 초부터 기독교 성직자를 대표하는 상징은 목 전체를 감싸는 뻣뻣한 검은색 옷깃과 앞쪽의 흰 사각형 '클레리컬 칼라Clerical collar(로만 칼라Roman Collar)'였다. 기독교 성직자는 6세기부터 공공장소에서 자신들만의 의복을 입기 시작했고, 13세기 이후에는 검은 예복 위에 흰색 리넨 칼라를 착용하는 것이 일반적이었다. 1624년 교황 우르바노 8세가 화려한 칼라를 금지하기 전까지 칼라는 장식과 레이스가 더해져 화려했다. 1980년대에 탈착 가능한 클레리컬 칼라가 등장하고, 제1차 세계대전에서 사제들이 널리 사용하면서 기독교 성직자의 보편적 상징으로 굳었다.[15]

오늘날에도 클레리컬 칼라는 경의를 불러일으킨다. 그저 단순한 흰 사각형에 불과한 이 상징은 사람들이 총을 내려놓거나, 죄를 고백하거나, 소리 지르는 것을 멈추게 하거나, 더 정중하게 말하거나, 흐트러진 머리를 정리하게 만든다. 클레리컬 칼라는 여전히 도덕적 권위를 지닌다.

그러나 성직자라는 신분은 존경심을 불러일으킬 수도 있지만, 위협을 부를 수도 있다. 2007년, 영국 웨일스 남부에서 폴 베넷Paul Bennett 신부는 종교와 칼에 집착하며 스스로를 사탄이라고 선언한 23세 제런트 에번스Geraint Evans에게 6번이나 등을 찔렸다.[16] 영국 성공회는 보고서에서 클레리컬 칼라가 성직자를 '쉬운 표적'으로 만들 수 있다며, 심지어 캔터베리 대주교에게도 캐주얼한 복장을 권고했다.[17] 2016년, 앞선 사건과는 별개로 성당에서 미사를 하던 사제 2명이 아이에스IS의 영향을 받은 지하디스트jihadist에게 찔린 사건이 발생했다. 영국의 대테러 전문가들은 사제들에게 클레리컬 칼라 착용에 주의하라고 경고했다.[18] 안타깝게도 종교적 목장식은 경건함뿐 아니라 폭력성도 불러일으킬 수 있다.

내 아버지는 헌신적인 기독교 신자였고, 순순히 따르는 아이들을 데리고 일요일마다 교회에 갔다. 아버지는 헐렁한 원피스나 발등이 드러나는 샌들, 길고 덥수룩한 머리, 그 밖의 불경한 외관에 대해서는 크게 개의치 않았다. 그러나 한 가지, 반드시 지켜야 하는 규칙이 있었다. 아들들이 며칠 동안 목을 면도하지 않으면, 아버지는 검지로 목을 쓸어내리며 이렇게 말했다.

"더 단정하게 다듬을 수는 없는지 한 번 더 확인하거라."

말이 적은 분이었다는 걸 생각하면, 이 말은 꼭 하라는 의미였다. 수염이 덥수룩한 건 괜찮았다. 아버지가 참지 못한 건 수염과 목을 구분할 수 없게 만드는 곱슬곱슬한 경계선이었다. 품위에는 한계가 있고, 목도 마찬가지다. 아버지가 대중문화를 미리 내다본 건 아니지만, 21세기 퇴폐주의 상징의 출현을 예견한 것 같기도 하다. 바로 목 수염neckbeard이다. '노우 유어 밈Know Your Meme' 웹사이트에 따르면, 목 수염은 인터넷 세상 속 상징으로서 2003년 대중문화에 등장했다.

"목 수염은 턱과 목에 수염이 빽빽이 난 스타일로, 매력 없고 과체중이며, 여성 혐오적인 인터넷 사용자를 말하는 경멸적 용어다."[19]

또 다른 웹사이트에서는 목 수염이 있는 사람을 "치토스와 마운틴 듀 냄새를 풍기며 부모님 집 지하실에서 게임하며 대부분의 시간을 보내는 20대의 성인 남성"이라고 표현했다. 썩 매력적으로 들리지는 않는다. 목에 난 털은 어쩌다가 혐오감을 불러일으켜 경멸적인 사람을 뜻하는 단어가 됐을까? 목 수염은 미성숙을 의미하는 걸까? 이들은 너무 게을러 가장 기본적인 자기 관리도 하지 않는 사람들인 걸까? 아니면 그서 머리와 몸을 나누는 경계선이 털로 덮여 구별할 수 없는 것이 거슬리는 걸까? 어쨌든 지금도 나는 목에 수염이 길게 자라는 것을 두고 보지 못한다.

시골 노동자를 뜻하는 '레드넥redneck'이라는 이름은 직업에서 유래된 것으로 추정한다. 이 사회계층은 햇볕 아래에서 장시간 일해 목이 붉게 그을린 시골 지역 사람들과 관련 있다. 그러나 '레드넥'은 직업 계층보다는 문화에 더 가깝다. 캘리포니아 농부나 뉴멕시코 목장주의 목덜미도 붉을 수 있지만, 이들은 '레드넥'은 아니다.

역사적으로 애팔래치아산맥, 오자크산맥과 관련 있는 '레드넥'은 배타적인 중하류층 계급 정체성에 대해 저항적 자부심을 가진다. 이 독특한 미국 아이콘이 언제, 어떻게 '레드넥'으로 알려졌는지 유래는 다양하다. 일부는 그 기원을 미시시피강 하류, 아칸소주 늪지대, 조지아주 소작 농장으로 거슬러 올라간다.[20] 어떤 이론은 이 명칭의 뿌리를 고대 유럽에서 찾는다. 원조 레드넥은 햇볕이 아니라 반항하는 장로교 신자들의 피로 목이 붉게 물들었다는 것이다.[21]

1640년대, 스코틀랜드의 장로교 신자들은 영국 국교회 주교들의 계급 체계에 반항해 자신의 피로 쓴 문서에 서명하면서 영국 국교회에서 분리하겠다는 의지를 밝혔다. 이 움직임을 이어 가기 위해 장로교를 지지하는 서약자들은 피로 물든 독립선언을 기념하는 붉은 천을 목에 두르고 다녔다. 이 저항 세력의 후손들은 아일랜드 저지대에서 수백 년을 살았지만, 18세기 후반부터 19세기 초반에 많은 이들이 미국으로 이주했다. 당시 대서양 연안의 주요 농경지는 이미 초기 이민자가 대부분 차지한 상태였고, 이들은 서쪽 애팔래치아로 이동해 '푹 꺼진 땅holler'에 정착했다. 수 세기가 지났지만,

이들은 반항적인 태도를 유지하며 목에 붉은색을 두르는 전통도 고수했다.[22]

* * *

대부분의 '정체성을 드러내는 표식'은 상황에 맞춰 바꿀 수 있고, 필요하다면 완전히 지울 수도 있다. 집으로 돌아가 사적인 생활로 들어가면, 우리는 넥타이, 스카프, 클레리컬 칼라 같은 목 주변의 장식을 벗는다. 그곳에서는 굳이 내 정체성을 알리거나 스타일을 뽐낼 필요가 없기 때문이다.

하지만 쉽게 지울 수 없는 표식이 있다. 바로 문신이다. 문신은 한 번 새기면 평생 남는다. 특히 목 문신은 가리기가 어려워, 누구에게나 항상 보인다. 어깨나 엉덩이에 새기는 문신은 결심이 필요하지만, 그것은 제한된 사람들만 볼 수 있다. 반면, 셔츠 깃 위로 드러나는 목 문신은 완전히 다르다. 그곳에 내면의 상징이나 사랑의 서약을 새긴다는 건, 평생 사람들의 시선 속에 살겠다는 뜻이기도 하다. 이런 문신은 언제나 눈에 띄어 질문하게 만들고, 감탄하게 하거나, 때로는 판단하게 한다.

문신이 집단 상징으로 활용되는 경우, 그 결과는 단순한 호기심이나 빤히 쳐다보는 시선 이상으로 심각할 수 있다. 로버트 토레스Robert Torres는 15살에 산 페르스San Fers라는 갱단에 대한 충성심을 표현하려고 목에 'SF'라는 글자를 새겼다. 그리고 이 문신 때문에 그는 목숨을 잃었다.[23] 문신을 새긴 직후 그는 여러 차례 수감됐고, 그

때마다 목 문신 때문에 갱단원들이 수용된 곳으로 보내졌다. 마지막 출소 후 그는 범죄를 더 이상 저지르지 않겠다고 결심하며 전처와 다섯 자녀 곁으로 돌아갔다. 그러나 출소 이틀 만에 경쟁 조직 셰이킹 캣 미지츠Shakin' Cat Midgets' 소속 갱단원에게 총을 맞아 숨졌다. 그가 출소하기 몇 주 전, 산 페르스 갱단이 차를 타고 가며 총격 사건을 일으킨 데 대한 보복이었다. 가해자들은 그의 목 문신으로 그의 소속을 알아본 것이다.

경제학자 레이 피스먼Ray Fisman과 팀 설리번Tim Sullivan은 이런 상징의 치명적 논리를 설명했다.24 두 경제학자는 조직화된 범죄 조직을 운영하기 위해서는 많은 정보에 빠르게 접근할 수 있어야 하며, 그중에서도 가장 중요한 정보는 소속과 충성심이라고 생각했다. 단순한 말이나 옷, 목장식, 보이지 않는 곳에 새긴 문신 등 탈부착이나 숨기는 것이 가능한 상징으로 조직을 향한 충성심을 표현하는 대가는 크지 않다. 그러나 목 문신은 공개적이고 영구적이어서 궁극적으로 충성심을 드러낼 수 있다. 더불어 목 문신은 취업에 불리해 다시 주류로 돌아갈 수 없다는 신호이기도 하다. 이러한 문신은 갱단 밖의 삶을 무척 힘들게 만들어 탈퇴하지 않겠다는 효과적인 약속의 역할도 한다. 토레스가 배운 것처럼, 갱단 밖에서의 삶에는 너무 큰 대가가 따른다.

* * *

인간은 다른 인간, 즉 동족의 다른 구성원에게 집단 정체성을 알리는 데 많은 노력을 기울인다. 반면 다른 종족에게는 정체성을 전달할 필요성을 거의 느끼지 않으며, 인간과 인간 외의 생물을 혼동하지 않는다. 하지만 동물들은 비슷한 종, 잘못된 종과 짝짓기를 피하기 위해 어떻게든 종 정체성을 널리 알린다. 일부 동물은 목에서 종 고유의 신호를 발산한다. 대표적인 예가 라틴아메리카 열대지방에 사는 도마뱀 무리다.

서인도 제도의 여러 곳에 한동안 앉아 있다 보면, 아놀리스도마뱀이 머리를 위아래로 변덕스럽게 흔들며 밝은색의 턱 밑 볏을 번쩍이는 모습을 볼 수 있다. 아놀리스도마뱀은 육상 척추동물 중에서도 가장 풍부한 종을 자랑하는데, 이는 화려한 볏을 통한 소통 신호와 관련 있다.[25]

아놀리스도마뱀속Anolis의 종은 목 피부 바로 아래를 따라 뻗은 연골 막대로 만들어진 변형된 목뿔뼈 기관이 있다. 볏을 펼칠 때 아놀리스도마뱀은 연골을 아래로 내려 턱과 목 아래에 있는 화려한 색의 피부 조각을 노출한다. 볏을 과시하는 행동은 이들의 생활 방식에 필수적이다.[26] 예를 들어, 번식기에 수컷은 하루 중 상당한 시간을 볏을 보이는 데 쓴다. 일부 종은 활동 시간의 95퍼센트를 볏을 보이는 데 사용하며, 시간당 최대 100번이나 펄럭인다. 이렇듯 볏을 과시하는 행위는 영역에 자신의 존재를 알리거나 영역에 침입하려는 수컷을 내쫓는 등 다양한 기능을 한다. 그러나 여기에서는 종의

〈그림 17〉 턱 아래에 있는 화려한 볏을 펼치는 아놀리스도마뱀. 이 피부 주름은 종을 식별하는 데 사용된다. 사진: R. 콜린 블레니스R.Colin Blenis, 2010년.

정체성을 알리는 신호에만 집중하려 한다.

아놀리스도마뱀속에는 약 400종이 있는데, 이들의 볏 크기와 색, 머리 흔드는 리듬과 지속 시간, 강도가 각기 다르다. 각 종마다 고유한 볏과 머리를 흔드는 패턴이 있다. 카리브해의 앤틸리스 제도 Greater Antilles에는 다양한 종의 아놀리스도마뱀이 서식한다. 쿠바에는 무려 64종이 서식하고, 한 서식지에서 최대 15종이 함께 발견되기도 한다. 이렇게 비슷하면서도 서로 다른 이웃 종들 속에서, 아놀리스도마뱀이 직면한 가장 어려운 점 중 하나는 바로 동족인 짝을 찾는 것이다.

구애할 때 수컷은 자기 종만의 특정한 방식으로 고개를 끄덕이며 동시에 종 고유의 볏을 번쩍인다. 암컷은 다가온 수컷이 동족임을 확신하면, 고개를 까딱이며 목을 젖혀 찍짓기 의사가 있음을 표현한다. 이렇게 수컷의 화려한 볏에도 불구하고, 정작 암컷은 짝을 고를 때 볏을 크게 고려하지 않는 것으로 보인다.[27] 7장에서 언급했듯, 많은 수컷의 장식은 진화 과정에서 암컷이 특정 형태의 과시에 선호를 보이면서 점점 화려해진다. 그러나 아놀리스도마뱀 수컷의 볏은 동종 수컷들의 볏과 거의 다르지 않으며, 따라서 볏으로는 더 강하거나 약한 개체를 파악할 수 없다. 또한, 실험실에서 암컷에 선택권을 줬을 때도 특정 수컷 볏을 선호하는 경향은 거의 나타나지 않았다.[28]

그렇다고 해서 볏에 성적인 기능이 전혀 없는 것은 아니다. 실제로 다른 종의 볏을 보거나 볏을 보이지 않는 수컷을 만나면 암컷은 짝짓기를 하지 않는다. 따라서 볏은 나만의 짝을 찾기보다는 동일 종을 구별하는 데 더 중요한 역할을 한다. 목 아래 달린 볏을 활용하는 종 인식 체계는 꽤 정확하며, 아놀리스도마뱀이 다른 종과 짝짓기하는 경우는 아주 드물다.

목에 달린 볏이 현재 종 경계를 **유지**하는 데 도움이 된다고 하지만, 과거 진화 과정에서 볏 다양화와 새로운 종 **형성** 사이의 인과 관계는 명확하지 않다. 종 분화가 볏의 다양화로 이어진 걸까, 아니면 볏의 변이가 새로운 종 형성을 이끌었을까? 진화 생물학자 조너선 로소스Jonathan Losos는 처음에는 동족 구성원에 눈에 띄는 신호를 보내기 위해 발달했으나, 이후 종을 구별하는 수단으로 발전했다고 주장한다.[29]

아놀리스도마뱀은 어두운 숲, 탁 트인 초원, 갈색 나무줄기, 푸른 잎 등 다양한 환경에서 서식하기에 배경과 대비되는 다양한 무늬와 색을 진화시켰다. 어떤 형태로든 의사소통하려면 신호가 눈에 잘 띄어야 한다는 조건을 바탕으로 로소스는 다음과 같은 진화 시나리오를 가정한다.[30] 어두운 숲에 사는 흰 볏을 지닌 종이 풀밭으로 활동 영역을 넓히면, 밝은 환경 탓에 의사소통이 어렵다. 볏 색이 배경과 대비되지 않기 때문이다. 자연선택의 힘이 작용해 여러 세대에 걸쳐 볏의 색은 어두워지고 환경과 대비를 이룬다. 하지만 서식지를 옮긴 개체군과 기존의 개체군 사이의 의사소통 신호가 달라졌기에 두 개체군은 짝짓기를 하지 않으며 따라서 다른 종이 된다.

이런 과정이 다양한 환경에서 수백만 년 반복되며, 육상 척추동물 역사상 최대 규모의 다양화로 이어졌다. 이는 적어도 부분적으로는 화려한 목의 변이가 영향을 미쳤을 것이다. 자연이 목에 새긴 화려한 '문신'은 종 내 구성원 간 소속감을 강화하고 종 사이의 경계를 유지한다. 덕분에 세상은 더 흥미로운 곳이 된다.

사회적 지위

목에서 내보내는 신호는 때로 소속에 대한 중립적 선언이지만(나는 이 집단에 소속된다), 계급을 암시하는 경우도 많다(내가 속한 집단은 당신이 속한 집단보다 계급이 높다). 사람들은 더 높은 계층, 더 권위 있는 기관, 상류 클럽에 속하고 싶어 한다. 그리고 이를 위해 소속집단을 상징하는 표시를 드러내곤 한다. 목에 거는 상징은 일반적으로 개인의 계급을 나타낸다. 옷이나 보석 등 턱 아래 걸린 장신구는 보통 지위의 상징으로 사용된다.

넥타이가 사회적 계층을 나타내는 수단으로 사용되기 시작한 때는 1820년대 영국에서 출판된 《Neckclothitania(넥클로시테이니아)》에서 드러난다.[31] 이 짧은 글에서 남성이 착용하는 목장식을 처음으로 '타이tie'라고 언급한 것으로 추정된다.[32] 저자는 상류층 영국 신사들을 대상으로 한 이 매뉴얼에서 프랑스혁명과 미국 독립 혁명, 그리고 그 배경에 있는 평등주의가 '패션의 온도계'를 흔든 데 대한 혐오감을 드러냈다.

사회가 격변하면서 사회계층에 따라 사람을 구별하기가 더 어려워졌다. 런던 거리에 다양한 배경의 사람들이 모두 넥타이를 맨다면 어떻게 신사와 그 반대의 사람들을 구별할 수 있겠는가? 저자는 넥타이의 2가지 대표적인 특징, 즉 넥타이가 얼마나 빳빳한지 그리고 매듭 모양은 얼마나 정확한지 확인하면 된다고 설명했다. 소규모 상인들은 넥타이에 풀 먹이는 세탁비를 감당할 수 없어 **평범하게 세탁할** 것이라 했다. 그리고 도우미에게 전달할 넥타이에 올바르게 풀 먹이는 법에 대한 지침을 제공했다. 주머니 크기의 이 소책자에는 14가지의 매듭법과 사교 행사별로 적절한 매듭이 설명돼 있다. 교양 있는 신사들은 이 책자를 들고 다니며 사교 행사에 맞춰 매듭을 다시 묶었다. 딱딱한 넥타이를 매고 자리에 맞는 매듭을 묶는 것, 귀족의 신분을 나타내기 위해서는 이것만 있으면 됐다.

1820년 런던 거리에서 시작된 이 표식을 1980년대 뉴욕의 월스트리트와 연관 짓는 건 그리 어렵지 않다. 금융계의 카스트와도 같은 위계를 묘사한 소설 《허영의 불꽃Bonfire of the Vanities》에서 톰 울프Tom Wolfe는 이렇게 말한다.

"연노랑색 넥타이는 재계의 일벌들이 두르는 휘장이 됐다."[33]

남성에게 넥타이가 있다면, 여성은 기업과 직업 세계에서 지위를 나타내는 상징으로 스카프를 사용했다. 2015년, BBC는 스카프를 여성의 '신권력 상징'이라며, 크리스틴 라가르드Christine Lagarde의 사례를 조명했다.[34] 국제통화기금IMF의 전 총재이자 현 유럽중앙은행ECB 총재인 그녀는 업무 복장에 스카프를 활용하는 것으로 유명하다.[35] 특히 20세기 중반에는 스카프도 넥타이처럼 상류 기관의 구성원임을 나타내는 상징으로 사용됐다. 헵번, 그레이스 켈리Grace Kelly, 브리지트 바르도Brigitte Bardot, 재클린 케네디 오나시스Jacqueline Kennedy Onassis, 심지어 엘리자베스 2세 여왕과 같은 사회적 유명 인사들은 공공장소에 나갈 때 목과 머리에 스카프를 둘렀다. 에르메스Hermès의 실크 스카프는 최고 지위의 상징이었다. 패션 기업들은 정기적으로 한정판 스카프를 제작해 상위 고객들에게 선물로 보냈다.[36]

지위를 나타내는 가장 극단적인 목장식 형태는 16세기 후반부터 17세기 초반 유럽 귀족이 착용했던 러프 칼라ruff collar였다. 목둘레 주름에서 유래한 러프 칼라는 수십 년 만에 화려한 의복 장식으로 발전했다. 1580년대에는 남녀 모두 레이스나 고급 리넨으로 만든 주름 폭이 4분의 1야드(약 20센티미터)까지 넓어졌고, 위아래로는 턱에서 어깨까지 닿을 정도로 길어졌다. 여성은 러프 칼라로 가슴을 덮기도 했다. 이 독특한 장식은 머리를 당당하게 들어 올리게 할 뿐 아니라, 목을 감싸는 천 때문에 머리를 뒤로 젖히게 만들어 '자랑스러운' 자세를 취할 수밖에 없었다. 문화사학자 수전 빈센트Susan Vincent는 이렇게 썼다.

"러프 칼라를 착용한 사람은 턱을 꼿꼿이 세우고 머리를 높이 치켜든 채 거만하게 무시하는 듯한 태도를 보였다."37

이렇게 섬세하고 정교하게 장식된, 심지어 자세를 제한하는 장식을 착용함으로써 귀족은 실용적인 의복을 입을 필요가 없다는 사실을 과시했다. 돈과 시간, 하인이 충분했기 때문이다. 러프 칼라 제작에는 많은 재료와 노동력이 들어갔다. 빈센트는 이를 '궁극적인 패션의 낭비'라고 불렀다. 이는 부와 풍요를 완벽하게 상징하는 장식이었다.

가장 정교하게 만든 러프 칼라는 리넨을 18미터 이상 사용했다. 약 50센티미터의 천에는 100개 이상의 리넨 뭉치를 사용했고, 금이나 은으로 수놓는 경우도 많았다. 러프 칼라에는 지지대 역할을 하는 철사 뼈대가 필요했으며, 숫자 8 모양으로 접은 부분을 고정하는 데 100개 이상의 핀이 필요했다. 또 러프 칼라는 하인의 도움을 받아 착용하는 데만 몇 시간이 걸렸다. 리넨은 풀을 먹였기에 땀을 흘리거나 착용하는 것만으로도 힘이 약해져, 착용할 때마다 처음부터 모든 과정을 반복해야 했다. 비교적 단순했던 옷깃은 몇 세대 만에 과도하게 큰 러프 칼라로 발전했다.

러프 칼라가 과장된 형태로 진화하는 데 핵심이 된 것은 직물에 풀을 먹여 뻣뻣하게 만드는 기술이었다. 풀 먹이기는 러프 칼라 열

〈그림 18〉 러프 칼라를 착용한 여성의 초상화, 1644년. 작가 미상, 요한 바오로 2세 박물관 소장품.

풍이 불기 직전인 1530년대에 하나의 패션 공정으로 등장했고, 이후 수십 년 동안 러프 칼라가 더 넓고 길어지는 데 한몫했다. 러프 칼라 제작 못지않게 풀 먹이기 역시 노동이 많이 드는 과정이었다. 천을 담그고, 세척하고, 말리는 데만 두 달 이상이 걸렸다.

풀을 만드는 데는 밀이나 옥수수 같은 곡물이 사용됐다. 이는 귀족에게는 대수롭지 않았을 수 있지만, 농민에게는 귀중한 식량이었다. 곡식이 부족한 시기에 풍성한 러프 칼라를 본 평민은 분노했을 것이다. 귀족의 러프 칼라는 대중이 식량을 희생한 덕분에 빳빳하게 설 수 있었다. 약 450그램의 풀을 만들려면 900그램의 곡물이 필요했으므로, 16세기 귀족 패션 유행으로 사라진 빵은 수백만 개에 달했을 것으로 추정된다.

유럽 귀족이 러프 칼라를 착용하고 초상화를 남기던 시기, 오늘날 나이지리아에 해당하는 서아프리카 에도Edo 문화권의 왕족도 목에 지위를 상징하는 장식을 했다.[38] 왕, 추장, 그 외 왕궁에 소속된 사람들의 황동 조각상에는 턱에서 목 아래까지 이어지는 최대 40줄의 산호 구슬 목장식이 걸려 있다. 특히 붉은색과 주황색 산호는 500년이 넘게 귀중한 재료였으며, 베냉Benin 의상 문화에서 지금까지도 중요한 위치를 차지한다.[39] 오바Oba, 즉 왕은 산호 구슬 생산과 유통을 통제하며, 왕궁 구성원의 지위를 부여하는 방식으로 이를 분배했다. 왕의 의상은 당연히 산호 구슬로 가장 화려하게 장식됐다. 가장 극단적인 사례로, 왕의 의식용 예복에는 목에서 최대 30센티미터에 이르는 산호 구슬 목걸이가 장식되기도 했다.

오바의 아내도 여러 겹의 산호 구슬 장식으로 목과 머리, 다른 신체 부위를 덮었다. 계급 피라미드에서 왕 바로 아래에 있는 추장은 철사에 구슬을 꿰어 여러 층이 진 원통 모양의 반지를 착용했다. 추장의 구슬 장식 높이는 오바의 총애와 지위에 비례했다. 오바가 추장들 사이의 상대적 위계를 알 수 있도록 오바 앞에서 추장들은 늘 목걸이를 착용해야 했다. 에도족에는 "머리가 인생의 여정을 이끈다"라는 속담이 있다.[40] 즉, 머리 바로 아래 있는 목장식은 그 사람이 얼마나 영향력이 있는지 보여 준다. 오바의 왕궁에서 지위는 목에 걸린 구슬로 누구나 알아볼 수 있었다.

* * *

럭셔리 스카프, 넥타이, 거대한 러프 칼라, 화려한 보석 등 사람은 목에 두르는 다양한 비언어적 상징물로 지위를 드러낸다. 그러나

이 상징물은 언어가 아닌 부호이기에 속이기 쉽다. '나는 엘리트다'라는 직접적인 표식을 달지 않아도, 엘리트 집단의 일원처럼 보이게 하는 상징만 착용하면 된다. 에르메스 스카프나 아이비리그 로고가 그려진 넥타이 등이 그 예다.

어떤 의사소통 체계에서든 의도적인 오해 가능성은 늘 존재한다. 하지만 그 대가로 사회적 비용을 부담해야 할 위험도 있다. 거짓 주장으로 따돌림을 당하거나 조롱받을 수도 있다. 목장식의 정직성과 기만성 문제는 1970~1980년대 시버트 로어Sievert Rohwer의 고전적 연구에서 조사됐다. 하지만 그의 연구 대상은 사회를 활보하는 인간이 아니라, 복잡한 사회역학 속에서 갈등을 해결하고 서열을 확립하는 참새 무리였다.

인간과 마찬가지로 많은 동물도 사회적 위계 안에서 자신의 지위를 알리기 위해 시각적 부호를 사용한다. 이러한 지위 신호와 성적 신호를 구별하기는 어려운데, 지위가 높으면 여러 마리의 짝에 접근할 수 있기 때문이다. 그러나 로어가 참새를 대상으로 한 연구에 따르면, 짝짓기를 하지 않는 비번식기에 나타나는 신호는 사회적 지위의 상징으로 작용하며 계급과 성숙도를 전달한다.

겨울이 되면 해리스 참새Harris's sparrow의 목덜미와 머리 윗부분에는 어두운 깃털이 난다. 이 기간에 참새는 먹이, 둥지, 서식지를 두고 무리 내에서 사회적 갈등을 자주 겪는다. 그러나 짝짓기로 인한 갈등은 없다. 어두운 반점은 지배력과 관련 있다. 반점이 더 크고 색이 짙을수록 서열이 높다.[41] 이는 단순히 보여 주기 위한 장식이 아니다. 목덜미 색이 짙은 개체가 경쟁에서 승리할 가능성이 높기에, 이 표식은 싸움 능력을 예측할 수 있는 직관적 신호다. 이와 같은 직관적 지위 신호체계는 무리 내의 전반적인 갈등을 줄인다. 하위 개체는 목덜미 색을 보고 상위 개체와의 싸움을 피할 수 있기 때문이다.

하지만 유전적 돌연변이가 발생해 전투 능력이 떨어지는 일부 개체가 짙은색 깃털을 갖게 되면 이 평화로운 안정성은 깨진다. 속일 수 있는 깃털을 가진 개체는 '부정하게' 서열을 올리거나, '부정직한' 자손을 많이 남길 수도 있다. 그러나 이런 부정행위를 한 개체들이 번영하면 전체 시스템이 무너진다. 이를 알아보기 위해 로어는 하위 개체 목덜미 깃털을 염색해 반점 크기를 키우고, 그 영향이 사회 시스템에 미치는 변화를 관찰했다. 염색된 개체는 진짜 우두머리로부터 공격당했고, 무리 내 개체들도 속지 않았다. 마치 계급보다 '잘 차려입은' 듯 보이는 개체를 벌하듯, 무리 내 공격 수준이 전반적으로 상승했다.

로어는 지위 신호의 직관성이 모든 연령대에 적용되는 것은 아니라는 사실도 확인했다.[42] 어린 개체의 경우, 속임수라도 상위 개체와 비슷한 깃털은 유리하게 작용할 수 있다. 일반적으로 어린 개체는 무리 내에서도 하위 계층에 속하며, 목덜미와 머리 깃털이 작고 밝다. 그는 태어난 지 1년 된 새들을 모아 일부 개체의 목덜미와 머리 깃털을 염색해 성인 수컷의 깃털과 비슷하게 만들었다. 실험 결과, '업그레이드된' 표식을 얻은 개체들은 미성숙 표식을 유지한 염색되지 않은 새들을 지배했다. 행동 변화 없이 그저 옷만 바꿔 입었음에도 영향력이 커졌다. 직관적 지위 신호의 필요성은 무리를 이루는 새들의 나이에 따라 달라지는 듯하다. 성숙함에는 정직함도 필요한 법이다.

*　*　*

인간이 목에 장착하는 신호 대부분은 선택의 결과다. 드레스룸에서 어떤 옷깃이 달린 셔츠를 입을지, 어떤 넥타이나 스카프를 두를지, 어떤 목걸이를 걸지 고른다. 문신 가게에서 피부에 새길 디자인을 선택하기도 한다. 그러나 나이는 우리가 선택하지 않았음에도 직접적으로 드러난다.

작가이자 영화감독인 노라 에프런Nora Ephron은 이 잔인한 필연성이 마음에 들지 않았다. 60대에 쓴 에세이 《내 인생은 로맨틱 코미디I Feel Bad about My Neck》에서 그녀는 나이 든 자신의 외모에 만족한다고 말하면서도, 목만큼은 못마땅하고 화가 난다고 고백했다.[43] 이유는 간단했다. 목은 정직했기 때문이다. 얼굴은 화장이나 시술로 나이 듦을 감출 수 있지만 목은 예외다.

"목은 속일 수 없는 존재죠. 우리 얼굴은 거짓말을 하지만, 목은 진실을 말해요. 삼나무는 잘라 봐야 나이테를 볼 수 있지만, 목은 자를 필요가 없어요."[44]

좋든 싫든, 목은 우리의 '나이'라는 인구통계학적 정체성을 고스란히 드러낸다. 에프런은 자신의 목에 대해 솔직하게 글을 썼지만, 공식석상에서는 언제나 터틀넥 셔츠를 입거나 스카프를 둘러 목을 가렸다. 혼자 있을 때는 거울 앞에 서서 목뒤의 피부를 잡아당기며 아쉬운 듯 어린 시절의 자신을 떠올렸다. 그녀는 에세이에서 나이와 함께 나타나는 목의 변형을 일종의 분류표처럼 나열했다. 치킨 넥chicken neck(닭목처럼 울긋불긋한 목.—옮긴이), 터키 넥 turkey gobbler neck(수컷 칠면조처럼 턱 아랫살이 쳐진 목.—옮긴이), 엘리펀트 넥elephant neck(코끼리 피부처럼 주름진 목.—옮긴이), 깡마른 목, 살찐 목, 주름이 자글자글한 목, 힘줄이 도드라진 목, 축 처진 목, 흐물흐물한 목 등.[45] 어떤 사람들은 '운이 좋아' 이 중 몇 가지 유형을 동시에 갖기도 한다.

단순히 눈에 보이는 것 외에도 목은 나이를 알려 주는 믿을 만한 지표다.[46] 첫째, 나이가 들면 피부는 콜라겐과 탄력섬유를 잃어 탄력이 줄고, 목 피부는 특히 더 얇아진다. 적어도 얼굴 피부와 비교할 때 목 피부는 아래 근육에 부착된 부위가 더 적다. 따라서 목 피부는 중력의 영향을 크게 받아 잘 처진다. 둘째, 턱에서 점차 뼈가 사라지고 목에 지방이 쌓이며 턱과 목 경계가 흐려진다. 셋째, 목 앞면을 덮은 얇은 근육인 넓은목근은 나이 들수록 끈처럼 갈라져 목 피부에 밧줄 같은 끈 모양을 만든다. 에프런은 이렇듯 눈에 보이는 노화 특징이 싫었고, 노화를 긍정하는 사람들에게 아주 날카로운 질문을 던졌다.

"가끔 노화에 관한 책을 읽는데, 책을 쓴 사람이 누구든 간에 다들 늙는 게 좋다고 말하죠. 지혜롭고 현명해지고, 인생에서 진짜 중요한 게 무엇인지 알게 되는 건 대단한 일이라고요. 이 따위 말을 하는 사람들이 정말 싫어요. 대체 무슨 생각으로 그런 말을 하는 거지? 그들에겐 목이 없나? 보정 속옷에 신물이 나지 않나? 목 선 하나 때문에 사고 싶은 옷 중 90퍼센트는 사지 못한다는 사실이 아무렇지도 않단 말인가?"[47]

노화는 신체 전반에서 일어나지만, 그중에서도 목은 가장 눈에 띄고 솔직하다. 우리는 결국 턱 아래 늘어진 살을 달고 무덤으로 가게 되며, 이러한 필연성을 평화롭게 받아들일 방법을 찾아야 한다. 에프런은 아직 그 경지에는 도달하지 못한 듯하다.

* * *

대통령의 권력 상승부터 노화한 신체의 변화까지, 목은 개인을 구별하는 표식으로 사용된다. 귀족의 화려한 러프 칼라부터 지울 수 없는 갱단 문신까지, 목은 특정 집단 소속을 나타내는 표식으로도 사용된다. 목으로 표현되는 이 상징들은 다양한 방식으로 정체성을 드러낸다. 일부는 의도적이며 또 다른 일부는 불가피하다. 일부는 상황에 따라 달라지며 또 다른 일부는 영구적이다. 일부는 직관적이며 또 다른 일부는 거짓말을 한다.

그러나 모두 시각적 배경 속에서 우리의 사회적 상호작용을 조절하는 비언어적 부호다. 목소리와 표정이 풍부한 생각과 감정의 서사를 전달하는 배우라면, 목과 목에 걸린 장식은 우리의 사회적 지위를 알리는 무대 아래의 소품이다. 여러 시대와 지역에서 이와 같은 장식이 널리 쓰였다는 사실은 이것이 인간 드라마에서 결코 빠질 수 없는 요소임을 보여 준다.

9장

권력과 정치:
목을 통해 드러내는 공격성과 통제

1780년, 펜실베이니아주 벅스 카운티에서 태어난 에드워드 힉스Edward Hicks는 퀘이커교의 신념을 기반으로 교육받았다. 33살에 순회 목사가 된 그는 독학으로 그림을 배워 돈을 벌었다. 대부분의 퀘이커교도와 마찬가지로 그 역시 평화를 갈망했고, 29년(1820~1849년)이 넘는 기간 동안 60점 이상의 〈평화로운 왕국Peaceable King-dom〉을 그렸다. 이 작품의 주제는 이사야서에 나오는 예언에서 영감을 얻었다.

"이리가 어린 양과 함께 살며, 표범이 어린 염소와 함께 누우며, 암소와 곰이 함께 먹으며, 그것들의 새끼가 함께 엎드리며, 사자가 소처럼 풀을 먹을 것이며…. 내 거룩한 산 모든 곳에서 해 됨도 없고 상함도 없을 것이니"(이사야서 11장 6~9절, 킹 제임스 성경).

힉스가 그린 〈평화로운 왕국〉의 모든 버전에는 육식동물과 초식동물, 포식자와 사냥감이 두려움이나 욕구를 느끼지 않고 안락하게 쉬는 조화로운 모습이 강조된다. 배경에는 평화를 보여 주는 인간들의 모습을 그렸다. 예를 들어, 1833년 작품에서는 영국 퀘이커교도 윌리엄 펜William Penn(오늘날의 펜실베이니아주에 해당하는 영국 식민지를 건설한 인물.—옮긴이)과 원주민 레나페족의 지도자가 우호조약을 체결하는 장면을 그렸다. 이 목가적인 이미지는 희망을 주며 심지어 영감도 불러일으키는데, 그도 분명 이를 의도했을 것이다.

힉스보다 한 세기 후에 태어나 겨우 80킬로미터 떨어진 곳에서 활동한 또 다른 유명 화가, 호레이스 피핀Horace Pippin은 자기만의 방식으로 '평화로운 왕국'을 그렸다.[1] 그들은 여러 면에서 비슷한 삶을 살았다. 둘 다 펜실베이니아주의 전원 지역에서 자랐으며, 30대에 그림을 독학했고, 예술계에서 좋은 평가를 받았다. 그러나 피핀은 힉스가 겪지 못한 2가지 경험을 했다. 그는 제1차 세계대전에 참전해 신체 일부를 잃었다. 그리고 가장 중요한 건, 그가 잔혹한 린치lynch(법적 절차 없이 군중이 자의적으로 가하는 잔인한 폭행.—옮긴이) 사건이 만연하던 시기에 미국에서 자란 흑인이었다는 사실이다.

1911년 그가 23살이었을 때, 펜실베이니아주 코츠빌에서 2,000명의 군중이 흑인 제철소 직원을 폭행하고 목숨을 빼앗은 사건이 발생했다. 그의 고향 웨스트 체스터에서 25킬로미터도 떨어지지 않은 곳이었다.[2] 따라서 힉스 작품에서 영감을 받은 그의 '평화로운 왕국'에는 뚜렷한 차이가 있다. 지배와 억압을 위한 부위로서 목의 비극적 취약성을 암시하는 올가미 이미지가 배경에 등장한다.

그가 말년에 그린 '평화로운 왕국'은 세 폭의 캔버스 연작이다. 그는 작품에 힉스가 영감을 받은 성경 구절의 또 다른 표현인 〈신성한 산Holy Mountain〉이라는 제목을 붙였다. 밝은 배경에는 늑대와 양, 사자와 소 등 성경에 등장하는 동물들이 양치기, 아이들과 함께 쉰다. 하지만 어두운 배경에는 전쟁과 관련된 불안한 이미지를 그렸다. 그림 왼편에는 올가미에 목이 매달린 흑인이 있다. 그는 이렇게 말했다.3

"내 그림은 왼쪽에 있는 유령 같은 작은 기억 조각이 나타나지 않았다면 오늘날의 그림이 완성되지 않았을 것입니다. 모두 지금 우리가 겪는 일이죠."

그럼에도 그는 평화가 찾아올 것이라고 믿었다. 그는 희망하고 꿈꿀 준비가 됐지만, 특히 목을 겨눈 미국의 폭력과 공포의 역사를 외면할 수 없었다.

목은 매우 중요하지만, 쉽게 졸리거나 끊길 수 있는 부위다. 이러한 생물학적 조건 때문에 목은 폭력과 착취, 통제의 대상이 됐다. 목 지배subjugation의 역사는 인간과 동물 모두에 나타난다. 포식자는 대개 목을 공격해 사냥감을 죽인다. 사람들은 가축을 도살할 때 목을 도려냈고, 동물의 목에 멍에를 씌웠으며, 반려동물을 통제하기 위해 목줄을 사용했다. 권력이 있는 인간은 족쇄, 올가미, 단두대 같은 단순한 장치를 이용해 힘없는 사람들을 구속하고, 위협하고, 처형했다. 짐승과 짐승, 인간과 짐승, 인간과 인간의 관계에서 이러한 갈등은 복잡하고 때로 불안정한 역사를 낳는다. 그리고 그중 대다수가 독특하게도 취약한 부위인 목을 겨냥했다. 이러한 사실은 인류사의 어두운 배경에도 불길하게 남았다.

짐승 vs. 짐승: 공격의 대상, 목

진화 계통수를 보면 많은 동물이 다른 동물을 잡아먹는다. 최근 추정에 따르면, 전체 동물 중 3분의 2(63퍼센트)가 육식동물이다.[4] 초식동물은 전체 동물의 3분의 1을 차지하고, 잡식동물은 굉장히 드물어 전체 종의 약 3퍼센트만을 차지한다. 대형 동물군(절지동물, 연체동물, 척색동물)뿐만 아니라 모든 조상 동물도 육식동물이었을 가능성이 높다. 목이 있는 척추동물 중에서도 육식동물이 초식동물보다 약 2배 더 많다. 8억 년의 동물 역사와 3억 5,000만 년의 목 있는 척추동물 역사에서 육식은 생물체의 주요 특징이었다.

포식자와 사냥감의 진화 경쟁 속에서 목은 2가지 역할을 했다. 목은 사냥감에는 취약한 부위였고, 포식자에는 유용한 사냥 도구였다. 목은 유연성을 위해 보호되지 않은 데다 몸에서 가장 얇아 표적이 되기 쉽다. 목은 대부분 연조직이라서, 포식자는 이 부위를 물어도 이빨이 뼈에 부딪히지 않는다. 게다가 목은 혈액, 공기, 신경 자극을 전달하는 통로로, 이 흐름이 단 1분만 끊겨도 생존이 불가능하다. 따라서 포식자는 목을 잠깐 찌르거나 누르는 것만으로도 큰 먹잇감을 빠르게 제압할 수 있다. 팔다리와 머리도 가끔 공격 대상이 되지만, 단단한 뼈가 있으며 발길질이나 물기 등으로 반격할 수 있다. 반면 목은 부드러우며, 방어 능력도 없다. 포식자는 목의 취약성을 이용해 다양한 동물을 사냥한다.

목은 역설적이게도 사냥감에는 취약성이지만 포식자에는 강력한 힘의 원천이 된다. 포식성 생활 방식은 조상 척추동물 체제를 형성한 주요 동력이었으며, 사지동물(양서류, 파충류, 조류, 포유류)의 목 설계에도 영향을 줬다. 목 덕분에 포식자는 감각을 활용해 먹이를 찾고 몸 전체를 움직이지 않고도 고개를 돌려 사냥감을 노릴 수 있다. 즉, 목은 먹이를 찾고 포획하는 데 모두 유용하다. 더욱이 목의 힘과 유연성은 포식자가 먹이를 공격할 때 도움이 된다. 많은 포식자가 목을 사용해 사냥감의 목을 공격한다.

목이 있는 대부분의 포식자(양서류, 파충류, 조류, 포유류)는 작은 먹이를 먹는다. 이 동물들은 먹이를 잡아 통째로 삼킨다. 그러나 맹금류, 개, 고양이, 족제비, 곰 그리고 악어, 코모도왕도마뱀과 같은 일부 파충류처럼 대형 동물을 잡아먹는 포식자는 먼저 먹이를 제압해 죽인 뒤 한입 크기로 찢어서 먹는다. 작은 먹이를 먹는 포식자와 비교해서, 큰 먹이를 먹는 포식자는 적어도 2가지 문제와 마주한다. 첫째, 입 크기보다 큰 사냥감을 어떻게 잡을 것인가. 둘째, 다치지 않고 어떻게 사냥감을 제압할 것인가. 사냥감의 목을 공격하면 두 문제 모두 해결된다. 사자는 얼룩말의 목덜미를 물고, 올빼미는 목을 부러뜨려 설치류를 제압한다.

포식자는 여러 방법으로 사냥감의 목을 공격한다. 고양잇과 동물(사자, 호랑이, 치타 등)은 주로 턱 아래 목덜미를 조이는 기술을 쓴다. 해당 부위는 연골고리로 둘러싸이지 않아 포식자의 이빨에 더 쉽게 압박당한다. 놀랍게도 이런 공격은 피를 많이 흘리지 않는다. 목을 지나는 두꺼운 목동맥은 쉽게 손상되지 않는다. 목덜미를 조이는 방식은 사냥감을 질식시키고 소리를 낼 수 없도록 만들기에, 조용하게 죽이는 방법이다.

사냥이 끝나면 고양잇과 동물은 보통 먹을거리를 찾는 청소동물과의 경쟁에 마주한다. 고양잇과 동물은 보통 혼자 혹은 소규모 집단으로 사냥하기에, 하이에나 무리와 같은 경쟁자들로부터 먹잇감을 방어할 능력이 거의 없다. 연구자들은 이 사냥 방식이 먹잇감의 피 냄새와 비명을 최소화해 경쟁자를 제한한다고 추측했다. 먹잇감은 빠르고 조용하게, 그리고 피를 흘리지 않고 질식해 죽고, 포식자는 방해 없이 식사를 시작한다.

이와 달리 갯과 동물은 사냥 시 비교적 덜 우아하다. 갯과 동물의 이빨은 고양잇과 동물보다 약하다. 목도 더 길고 약하기에 사냥감을 제압하는 능력이 떨어진다.[5] 늑대와 같은 갯과 동물의 힘은 숫자와 지구력에 있다. 무리를 지어 사냥하는 이 동물들은 덩치 큰 엘크나 순록을 사냥할 때 먹잇감이 지쳐 떨어질 때까지 쫓으며, 대부분 정면 돌파보다는 먹잇감의 다리 등을 할퀸다. 사냥감이 약한 모습을 보이면 보통 한 마리가 사냥감의 주둥이를 물고 나머지 개체들이 목을 물어뜯는다. 먹잇감은 과다 출혈이나 잘린 기도를 통해 피가 폐로 유입돼 죽는다. 늑대는 무리 지어 사냥하기에 청소동물로부터 사냥한 먹잇감을 지킬 수 있으므로 피 냄새나 사냥감의 비명소리는 별로 중요하지 않다.

독수리, 매, 올빼미 등의 맹금류는 보통 발톱을 이용해 사냥감을 잡지만, 잡은 후에는 물어서 죽인다. 독수리와 수리매의 발톱은 크게 구부러졌는데, 이 발톱은 특히 몸부림치는 먹이를 제압하도록 발달됐다. 먹이를 단단히 잡고 나면 부리를 이용해 여유롭게 먹이를 해체한다. 반면 매의 발톱은 더 작고 곧게 뻗어 먹이를 단단하게 잡을 수 있는 힘이 부족하다. 따라서 훨씬 더 빠르게 먹이를 제압해야 한다. 이를 위해 매는 부리에 있는 돌출부로 먹잇감의 척수를 절단해 즉시 마비시킨다.[6]

이렇듯 다양한 포식자의 위아래 턱뼈를 포함한 입은 중요한 살상 도구다. 하지만 많은 경우, 입은 바로 아래에 있는 '공범'의 결정적인 지원을 받는다. 포식자의 목이 바로 그 공범이며, 목은 중요한 무기 역할을 한다. 역사상 가장 악명 높은 포식자 중 하나인 검치호랑이saber-toothed cat는 10~80만 년 전 아메리카 대륙을 활보했다. 일부 종은 위턱에 최대 28센티미터에 달하는 아주 긴 송곳니를 지녔다. 이들이 포식자로서 악명을 떨칠 수 있었던 데는 송곳니뿐만 아니라 강한 목의 힘도 크게 작용했을 것이다. 검치호랑이는 두꺼운 목 근육을 이용해 사냥감의 몸 깊숙이 검과 같은 송곳니를 찔러 넣는다. 이 송곳니는 매우 길었지만 가늘고 의외로 약해, 공격 과정에서 큰 뒤틀림이나 충격을 견디기 어려웠다. 또한, 검치호랑이의 턱과 저작 근육 역시 특별히 강하지 않았고, 무는 힘은 오늘날 비슷한 몸집의 사자에 비해 약 3분의 1에 불과했을 것으로 추정된다.[7]

연구자들은 이러한 한계로 인해 검치호랑이가 먹잇감을 턱으로 단단히 물고 오래 버티는 방식으로는 사냥을 끝내지 못했을 것으로 본다. 대신, 검치고양이는 다리를 사용해 사냥감을 기습적으로 덮쳐 제압한 뒤, 통제된 상황에서 목숨을 끊을 수 있는 부위에 정확하게 치명적인 송곳니를 찔러 넣었을 것이라 추측한다.[8] 송곳니가 길었던 덕분에 검치호랑이는 목둘레가 두꺼운 들소, 어린 매머드, 마스토돈(제3기 중기에 번성했던 코끼리와 유사한 동물.—옮긴이) 등 먹잇감의 목동맥까지도 찌를 수 있었다. 또한 먹잇감을 제압한 뒤에 물었으므로 먹이의 격렬한 움직임 때문에 송곳니가 부러질 위험은 줄었다.

또 다른 가설에 따르면, 검치호랑이는 약한 턱 힘을 보완하기 위해 캔 따개can opener 기술을 사용했다.9 먼저 먹잇감의 목을 물어 아랫니로 고정한 뒤, 유연한 목과 다리 힘을 이용해 기다란 송곳니를 마치 수동 캔 따개처럼 아치 모양으로 찔러 넣어 숨통을 끊었다. 이때 목 아래까지 뻗은 검치호랑이의 송곳니는 무기의 일부 역할만 한 셈이다.10

대형 포식자가 큰 먹잇감을 사냥할 때만큼 극적이지는 않지만, 소형 포식자도 목을 이용해 먹잇감을 죽인다. 작은 동물의 사냥 기술은 목 힘보다는 속도와 유연성에 바탕을 둔다. 예를 들어, 올빼미는 먹잇감의 목을 물고, 놀라울 정도로 유연한 목을 이용해 척수를 끊어 죽인다. 여우와 같은 작은 갯과 동물도 설치류나 조류를 잡을 때 목을 물고 머리를 거칠게 흔들어 목을 부러뜨린다. 목을 부러뜨리는 기술이 가장 극단적으로 나타나는 경우는 작은 명금류, 바보 때까치loggerhead shrike에서 찾아볼 수 있다.11

때까치는 참새 크기의 명금류로, 자기 체중의 약 3배에 달하는 설치류, 도마뱀, 그 외 먹잇감을 잡아먹는다. 맹금류와는 달리 때까치는 먹이를 제압할 발톱이 없다. 대신, 사냥감을 향해 급강하한 다음 목의 약한 부위에 부리를 찔러 넣는다. 그 이후 과정은 너무 빠르게 일어나서 고속 촬영으로만 확인할 수 있다. 먹잇감의 목을 문 뒤, 머리를 초당 11회 흔들어 중력의 6배에 달하는 힘으로 먹이의 목뼈를

부러뜨린다. 말 그대로 흔들어 죽인다.[12]

육식동물의 목이 수행하는 중요한 기능은 사냥 후에도 계속된다. 일부 포식자는 죽은 먹이를 끌고 상당한 거리를 이동한 다음 혼자서 먹거나 새끼를 위해 나눠 준다. 이때 목을 이용해 먹이의 무게를 턱으로 지탱한다. 여우가 토끼를 굴로 물고 가는 장면을 상상해 보라. 때까치는 먹이를 흔들어 죽인 뒤, '도살하는 새butcherbird'라는 별명을 가져다준 또 다른 놀라운 행동을 보인다. 이들은 먹이를 높이 있는 가지나 철조망으로 가져가 나중에 먹을 수 있도록 꼬챙이에 꿰어 둔다.

아프리카에 서식하는 초육식동물(사자, 치타, 하이에나, 들개 등)과 인도네시아의 거대한 코도모왕도마뱀처럼 대형 먹잇감을 사냥하는 포식자들은 목을 사용해 먹이를 비틀고 당겨 살을 뼈에서 분리한다. 악어는 흔히 데스 롤death roll이라 불리는 방법으로 먹이를 잘라 낸다. 턱으로 먹이를 물고 몸 전체를 회전시켜 삼키기 좋은 크기로 뜯는다. 악어는 음식을 씹을 수 있는 이빨이 없기 때문이다. 악어는 때까치처럼 빠르게 움직일 수는 없지만, 몇 초 만에 거대한 몸을 360도 회전시킬 수 있다.[13] 몸 전체를 이용해 '데스 롤'을 하려면 목 근육이 강하게 수축해야 하며, 그래야만 머리가 비틀려 떨어지지 않는다. 때까치나 올빼미 같은 포식자는 먹이를 죽이기 위해 자기 목을 흔들지만, 악어는 목이 회전에 저항하며 먹이를 죽인다.[14]

육식은 잔혹하다. 보기 좋지도 않고 공평하지도 않다. 그러나 지구상 대부분의 동물이 살아가는 자연스러운 방식이다. 특히 대형 동물을 잡아먹는 육상 척추동물의 포식은 일반적으로 '목과 목의 힘겨루기'다. 이 포식자들은 목의 힘과 유연성을 이용해 사냥감의 목 취약성(얇고 보호되지 않은 구조)을 압도한다. 이러한 드라마는 목이 처음 생긴 때부터 지금까지 이어진다.

동물 진화에서 육식이 차지하는 핵심적인 역할을 고려하면, 동물 세계의 '평화로운 왕국'은 기대할 수 없다. 기대해서도 안 된다. 종족 평화와 가축 보호를 위해 대형 포식자를 제거하려 했던 인간적 노력은 생태계의 불균형을 초래했을 뿐이다. 포식자가 없으면 먹잇감의 개체가 과도하게 증가한다. 이 불균형은 먹이사슬을 통해 확산되고, 생태계는 고통받는다. 더욱이, 포식자의 폭력성을 제거해 인간세계의 평화를 꾀하고자 했던 시도들은 지구에 살았던 가장 아름다운 생명체를 멸종 직전의 상태로 몰고 갔다.

인간 vs. 짐승: 음식과 노동

우리 인간은 본래 포식자였다. 그러나 강하지 않은 입과 목 대신 발명한 사냥 도구로 사냥감을 죽였다. 많은 생물학과 고고학 증거에 따르면, 약 150만 년 전부터 조상 인류는 하마, 코뿔소는 물론 오늘날 코끼리보다 몸집이 3배 더 큰 대형 먹잇감을 사냥했다.[15]

초기 사냥꾼들은 거대한 사냥감을 잡기 위해 창, 곤봉, 돌 같은 무기를 사용해 목뿐만 아니라 여러 부위를 겨냥했다. 그리고 사냥에 성공하면 칼과 비슷한 도구로 빠르게 동물의 목을 베어 죽였고,

오랜 몸싸움으로 인한 부상을 피했다. 최소 1만 2,000년 전부터 인간은 사냥할 때 다른 육식동물인 개의 도움을 받았다. 두 사냥 종족은 지구력이 뛰어났으며, 인간의 기민한 움직임과 개의 본능이라는 서로 다른 재능을 합쳐 강력한 육식동물팀을 만들었다.

약 10,000년 전부터 인간은 먹잇감 얻는 일을 대폭 단순화하는 방법을 만들었다. 조상들은 초식동물을 길들여 우리에 가두고 먹이를 줬으며, 먹잇감을 쫓거나 힘겹게 사냥하지 않고 죽였다. 그러나 이렇게 길들인 후에도 대개 목을 베어 가축을 잡았다. 인류는 포유류(양, 염소, 소 등)의 목을 긋고, 조류(닭, 메추라기)의 목을 비틀었다. 인류 역사상 식량을 얻기 위한 도살은 많은 이에게 일상적이거나 낯설지 않은 활동이었다. 그러나 다른 여러 일상적 활동과 마찬가지로, 가축을 죽이는 행위는 일부 문화권에서 의례화됐다. 종교의식에서 동물을 제물로 바치고, 도살 전 축복을 내리며, 공동체 잔치를 벌였다. 일부 종교에서는 도살도 엄격한 종교법에 따라 이루어졌는데, 유대교의 **셰히타**shechita와 이슬람교의 **다비하**dhabihah가 대표적이다.[16]

두 전통 모두 칼로 목을 베어 큰 혈관을 절단해 피를 빼는 방식을 사용하며, 동물을 인도적이고 자비롭게 죽이는 것을 강조한다. 또한 동물의 고통과 상처를 최소화하기 위해 칼의 종류와 움직임, 도살자 교육 등 세부 지침을 뒀다. 법규의 기반이 되는 경전 내용은 두 종교가 다르다. 유대교에서 **셰히타**는 주로 피 섭취를 피하는 것과 관련 있다. 히브리 성서(신명기 12장 16절)에는 이렇게 적혀 있다.

"그 피는 먹지 말고 물같이 땅에 쏟으라."

셰히타 도살 방식은 동물의 모든 피를 빠르게 빼내도록 한다. 쿠란(2장 173절)에서는 금지 사항이 더 구체적이고 광범위하다.

"죽은 것, 피, 돼지고기, 알라가 아닌 다른 신에게 제물로 바친 것, 목 졸라 죽인 것, 때려 죽인 것, 떨어져 죽은 것, 싸우다 죽은 것은 금지된다."

이슬람교에서는 목을 베는 것이 유일하게 허용되는 도살법이며, 도살자는 동물을 죽이기 전 '비스밀라Bismillah(신의 이름으로)'를 외친다. 수천 년 동안 인간은 일상 음식이나 종교의식을 위해 가축의 목을 베어 도살했다. 일반적으로 이러한 관행들은 꽤 다르지만, 고대 유대교와 이슬람교 전통, 그리고 오늘날의 코셔Kosher와 할랄Halal 지침에서는 이를 '동물 희생에 대한 매일의 축성'이라는 하나의 행위로 본다.

현대식 육류 생산의 대부분은 보이지 않는 문 뒤에서 이루어진다. 오늘날의 '사냥', 즉 발굽이 달린 근육을 장바구니 속 고기로 바꾸는 과정을 직접 경험한 이는 거의 없다. 도축장에서는 동물이 크고 위생적인 시설을 통과하며, 다양한 기계·화학·전기 기술을 이용해 기절시킨 뒤 도축된다. 그러나 이렇게 발전한 기업형 도축장에서도 동물을 거꾸로 매달아 목동맥과 목정맥을 절단해 피를 뺀다. 자연은 목에 효과적인 배수구를 만들었다.

* * *

인류는 태초부터 동물을 죽여 근육을 섭취했지만, 약 5,000년 전부터는 동물을 살려 두고 다른 목적으로 근육을 활용했다. 바로 노동이다.[17] 식물을 작물화하고 동물을 가축화한 다음, 인간은 크고 튼튼한 포유류를 길러 쟁기와 수레를 끌게 했다.[18] 짐 끌기는 다리 근육의 몫이었지만, 짐의 무게는 멍에를 통해 주로 목에 실렸다. 19세기에 증기기관과 가솔린기관이 발명되기 전까지 인간은 동물에 의지해 엄청난 양의 노동을 이뤘다.

동물들은 농지를 개간하고 경작했으며, 무거운 물건을 집과 시장으로 실어 날랐다. 채석장과 숲에서 건축자재를 운반했으며, 운하를 따라 바지선을 끌었다. 인류 문명은 짐을 나르는 동물, 즉 동물의 등과 다리 그리고 목이 만들었다고 해도 과언이 아니다. 근현대에 이르러서도 동물들은 세계 곳곳에서 많은 노동을 한다. 1979년 연구에 따르면, 인도에서 약 7,000만 마리의 소가 수레를 끌었으며, 이들의 동력을 모두 합하면 인도의 전체 전력 생산량과 맞먹는다.[19]

인간은 식량을 위해 다양한 포유류와 조류를 길렀지만, 역축(짐 끄는 동물)으로는 솟과 동물(소, 물소, 야크)과 말과 동물(말, 당나귀, 노새) 두 포유류만 길렀다. 솟과 동물은 기원전 3,000년경 청동기시대의 메소포타미아, 이집트, 중앙 유럽에서 처음 역축으로 쓰였다. 역사적으로 솟과 동물은 가장 무거운 짐을 끌었다. 말과 동물과 비교하면 솟과 동물은 다리가 짧고 힘이 세다. 짧고 굵은 수평에 가까운 목 덕분에 소는 목에 멍에를 연결해 쟁기와 수레 끌기에 적합하다. 소 멍에에서 수레로 연결된 막대는 대개 수평이라 당기는 힘과 이동하는 방향이 거의 같다.

반면 수레 막대를 말의 높고 수직인 목에 연결하면 힘의 상당 부분이 위로 낭비된다. 목에서 조금 낮은 곳에 대각선으로 막대를 걸면 당기는 방향을 조정할 수는 있지만, 이 막대 상단에 수레를 연결하면 말은 힘을 주는 과정에서 질식할 수 있다. 이런 이유로 초기 문명에서는 역축으로 말과 동물보다 솟과 동물을 거의 전적으로 의존했다. 이후 중세 유럽과 중국을 시작으로, 말의 가슴과 다른 부위로 힘을 분산하는 마구를 씌우기 시작하면서 말도 역축으로 활용됐다. 이로써 말은 수천 년 동안 짐 끄는 일을 맡았지만, 목은 항상 보호됐다.

소를 수레나 쟁기에 연결하는 것 외에도 멍에는 흔히 소를 다른 소와 짝지어 묶는 역할을 한다. 소 여러 마리에 멍에를 씌우는 건 특히 쟁기질에서 중요했다. 쟁기질에는 한 마리의 소가 내는 힘보다 더 많은 힘이 필요하기 때문이다. 멍에로 목을 묶으면 소들이 동시에 쟁기를 끌어 따로 끌거나 다른 방향으로 끄는 것보다 훨씬 더 효율적이다. 또한, 솟과 동물은 무리 지어 사는 습성이 있어 함께 일하면 안정감을 느끼며, 관리하기도 더 쉽다. 많은 인간과 마찬가지로 소의 팀워크는 기분도, 생산성도 좋게 만든다.

인류사에서 역축이 제공한 노동량은 상상 이상이다.[20] 연구자들은 역축의 노동력 절감 효과를 추정하기 위해 서아프리카 부르키나파소의 농업 문화를 관찰해 역축이 있는 가정과 없는 가정의 농업 생산량을 비교했다.[21] 그 결과, 연구진은 소를 보유한 가정은 그렇지 않은 가정보다 2배 넓은 땅을 경작했다는 사실을 발견했다. 에티오

피아에서는 소 한 무리가 하루에 하는 노동이 인간의 4~5일치 노동량과 같았다. 그러나 통나무 운반, 그루터기 뽑기, 큰 돌 옮기기 등 인간의 힘만으로는 할 수 없는 일이 많기에, 이와 같은 수치는 소의 전체 기여도를 과소평가한 것이다.

동물 노동력 착취에 대한 도덕성은 평가하기 어렵다. 인간이 더 많은 식량을 얻고, 무거운 자재로 집을 짓고, 상품을 먼 곳까지 운송하기 위해 동물이 고통받았다는 점은 분명하다. 물론 동물의 노동을 더 인도적으로 혹은 덜 인도적으로 활용할 방법은 있다. 그러나 동물의 목에서 나오는 노동력 없이 발전한 문명은 상상하기 어렵다. 최소한 동물의 공로는 인정해야 한다.

멍에는 인류가 사용한 가장 오래된 기술 중 하나로 농업, 운송, 무역처럼 문명을 유지하는 기본적인 활동을 돕는 도구다. 하지만 '멍에'라는 개념은 오래전 농기구로서의 쓰임이 사라진 뒤에도, 많은 문화권에서 비유적으로 사용됐다. 어원적으로 '멍에'라는 단어는 인도 유럽 공통 '조어yeug'에서 유래했으며, 이 단어에서 라틴어 '유굼jugum', 그리스어의 '주곤zugon', 산스크리트어의 '요가yoga'가 발생했다. 이 모든 파생어 중 '멍에'는 본래 농기구를 의미하지만 동시에 더 추상적인 의미를 지니는데, 산스크리트어에서는 '통합union'을, 그리스어와 라틴어에서는 '결합joining'을 의미한다. 고대 힌두교의 요가 수행은 가장 높은 정신과의 결합을 추구한다. 멍에라는 단어의 초기 어원은 짐승과의 관계를 강조한 것으로 보이나, 이후에는 타인의 부담과 수고를 비유적으로 표현하는 용어로 사용됐다.

서양 역사에서 멍에는 한 민족이 다른 민족을 지배하는 상징이었다. 성경에서 멍에는 대개 이집트와 바빌론 유수 시기, 히브리 민족이 당한 속박과 세금 징수에 대한 은유로 사용됐다. 중세 초기, 영국인은 노르만 왕조의 국왕 정복자 윌리엄이 부과한 '노르만 멍에'를 짊어졌다. 불가리아인은 오스만 제국의 지배 아래 500년 가까이 '터키의 멍에'를 견뎠다. '멍에'를 통한 지배의 이미지는 로마 제국에서 더 구체화됐다. 로마 제국은 외국 영토를 정복할 때 패배한 군대를 멍에 구조물 아래로 행진시켜 굴욕을 줬다. 이 의식은 '정복하다 subjugate'(sub jugum, 말 그대로 '멍에 아래'를 의미한다)를 뜻하는 단어의 어원에도 남아 있다.[22]

인용구를 조사하면서도 유명 인사들이 정치적 정복에서 '멍에'라는 단어를 자주 쓴다는 사실을 발견했다. 스페인의 멕시코 지배(미겔 이달고Miguel Hidalgo), 영국의 인도 지배(모한다스 간디Mohandas Gandhi), 나치의 유럽 지배(윈스턴 처칠Winston Churchill)가 그 예다. 아이스킬로스Aeschylus, 윌리엄 로이드 개리슨William Lloyd Garrison, 저메이카 킨케이드Jamaica Kincaid 등 역사적으로 자주 언급되는 이들도 가장 잔인한 정복 형태인 노예 제도를 멍에라고 불렀다. 다른 작가들은 멍에를 억압(마틴 루터 킹 주니어Martin Luther King Jr., 에이브러햄 링컨Abraham Lincoln, 제임스 매디슨James Madison), 빈곤(케네디), 자본주의와 파시즘(이오시프 스탈린Joseph Stalin), 성 불평등(애비 메이 올컷Abby May Alcott) 등 광범위한 지배와 착취 체제, 또는 추상적인 이데올로기에 적용했다. 은유적 멍에에서 '멍에'는 집단적 억압을 의미한다. 한편 일부 작가들은 우리를 구속하거나 부담을 지우는 내면의 충동, 즉 집착(부처), 자기 의견에 대한 확신(랄프 월도 에머슨Ralph Waldo Emerson), 우리 자신의 잘못된 행동의 멍에(조지 엘리엇George Eliot)에 비유하기도 했다.

멍에는 아니지만, 심리적 부담과 관련해 서양 문화에 남은 독특한 이미지는 새뮤얼 테일러 콜리지Samuel Taylor Coleridge의 〈늙은 수부의 노래The Rime of the Ancient Mariner〉에 나오는 "목에 걸린 앨버트로스albatross around the neck"라는 표현이다. 시에서 화자는 항해 중 폭풍우를 만나 남극의 외딴 바다에서 겪은 여행과 고난을 회상한다. 배는 앨버트로스의 안내로 빙하 덩어리에서 빠져나오고, 그는 바람을 일으켜 배를 원래 항로로 되돌려 놓는다. 당시 선원들은 그를 초자연적인 영혼을 지닌 길조로 여겼다.[23] 바다 위를 끊임없이 활공하는 그의 능력은 바다에서 길을 잃고 방황하는 영혼을 상징했다.

〈늙은 수부의 노래〉에서 앨버트로스는 '기독교도의 영혼처럼' 돛대 위에 앉았고, 선원들은 그를 구세주라고 불렀다. 그러던 어느 날, 한 선원은 이유 없이 석궁으로 그를 쏴 죽였다. 보호자가 사라진 이들은 바람을 잃었고, 배는 갈 길을 잃고 멈췄다. 선원들은 목이 말라 말조차 할 수 없었다. 선원들은 그를 쏴 죽인 동료를 벌하기 위해 죽은 그를 선원의 목에 걸었다. 그 뒤 선원들은 모두 죽었다. 그는 결국 다른 해양 생물에게 축복을 내리고는 자기를 죽인 선원의 목에서 떨어져 나왔지만, 선원은 이 '지옥 같은 것'의 정신적 짐에서 벗어나지 못했다. 그리고 서양 문화에는 '목에 건 앨버트로스'라는 심리적 부담을 비유하는 특이한 표현이 전해져 내려온다.

멍에의 은유에는 즐거움과 활기를 불러오는 의미도 있다. 이 이미지는 '결합하다'라는 본래의 의미를 강조하며, 타인과 동반자 관계를 맺고 지속적으로 연결되는 의미를 전한다. 이렇듯 자주 간과되는 측면에서 멍에는 사람들에게 동반자적 관계와 방향을 제시하며, 인간을 더 높은 이상에 묶어 둔다. 엘리엇이 '절대적 굶주림'이라고 표현했듯, 어떤 작가에게 멍에는 사랑이다. 우리를 가장 가깝고, 거부할 수 없으며, 아름다운 감각으로 묶는다. 이러한 속박은 상호적이며 지속적이다.

엘리엇의 《플로스강의 물방앗간The Mill on the Floss》에 등장하는 매기 털리버Maggie Tulliver는 사랑의 멍에를 '경이로운 정복자'라고 부른다. D. H. 로런스D. H. Lawrence의 《사랑에 빠진 여인들Women in Love》에서 루퍼트 버킨Rupert Birkin은 다른 사람들과 그리고 특정한 타자와 영속적인 관계를 맺는 의무를 받아들이고, 사랑의 멍에와 속박에 기꺼이 복종하는 새로운 자유의 방식을 받아들인다. 그는 인간 관계의 멍에를 부담과 굴복이 아니라 헌신과 방향 제시로 본다.

멍에의 개념은 고대 유대교와 초기 기독교에서 이와 같은 방향으로 발전한 것으로 보인다.[24] 초기 히브리어 문서에서 멍에는 인간 계층구조 안에서 지배자와 피지배자, 주인과 노예, 통치자와 포로처럼 통제와 예속을 의미했다. 이후 멍에의 개념은 하느님과 인간의 관계에 적용됐다.[25] 그러나 여기에서 멍에는 괴로움과 굴복을 강조하기보다는 하느님의 주권을 강조했다. 하느님을 위해 멍에를 지는 사람들은 하느님과 가깝고 지속적인 관계를 유지하며 살았다. 히브리인 작가들은 하느님의 주권 아래 멍에를 지는 것을 비극, 고난, 슬픔이 아닌 기쁨, 명예, 특권으로 여겼다.[26] 마찬가지로 신약성서에서 예수는 부담을 덜어 더 편한 삶을 살 수 있도록 자신의 멍에를 넘긴다. 여기에서 멍에는 책무의 해방, 나아가 '그 길'을 따르는 이들을 인도하는 영적 훈련이 포함된다.[27]

"수고하고 무거운 짐을 진 자들아 다 내게로 오라. 내가 너희를 쉬게 하리라. 나는 마음이 온유하고 겸손하니 나의 멍에를 메고 내게 배우라. 그리하면 너희 마음이 쉼을 얻으리니, 이는 내 멍에는 쉽고 내 짐은 가벼움이라 하시니라"(마태복음 11장 28~30절, 영어개역표준판).

물질적 차원에서 멍에는 굉장히 실용적인 도구다. 멍에는 수천 년 동안 인간이 더 크고 강한 짐승의 목에 짐을 실어 부담을 덜도록 했다. 멍에를 둘러싼 세 유형의 관계(주인과 짐승, 짐승과 짐승, 짐승과 짐)에는 권력과 지배에서 동반자 관계와 팀워크에 이르기까지 삶과 노동에서 발견되는 전형적인 관계가 다수 내포된다. 따라서 멍에가 인간 존재를 이해하려는 문학적·종교적 시도에 스며든 건 당연한 일이다.

인간 vs. 인간: 처형과 공포

멍에처럼 교수형에 쓰이는 올가미도 인류 역사에서 특정한 기능으로 사용되기 시작한 이래, 강력한 상징으로서 여러 문화에 스며들었다.

"올가미는 무기, 구경거리, 의식, 공예품, 유물, 정의의 상징, 불명예의 상징, 피해자를 열등한 존재로 규정하는 수단으로 사용됐다."

《The Thirteenth Turn: A History of the Noose(열세 번째 매듭: 올가미의 역사)》에서 잭 슐러Jack Shuler가 한 말이다.[28] 그는 올가미가 권력자들(공식적인 법률 체계의 구성원 혹은 법 테두리 밖의 폭도들)이 범죄자를 개별적으로 처형하는 도구이자, 집단 전체를 심리적으로 위협해 억압받는 이들을 공포에 떨게 하는 무기로 쓰였다고 설명한다. 식민지 시대부터 오늘날까지 미국의 400년 역사에서 약 1만 5,000명이 교수형으로 사망했다. 이 중 3분의 1이 법의 테두리 밖에서 처형됐다.[29] 그러나 이 수치는 세계 역사에서 교수형으로 사망한 사람 중 극히 일부다. 올가미 이야기는 수치심과 참혹함 모두에서 끔찍하다.

죽음의 도구인 올가미는 목을 지나는 3가지 중요한 관, 즉 기관, 주요 혈관, 척수에 힘을 가한다.[30] 모든 교수형에서 사형수는 아래로 늘어뜨린 밧줄 매듭을 목에 두르고 나뭇가지, 전봇대, 교수대에 매달리거나 떨어진다. 사망의 정확한 방식은 처형 방식에 따라 다르다. 가장 치밀하게 계산된 방식에서는 사형수가 발 아래 작은 문이 열리면서 아래로 떨어지고, 목뼈가 부러져 척수가 찢긴다. 이는 순식간에 사망에 이르는 방식이다.

그러나 교수형이나 교수대의 인도적 고려가 덜했던 시대와 장소(린치가 횡행하던 시절이나 대부분의 전근대적 처형)에서는 추락의 힘이 척추를 부러뜨리기에 충분치 않았다. 대신 올가미를 조여 폐로 들어가는 공기를 차단하거나 뇌로 향하는 혈류를 막아 장시간의 고통을 유발했다. 사형수는 떨어진 후에도 몇 분간은 의식이 있었다. 올가미가 목동맥을 막더라도 척추 사이로 흐르는 동맥을 통해 잠시 생명을 유지할 수 있었다. 수 세기에 걸친 실행 경험과 기술 발달로 교수형의 효율은 높아졌지만, 일반적으로 교수형은 끔찍하고 고통스러운 죽음을 의미했다.

교수형은 오래된 처형 방식이지만, 선사시대에는 존재하지 않았다. 인간은 올가미가 등장하기 훨씬 전부터 여러 방식으로 서로를 처형했다. 교수형을 암시하는 최초의 직접 증거는 기원전 4세기, 덴마크의 늪지에서 발견된 시신으로, 고고학자들은 이를 '톨룬드 맨 Tollund Man'이라고 불렀다.[31]

'톨룬드 맨'은 목에 밧줄이 감긴 채 사망했다. 산소가 없는 늪지대 환경에 묻힌 덕에 '톨룬드 맨'의 세밀한 얼굴 특징, 가죽으로 엮은 올가미의 가닥 하나하나가 놀랄 만큼 잘 보존됐다. 세세한 부분이 보존된 덕분에 고고학자들은 이 남성이 다른 범죄자 처형에서 흔히 나타나는 학대와 치욕으로 가득한 죽음이 아니었음을 알 수 있었다. 얼굴은 평온했고, 시신은 손상되지 않았으며, 매장된 방식도 예우를 갖춰 치른 듯 보였다. 이 직접 증거와 당시의 태피스트리(여러 색의 실로 그림을 짠 직물.—옮긴이)에 묘사된 모습을 참고하면, '톨룬드 맨'은 노르웨이의 신 오딘Odin에게 바치는 제물로 교수형에 처해졌을 것이라 추정한다. 살인 사건이기는 하나, 꽤 명예로운 죽음이었을 것이다.

비슷한 시기의 고대 그리스 문헌에도 교수형이 등장한다. 그러나 대개 교수형은 처형이 아니라 불명예스러운 자살 형태로 나타난다. 예를 들어, 소포클레스Sophocles의 희곡《오이디푸스 왕Oedipus Rex》에서 이오카스테Jocasta는 남편이 실은 자신의 아들이었다는 사실을 알고 수치심에 목을 매 자살한다. 약 400년 뒤, 로마 시대에 유다 이스카리옷Judas Iscariot은 자신의 배신이 예수를 향한 비난과 십자가형으로 이어졌음을 깨닫고 참회하며 목을 맸다. 예수의 십자가형은 로마 국가의 공적인 행위였지만, 유다의 죽음은 고독한 자기 처벌이었다. 이러한 고대의 묘사는 이후 국가 또는 폭도의 강력한 권력을 상징하는 올가미가 처형보다는 죽음의 형태라는 점에서 유래했을 수 있음을 암시한다.[32]

서기 4세기에 십자가형이 금지된 후 교수형은 일반적인 처형 방식이 됐다. 중세에는 눈에 잘 띄는 언덕이나 교차로에 교수대를 세워, 목이 매달려 썩어 가는 시체를 공개하는 일이 흔했다. 이런 공개적 죽음은 대개 하층계급에 적용됐으며, 이들은 신속하고 명예로운 참수형을 받을 자격이 없었다. 슐러는 이렇게 적는다.

"이 처벌 방식이 중요했던 건 구경꾼들에게 사형수의 지위나 계급을 알려 주기 때문이다. 사람들은 매달린 채 느리게 교살당하는 죽음 그리고 썩어 가는 시체로서의 불명예보다 빠르게 참수되는 편을 더 원했다."

시간이 지나며 국가는 살인, 강간 등 폭력 범죄에서 절도, 위조 등 빈곤층이 주로 저지르는 (혹은 이들의 탓으로 돌리는) 재산 범죄까지 사형 범위를 넓혔다. 그리고 더 많은 하층민이 교수대에 올랐다. 18세기 영국법은 올가미로 처벌할 수 있는 200가지 이상의 범죄 목록을 성문화했다.

유럽에서 교수형은 보편화됐지만, 예외도 있었다. 성직자는 사형을 선고받아도 '성직자의 특권Benefit of the Clergy'을 주장해 교수형을 면할 수 있었다. 이 예외 조항은 헨리 2세가 교회의 독립성을 침해했을 때, 이에 저항한 12세기 캔터베리 대주교 토머스 베켓Thomas Becket을 따르는 운동에서 시작됐다. 베켓의 저항 이후, 성직자들은 재판을 일반 법정에서 교회 법정으로 이관해 달라고 청원할 수 있었는데, 이는 보통 사형을 면할 수 있다는 의미였다. 그러나 곧 일반 범죄자도 자신이 성직자라 주장하며 특권을 요구했고, 법원은 범죄자가 진짜 성직자인지 확인하는 방법을 찾아야 했다.

14세기 중반, 성직자 인정 기준이 명문화됐다. 라틴어를 읽을 줄 아는 자는 성직자 교육을 받았다고 인정했다. 피고가 판사 앞에서 제시된 문구를 읽을 수 있으면 성직자 면책이 부여됐다. 이 구절을 제대로 낭독하면 올가미에서 벗어날 수 있었기에 '목의 구절neck verse'이라 불렀다.33 처음에는 다양한 문구가 쓰였지만, 법원은 최종적으로 다음과 같이 시작하는 시편 51편의 한 구절에 정착했다.

"하나님, 주의 한결같은 사랑으로 제게 자비를 베푸시옵소서. 주님의 크신 긍휼을 베푸시어 나의 죄악을 지워 주시옵소서"(킹 제임스 성경).

그러나 일반인이 이 구절을 외워 시험을 통과하는 사기 행위가 횡행했다. 수 세기 후 '목의 구절'은 성직자 자격 기준이라는 의미를 잃고, 문해력 시험이나 교육받은 특권층을 사형에서 면제하는 수단으로 전락했다. 결국 법의 허점이었던 '목의 구절'은 1706년 앤 여왕에 의해 폐지됐다.

대서양을 건너, 초기 미국 식민지에서는 성직자가 교수형 집행에서 중심 역할을 맡았다.34 올가미는 주로 신성모독, 우상숭배, 남색,

수간 같은 도덕적 범죄를 처벌하는 수단으로 사용됐다. 성직자는 교수형 집행 시 군중에게는 사건의 도덕적·신학적 교훈을 설교했고, 사형수에게는 말을 걸어 회개나 고백을 유도했다. 18세기에 들어서면서 교수형은 더욱 보편화됐고, 재산 범죄에 대한 판결에 점점 더 많이 선고됐다. 대중의 참관도 엄청난 규모로 늘었다. 1753년, 코네티컷주 뉴런던에서는 한 여성이 자신의 아기를 죽인 혐의로 약 1만 명 앞에서 교수형에 처해졌다. 1774년, 로드아일랜드주 프로비던스에서는 강간범이 1만 2,000명 이상의 군중 앞에서 교수형으로 처벌됐다.[35] 한동안 교수형은 모든 대중 행사 중 가장 큰 규모였으며, 식민지 시대 미국인 대부분은 생전에 최소 한 번은 교수형을 목격했을 것이다.

1835년, 뉴잉글랜드에서는 교수형이 폐지됐지만, 미국 남부에서는 유지됐다. 이곳에서도 교수형은 대규모 행사였으며, 어떤 때는 기차까지 동원해 먼 곳의 관중을 데려왔다. 노예 소유주들은 고의성이나 해방이라는 개념을 지우기 위해 노예를 강제로 참관시키는 일이 많았다. 인종차별적 교수형은 남부에만 국한되지 않았다. 1862년, 미네소타주 맨카도에서는 다코타 원주민 보호구역을 감독하는 부패한 연방 '인디언 제도'에 반대하며 봉기한 다코타 원주민 38명이 공개적으로 교수형에 처해졌다. 12월 26일, 이들은 거대한 교수대로 끌려가 올가미에 목이 매달렸다. 처형 집행인이 밧줄을 자르자 죄수들 발 아래의 지지대가 열렸고, 38명이 한꺼번에 떨어져 죽었다. 미국 역사상 가장 큰 규모의 동시 처형이었다.[36]

남북전쟁 이후 교수형은 대부분 린치, 즉 사법절차를 거치지 않은 폭도들에 의한 처형으로서 이루어졌다. 전쟁 전에 교수형에 처한 사람들은 대부분 유죄판결을 받은 백인이었지만, 전쟁 이후에는 대다수가 백인이 아닌 린치 피해자였다. 19세기 말과 20세기 초에 발생한 약 4,700건의 린치 사건 피해자 중 약 4분의 3이 흑인이었으며, 나머지는 멕시코계 미국인이나 아메리카 원주민이 대부분이었다. 이 살해 행위는 대개 밤에 이루어졌지만, 백인 다수 집단이 소수 집단에 치명적인 힘을 경고하기 위해 낮에는 시체를 매달아 놓았다. 1930년대 이후 린치 사건은 줄었지만, 올가미를 이용한 위협과 경고는 계속됐다. 슐러는 이렇게 썼다.

"올가미가 자경 활동, 공동체를 위한 살인, 공개적 위협, 특히 흑인을 '저들의 자리'에 두기 위해 휘두르는 상징이 됐다."37

현대에 들어 사형 집행 도구로서 올가미 기능은 거의 사라졌다. 미국에서 교수형은 1996년이 마지막이었고, 현재 전 세계에서도 소수의 국가만이 드물게 올가미를 이용해 사형을 집행한다. 그러나 위협 도구로서 올가미는 여전히 남아 있다.38

슐러는 2010년부터 2014년까지 미국에서 올가미가 인종차별적 위협에 사용된 사례를 100건 가까이 기록했다.39 〈워싱턴 포스트The Washington Post〉에 따르면, 2015년부터 2021년까지 건설 현장에서만 45개의 올가미가 발견됐으며, 그중 7건은 코네티컷주 윈저에 있는 아마존Amazon 건설 현장에서 한 달 동안(2021년 5월) 발견된 것이었다.40 최근 2022년 11월에도 시카고의 오바마 대통령 기념관 공사 현장에서 시공 업체 직원들이 올가미를 발견한 뒤 공사가 중단됐다.41 사형 집행자는 사라졌지만, 올가미는 계속해서 사람들을 위협한다. 아프리카계 미국인 시인 진 투머Jean Toomer는 이렇게 적었다. "조여들 때까지 목을 묶어 두는 올가미는 공포다."⁴²

20세기 내내 올가미와 관련된 린치 사건과 폭력의 역사는 미국인 마음속에 깊은 상처로 남았다.⁴³ 하지만 올가미는 해외로도 퍼져, 최근에는 뉴질랜드에서도 화제가 됐다. 2021년, 마오리인 정치인 라위리 와이티티Rawiri Waititi는 넥타이를 매지 않고 의회에 출석했다. 그는 넥타이를 '식민지적인 올가미'라고 하며, 대신 마오리족의 전통 조각 돌 펜던트를 착용했다. 복장 규정 위반으로 그는 의회에서 쫓겨났다. 나중에 그는 기고문에 이렇게 적었다.

"내가 식민지를 상징하는 넥타이를 벗어 던진 건 그것이 마오리족을 식민지처럼 여기고, 숨 막히게 하고, 억압하는 것을 상징하기 때문입니다."⁴⁴

누군가에게는 격식인 것이 다른 누군가에게는 올가미일 수 있다. 며칠 후, 트레버 말라드Trevor Mallard 뉴질랜드 국회의장은 방침을 바꿔 넥타이 착용 의무를 해제했다.

* * *

목은 신체 부위 중 가장 정치적인 부위다. 목은 정치적 설득 도구인 목소리를 만든다. 민주주의의 힘은 적어도 이론상 칼집에서 뽑힌 칼이 아니라, 목에서 나오는 말에 달렸다. 군중에게 전하는 연설과 의회에서 던지는 표는 권력의 균형추를 기울게 만든다. 하지만 목은 정치적 지배에 사용되기도 한다. 독재자는 정치범의 목을 족쇄로 채우고, 정치적 반대자의 목을 벤다. 정치적 표현은 우리 턱 아래에서 시작되어 사라진다. 이러한 역사적 맥락에서 보면 수만 명의 목을 자른 단두대가 사실 계몽주의 세대에 평등 정신을 위해 설치됐다는 사실이 쉽사리 믿어지지 않는다.45

프랑스혁명 전, 대부분의 사형 집행은 2가지 방식으로 이루어졌다. 교수형은 느리고 고통스러우며 불명예스러운 죽음으로, 농민 계급과 극악한 범죄자에게 적용됐다. 참수형은 빠르고 덜 고통스러우며 명예로운 죽음으로, 상류층 범죄자에게 적용됐다. 18세기 계몽주의 사상가들은 서로 다른 두 관행이 불공평하고 비인도적이라고 생각했다. 계급과 관계없이 모든 사람은 존엄하고 고통스럽지 않은 죽음을 맞이할 권리가 있다고 주장했다.

1789년 10월, 프랑스 국회가 '인간과 시민의 권리 선언'을 통과시킨 지 불과 두 달 뒤, 외과 의사이자 국회의원이던 조제프 이냐스 기요탱Joseph-Ignace Guillotin은 형벌 제도의 불평등을 없애기 위한 법안을 제안했다. 제안한 법안의 제6조는 다음과 같다.

"사형을 선고받은 모든 이에게 가하는 형벌은 죄목이 무엇이든 동일하게 적용돼야 하며, 범죄자는 참수당해야 한다."46

2년 후, 이 법안은 평등과 인권을 위한 행동으로서 법으로 제정됐다. 기요탱은 더 인도적인 참수 방식을 고민했다. 인권과 형벌 제도 개혁이라는 고상한 논의의 이면에는 현실적인 문제도 있었다. 사형 집행 책임자인 샤를 앙리 상송Charles-Henri Sanson은 밀려 있는 사형 사건을 칼로 집행하는 것을 불가능하다고 주장했다. 더 효율적인 집행 도구가 필요했나.47

이를 위한 초기 도구는 외과의 앙투안 루이Antoine Louis가 설계했으며, 칼날이 낙하하는 이 새 장치는 한동안 '루이제트louisette'라고 불렸다. 그러나 곧 이 장치는 기요탱에게는 안타깝게도 기요탱의 이름을 딴 '기요틴guillotine'으로 불렸다. 기요탱과 많은 동료는 사형에 반대했지만, 새롭게 등장한 장치가 점진적으로 사형 집행이 폐지될 때까지 그 과정을 개선할 수 있다고 생각했다. 작가 에드워드 화이트Edward White는 기요틴, 즉 단두대(영어에서도 'guillotine'은 단두대를 의미한다.—옮긴이)가 한 번에 하나의 머리만 자르는 깔끔한 정의를 실현할 것이라고 적었다.[48]

단두대를 선보인 1792년 4월 이후, 루이 16세와 마리 앙투아네트, 구정권의 귀족과 성직자를 비롯한 많은 이들의 목이 쉴 새 없이 잘려 나가기 시작했다.[49] 가장 높은 사회계층에 속한 이들도 하층민 범죄자와 같은 운명을 맞이했다. 가장 기본적인 수준의 평등이었다. 대중도 처음에는 열광적으로 반응했다.[50] 사형 집행 책임자인 상송은 '인민의 복수자Avenger of the People'라고 불렸고, 그의 화려한 제복 스타일은 남성의 외출복에도 반영됐다. 여성들은 단두대 모형을 귀걸이로 걸거나 브로치로 달기도 했다.

단두대 이야기의 다음 장은 이미 다들 잘 알 것이다. 혁명 과정에서 편집증이 퍼지면서 평등주의자는 폭군이 됐고, '깔끔한 정의'는 기요탱이 예상치 못했던 피비린내 나는 학살로 변질됐다. 막시밀리앙 로베스피에르Maximilien Robespierre의 공포 정치 시대인 1793년 6월부터 1794년 7월 사이에만 혁명에 반한다고 여겨진 1만 6,000명 이상의 사람이 단두대에 올랐다. 프랑스에서는 1972년까지 간혹 단두대

〈그림 19〉 프랑스혁명 당시 단두대에서 집행된 루이 16세의 처형식, 1793년. 작가 미상, 카르나발레 박물관, 파리 역사.

가 사용되기는 했지만, 대량 학살 기간은 짧았다. 1794년 로베스피에르가 마지막으로 단두대에 오르며 학살은 막을 내렸다. 이후, 목을 효율적으로 절단하게 위해 고안된 이 장치는 프랑스혁명의 유산인 '자유, 평등, 박애'와 함께 불편한 아이러니를 남겼다.

* * *

미국 형벌 제도는 단두대를 사용해 사형을 집행한 적이 없으며, 올가미를 사용하지 않은 지도 30년 가까이 됐다. 그러나 21세기 들어 가장 강력하고 영향력 있는 이미지 중 하나는 목에서 발생한 정치적 폭력이다. 2020년 5월 25일, 흑인 조지 플로이드George Floyd는 20달러짜리 위조지폐를 사용했다는 혐의로 미니애폴리스의 한 거리에서 체포됐다. 이 과정에서 백인 경찰관 데릭 쇼빈Derek Chauvin이 그의 목을 눌러 사망에 이르게 했다.[51] 쇼빈이 무릎으로 목을 누르는 동안 플로이드는 20번도 넘게 숨을 쉴 수 없다고 말했다. 그는 어머니를 불렀고, 6분 후 그는 더 이상 움직이지 않았다. 옆에 있던 다른 경찰관이 그의 목을 짚었지만 맥은 뛰지 않았다. 그러고도 쇼빈은 3분이나 더 무릎으로 그의 목을 눌렀다. 이후 그는 병원으로 이송됐지만, 1시간 후 사망했다.

이 사건은 행인이 촬영한 영상을 통해 전 세계에 퍼졌다. 한 추산에 따르면, 해당 영상과 관련 영상은 사건 발생 후 12일 동안 14억 회 이상 조회됐다. 이는 21세기의 가장 악명 높은 9분 가운데 하나로 기록됐다.[52] 대중은 분노했고, 며칠 만에 미국 내 140개 도시와 60개국 이상의 국가에서 시위가 일어났다. 2주 후 '흑인의 목숨도 소중하다Black Lives Matter'라는 시위는 미국 내 500여 곳 이상에서 약 2,000만 명이 참여하며 절정에 달했다. 이는 미국 역사상 가장 큰 시위운동이었다.[53]

그런데 왜 이 죽음이 유례없는 분노를 불러일으켰을까? 지난 수십 년 동안 수백 명의 비무장 흑인이 경찰에게 살해됐고, 대부분은 경찰관이 쏜 총에 맞아 사망했다. 학자와 언론인은 같은 질문을 주제로 수많은 책을 썼으며, 여러 답을 내놓았다. 플로이드의 죽음 과정과 목이라는 부위가 여기에 중요한 역할을 했을지 개인적으로 궁금하다. 대중은 이 사건에 충분히 공감한다. 총에 맞아 본 사람은 거의 없지만, 숨이 멎는 경험과 다시 공기를 들이마시려는 절박함은 다들 한번쯤 경험했을 테니 말이다. 9분이나 숨을 쉴 수 없다는 건 상상만으로도 끔찍하다. 좁은 곳에 갇힌 경험을 한 사람은 있겠지만, 누군가의 무게가 나의 가장 취약한 신체 부위를 누른다는 건 공포 그 이상이다.

이렇듯 본능적이고 직관적인 반응 외에도 많은 사람은 문화적 상징성에 반응했다. 이 사건에는 인종차별적인 교수형의 많은 측면이 포함돼 있다. 무방비 상태의 흑인을 (대부분) 백인으로 구성된 권력 집단이 오랜 시간에 걸쳐 질식시킨 것이다. 이 이미지는 로마 제국 군이 정복당한 이의 목 위에 올라서 있는 고대 정복의 상징을 떠오르게 한다. 플로이드 사건이 발생하기 수십 년 전, 맬컴 엑스Malcolm X는 현대의 인종 억압이 가하는 부담을 비판하는 연설에서 이 고대 이미지를 언급했다.

"지금 내 목 위에 올라간 건 나뭇조각이 아니라 당신의 발입니다"('chip on my shoulder'는 직역하면 어깨 위의 나뭇조각이라는 뜻이나, 부당한 대우나 불만 등으로 인해 화가 난 상태를 나타내는 관용어구다.—옮긴이).

플로이드의 죽음 이후, 바이든 대통령은 2020년 미국 의회 연설에서 이 비유를 미국 사회 전체의 경험으로 확장했다. 플로이드 사건의 비극은 해부학적으로도 명확하게 표현된 셈이다.

"우리 모두 흑인 미국인의 목을 짓누르는 불의의 무릎을 목격했습니다."[54]

* * *

목을 겨냥한 폭력의 역사는 깊고도 오래됐다. 이는 목이 있는 동물의 초기 조상 시절까지 거슬러 올라간다. 대형 육식동물의 목은 먹이를 제압하는 효과적인 수단이다. 인류 역사 내내 사람들은 식량을 얻기 위해 동물의 목을 겨눴으며 노동시키기 위해 멍에를 씌웠다. 그리고 인간은 범죄자, 반대파, 부하에게도 같은 방식의 폭력을 휘둘렀다.

한편 인간 사회에서 목을 향한 힘의 사용이 줄어드는 징후도 보인다. 오늘날 대부분 지역에서 동물이 아닌 기계가 짐을 끌고 밭을 간다. 가축을 인도적으로 대우하고 도살하는 법도 마련됐다. 더 이상 범죄자를 올가미로 처형하지 않으며, 많은 곳에서 올가미 전시를 증오 행위로 규정한다. 인간은 단두대 없이도 정치적 갈등을 해결하고, 경찰의 교살 행위에 수백만 명이 항의한다. 불과 몇 세대 만에 인간은 목소리와 투표로 목을 향한 오랜 폭력의 역사를 다시 썼다.

화가 피핀은 그의 작품을 통해 가장 잔인한 인간 폭력에 맞섰다. 그는 전쟁과 노예에 관한 참혹한 이미지를 많이 그렸다. 노예제 폐지론자인 존 브라운John Brown이 교수대에 오르는 장면도 그렸다. 그러나 말년에 그린 〈신성한 산〉에서는 올가미를 어두운 배경에 두고, 평화로운 광경을 전경에 배치했다. 인간의 잔인함과 정복욕은 부정할 수 없지만, 그에게 이 인간 특성들이 이상을 완전히 덮을 수는 없었다. 그는 이렇게 설명한다.

"〈신성한 산〉이 떠오른 건 세상이 이토록 어려운 상황에 처했기 때문입니다. 성경 이사야서 11장 6절에서는 이 땅에 평화가 올 것이라 나와 있더군요. 힘든 시기만 아는 자는 그것을 그릴 수밖에 없습니다. 자신에게 진실해야 하기 때문이죠. 하지만 그런 자라도 꿈과 이상을 지닐 수 있으며, 〈신성한 산〉이 바로 제 대답입니다."[55]

우리는 모두 당대에 직면한 문제의 답을 찾으려 한다. 힉스, 피핀처럼 우리는 모두 평화를 갈망한다. 그러면서도 이 시대의 올가미, 우리 삶의 멍에를 함께 마주한다. 인간은 집단적으로나 개인적으로나 지배하고 짐을 얹는 중심점, 목에 맞선다.

10장

방어와 치유:
목을 지키는 힘

우리는 가끔 목을 향한 위협이나 목이 조이는 듯한 느낌을 경험한다. 목의 취약성에 대한 감각은 본능에서 잠재의식, 상상력에 이르기까지 여러 인식 사이를 오간다. 그러나 우리에게는 목을 보호하고 진정시키는 다양한 대응책이 있다. 이 방어기제는 인간의 생물학적·문화적 과거에 뿌리를 두며, 인식 수준에 따라 기제를 촉발하는 위치도 다르다.

입과 코를 통해 병원균이 침입하면 우리는 무의식적으로 목에 집중된 면역 방어 체계를 가동한다. 외부 위협을 감지하면 무의식적으로 목 근육을 긴장시킨다. 추운 날씨에 밖을 돌아다닐 때는 목을 보호하려고 스카프를 두른다. 전쟁과 같은 위험한 활동에 참여할 때는 보호구로 목을 감싼다. 인간의 힘을 넘어서는 보호 기제가 필요할 때는 신의 중재나 초자연적 힘에 의지해 목을 보호하고 치유한다. 무의식중에 일어나는 보호 본능부터 가장 창의적이고 상상력 풍부한 사고에서 비롯된 보호 본능에 이르기까지, 인간은 목을 향한 다양한 위협에 저항한다.

자연선택 역시 창의적이었다. 동물의 목에는 독특한 구조와 행동 체계가 부여됐다. 많은 육식동물이 목의 취약성을 이용해 사냥하기에, 모든 육상 척추동물은 목을 보호하는 방어기제를 발전시켰다. 특히 파충류는 포식자에 맞서 다양하고 혁신적으로 목을 적응시켰다. 어떤 파충류는 목에 독을 집중시켜 포식자를 쫓아내고, 어떤 파충류는 목을 통해 경고 신호를 보내거나 속임수를 쓴다.

또 다른 파충류는 목을 이용해 머리를 완전히 숨긴다. 목을 겨냥한 위협으로부터 보호하는 방향으로 진화한 사례가 있는가 하면, 몸 전체에 가해지는 위협에 대응하는 반응으로 진화한 경우도 있다. 목은 보호하기도 하며, 보호받기도 한다. 일부 육상 척추동물이 포식자에 맞서 목을 활용하지만, 모든 육상 척추동물은 또 다른 보편적이고 무의식적인 투쟁에도 목을 활용한다. 바로 미세 병원체의 은밀한 침입에 대한 방어다.

내부 수호 기제: 면역 시스템과 림프절

인간을 비롯한 다른 척추동물의 피부는 질병을 일으키는 세균과 바이러스가 거의 뚫지 못한다. 대부분의 병원균은 코와 입의 얇고 축축한 막을 통해 몸 안으로 들어온다. 인간의 해부학적 구조는 이러한 침입의 위협이 특히 머리에서 시작된다는 사실을 반영한다. 가장 집중적인 면역 방어 체계가 주요 침입 지점 바로 아래인 목에 자리 잡기 때문이다. 목에는 콩만 한 크기의 림프절이 촘촘히 분포돼 있고, 이곳에는 미세한 침입자를 감시하고 공격하는 백혈구가 대기한다. 인체에 있는 800여 개의 림프절 중 거의 절반이 머리와 가슴 사이의 짧고 좁은 통로인 목에 있다.

림프절은 진화 과정에서 목이 길어진 최초의 척추동물인 파충류에서 처음 발생했다. 배아 발달 과정에서 경부 림프절(목 위의 림프절)은 모든 림프절 중 가장 먼저 형성된다. 림프절은 림프계라는 거대한 네트워크의 일부로, 림프계는 신체 세포의 주변 환경과 밀접하고 직접적으로 연결돼 있다. 림프계의 가느다란 혈관은 세포 간 공간을 통과하며, 혈관에는 커다란 구멍들이 있어 세포를 둘러싼 액체에 있는 큰 세균 세포, 바이러스 입자, 세포 파편을 모을 수 있다.

반면, 순환계의 모세혈관은 상대적으로 작은 구멍으로만 입자를 흡수할 수 있으며, 이 작은 분자들은 병원균 침입이나 세포 손상에 관한 신호를 많이 보내지 않는다. 따라서 림프계는 미생물과의 전투에서 전장으로 향하는 통로를 제공한다. 림프계에서 수집한 림프액은 코와 입에 있는 병원균의 진입 지점과 림프절 사이의 짧은 거리 사이에서 계속 운반된다. 경부 림프절의 밀도를 고려하면 이 거리는 수 밀리미터에서 수 센티미터에 불과하다.

림프절에는 다양한 백혈구가 대기하며, 각 세포 유형은 특화된 방어 역할을 한다. '포획한 적'이 림프액을 타고 림프절로 이동하면, 대식세포라 불리는 면역 세포가 병원체를 인식하고 집어삼킨다. 대식세포와 다른 병원균 섭취 세포는 항원이라는 특정 분자를 잘라 세포막에 제시하고, 항원은 다른 백혈구인 림프구에 병원체 침입을 알린다.

외부 항원을 감지한 뒤 활성화된 림프구는 더 많은 림프구로 분열해 들어오는 병원체에 직접 공격을 가한다. 다른 림프구는 항체를 만들어 병원체의 생존을 방해하거나 파괴 대상임을 표시한다. 대식세포는 림프절에 머무르는 반면, 수지상 세포는 조직을 돌아다니다가 병원체를 포획하면 근처 림프절로 이동해 대식세포와 마찬가지로 림프구에 새로운 항원을 제시해 면역반응을 증폭시킨다.

림프절 내부와 주변에서 감염과의 싸움이 한창일 때, 일부 백혈구는 혈액에 화학물질을 분비해 먼 조직의 면역 세포를 활성화해 전신 방어 반응을 촉발한다. 이들은 림프관이나 혈액을 통해 림프절 밖으로 이동해서 멀리 있는 감염과 싸울 수도 있다. 목의 림프절은 구강과 비강처럼 병원체가 쉽게 침입할 수 있는 취약한 부위 근처에 있으므로 꾸준한 방어 체계와 필수 요새 역할을 한다. 그렇지만 이 면역 수비자들이 과다하게 늘어나 경부 림프절이 부어오를 때를 제외하고는, 이 모든 복잡한 세포 전쟁은 우리가 느끼지 못하는 사이에 조용히 진행된다.

인간의 면역 체계는 외부 침입자는 물론, 내부의 적으로부터도 우리를 보호한다. 체내에서 발생하는 암세포도 백혈구의 표적이다. 작은 종양은 누구에게나 생기지만, 대부분은 림프구가 빠르게 제거한다. 암세포는 '내부 테러범'임을 알리는 분자를 발현해, 이름도 무서운 '자연살해세포natural killer cell'를 비롯한 여러 종류의 림프구를 활성화시킨다. 이 세포는 적을 집어삼키는 대신 암세포 내에서 일련의 반응을 유발하는 신호를 분비한다. 암세포가 죽음의 경로를 향해 스스로 '자살'하도록 프로그래밍하는 것이다. 두부암과 경부암을 치료하는 새로운 면역요법은 림프구가 활성화하는 종양 자멸 프로그램을 강화하는 데 초점을 맞춘다.

암세포가 면역 체계의 감지나 공격을 피하면 '전이'라는 더 공격적인 단계로 진입하면서 신체의 다른 부위에 자리를 잡는다. 일부 암은 혈류를 통해 전이되지만, 두경부암과 갑상샘암은 주로 림프관을 통해 전이된다. 면역 수비자들이 이동하는 경로인 림프관은 파괴적인 암세포가 몸에 잠입하는 경로가 된다. 두경부암 치료에는 보통 경부 림프절과 여기에 연결된 림프관을 표적 제거하는 방법이 포함된다. 인체가 구축한 다양한 방어 체계는 무척 복잡해서 수많은 의학 교과서와 과학 학술지를 채울 수 있을 정도다. 하지만 이 모든 방어 체계에 대해 우리는 표면적으로만 이해한다는 데 모든 면역학자가 동의할 것이다.

매년 과학자들은 방어 체계와 공격 체계에서 새로운 역할을 하는 세포를 발견한다. 우리의 생존은 이러한 방어 체계에 달렸으며, 그중에서도 목은 병원체가 자주 침입하는 지점과 가까운 최전선에 있어 특히 중요한 역할을 맡는다. 그러나 이렇게 위험하고 복잡한 전투가 벌어져도, 이 모든 방어 활동은 대부분 의식하지 못하는 사이에 조용히 이루어진다.

근육의 보호와 회복: 긴장과 이완

인간은 병원체와 암세포 위협에 늘 마주했지만, 오늘날 사회의 다양한 위협에 대한 반응으로 현대인에게는 많은 건강 문제가 발생한다. 우리는 점점 더 많은 스트레스와 외로움을 느끼며, 신체는 종종 무의식중에 목 근육이 긴장하는 등 생리적 반응을 보인다. 이 반응은 과거 인간이 육식동물이나 다른 신체 상해 위협에 더 자주 노출됐던 때는 생존에 큰 도움이 됐다. 지금도 자전거에서 넘어지거나, 자동차 사고를 겪거나, 롤러코스터를 타는 등의 비상 상황에서 목 근육을 수축하면 머리를 안정시킬 수 있다. 그러나 만성적인 스트레스 유발 요인으로 긴장이 지속되면 우리는 불행하다고 느낀다. 이 보호 본능은 말 그대로 목에 통증을 만든다.

목 근육의 긴장에 심리적 스트레스 요인이 미치는 익숙한 영향은 감정적·인지적 어려움에 반응해 수축하는 목 근육에 관한 일련의 연구를 통해 실험적으로 입증됐다. 한 연구에서 피실험자들은 의미와 색상이 일치하지 않는 단어(빨간색으로 쓰인 파란색 등)를 빠르게 식별하는 색-단어 테스트에 참여했다.[1] 두 번째 테스트에서는 피실험자들이 수학 문제를 풀 때 감독관이 계속해서 오류를 지적했다. 세 번째 테스트에서는 피실험자들이 1분 동안 팔을 45도 각도로 들어 올리는, 근육수축은 필요하지만 심리적 부담은 없는 신체 작업을 수행했다.

연구진은 근전도 검사EMG를 사용해 목과 상부 등뼈에서 어깨뼈(견갑골)까지 이어지는, 목뒤에 근육 날개를 만드는 삼각형의 긴 근육인 승모근의 전기적 활동을 기록했다. 더불어 연구진은 혈압, 스트레스 호르몬 수치 등 생리적 스트레스 지수도 측정했다. 그 결과, 두 심리 테스트에서 승모근의 전기적 활성도가 증가했으며, 활성화 정도가 생리적 스트레스 측정치와 양의 상관관계가 있다는 사실을 발견했다. 게다가 신체 작업과 동시에 심리적 스트레스를 유발하는 작업을 수행할 경우 신체 작업만으로 유발되는 전기적 활동이 증폭됐다. 즉, 스트레스만으로도 목이 뻣뻣해지고 신체 활동이 근육 긴장을 가중했다.

심리적 스트레스 요인에 대한 근육 반응은 몸 전체에 일어나는 걸까, 아니면 목에 국한되는 걸까? 이 질문에 대한 답을 찾기 위해 연구진은 후속 연구에서 조건을 하나 더 추가했다. 피실험자들이 동일한 색-단어 테스트를 두 차례 받는 동안 승모근은 물론 손, 팔, 다리에 있는 5개의 추가 근육 근전도를 측정했다.[2] 또한, 짧은 설문지를 통해 피실험자의 불안 수준을 수치화했다. 첫 번째 스트레스 요인을 겪는 동안 6개 근육의 근전도 활동은 자기 보고된 불안과 함께 증가했다. 따라서 심리적 압박에 대한 초기 반응으로 몸 전체가 긴장하는 것으로 보인다.

그러나 3분 후 같은 스트레스 요인이 반복됐을 때 결과는 꽤 달랐다. 손, 팔, 다리 근육의 근전도 활동은 모두 감소했지만, 목 근육(승모근)의 활동은 높은 수준으로 유지됐다. 목 근육의 지속적인 긴장은 피실험자의 불안 수준이 감소하고 인지 테스트의 점수가 올라가는 동안에도 발생했다. 따라서 다른 근육과 달리 목 근육은 의식적 인지와 객관적 성과를 바탕으로 상황이 개선됐음을 알게 되더라도 이에 잘 적응하지 않았다. 우리는 종일 받은 스트레스를 목에 쌓고 목 근육을 지속적이고 부적응적인 긴장으로 수축시킨다.

스트레스가 없다 하더라도 21세기의 생활 방식은 대개 목에 부담을 가중해 우리를 불편하게 만든다. 목의 해부학적 구조는 머리가 움직이고 균형 잡혀 있을 때 가장 잘 작동하지만, 많은 사람이 컴퓨터 등의 기계를 사용하거나 휴대전화를 만지느라 고개를 앞으로 숙인 채 하루의 상당 시간을 보낸다. 머리는 앞으로 기울어지면 곧게 서 있을 때보다 2~6배 더 무거워진다. 그리고 우리 몸은 머리가 더 아래로 꺾이지 않도록 동일한 근육 힘을 반대 방향으로 가한다.

살짝 기울인 각도에서 머리를 지탱하기 위해 목뒤의 근육은 늘어난 상태에서도 힘을 내야 한다. 신장성 수축eccentric contraction은 에너지 측면의 이점도 있지만, 근육의 미세 손상과 세포 손상을 일으켜 통증, 경직, 부종을 유발한다. 또한, 고개를 숙인 자세는 목뼈의 건강한 곡선을 망가뜨린다. 목뼈는 목의 기저부에서는 약간 앞으로(목구멍 쪽으로) 휘고, 머리뼈 쪽으로 올라갈수록 뒤로(목구멍에서 멀어지는 쪽으로) 휜다. 돌로 만든 아치 구조의 다리 설계와 마찬가지로 이러한 곡선은 목뼈에 힘을 분산시키고 전체 구조를 안정시킨다.

그러나 머리를 앞으로 기울이면 목뼈가 곧게 펴지면서 비스듬한 기둥처럼 척추와 정렬한다. 시간이 지나 정상적인 목의 곡선이 사라지면 척추에 가해지는 압력과 미끄러지는 힘이 증가하고, 머리를 안정시키기 위해 근육의 긴장도가 높아진다. 목에 생기는 문제 중 일부는 목 아래에 있다. 마사지 치료사이자 운동요법 강사인 스콧 레이먼드Scott Raymond는 말한다.[3]

"목은 궁극적인 보상 기관입니다."

목은 보통 구부정한 가슴과 앉아서 생활하는 습관 때문에 생기는 문제를 교정하기 위해 초과 근무한다. 오래 앉아 있으면 어깨는 앞으로 구부러지고 가슴은 힘이 빠지며 내려앉는다. 구부러진 자세에서는 갈비뼈에 붙은 횡격막과 호흡 근육이 흉곽을 부풀리는 능력이 떨어지고, 종종 목까지 이어진 2차 호흡 근육을 사용해 이를 보상한다. 이러한 근육 중 하나인 사각근(목갈비근)은 목뼈와 가장 위에 있는 갈비뼈 2개를 연결하는데, 보상적으로 호흡할 때 이 갈비뼈를 들어 올려 숨을 들이쉰다. 보조 호흡 근육을 만성적으로 과용하면 목의 긴장이 악화된다. 또한, 목과 팔에 있는 여러 중요한 신경로(팔신경얼기)가 사각근 사이를 지나가기에, 이 근육이 장기간 긴장하면 신경을 직접 압박해 통증을 유발할 수 있다.

머리뼈 아래쪽에 있는 두 번째로 짧은 목 근육인 뒤통수밑근육(후두밑근)은 보통 구부정한 자세에서 머리 위치를 재조정하는 데 사용된다. 레이먼드는 목 근조직과 신경 제어가 기본적으로 정면을 바라보도록 설계됐다고 믿는다. 따라서 구부정한 자세에서 목뼈가 앞으로 기울면, 반사적으로 머리뼈를 뒤로 당기는 뒤통수밑근육이 수축하면서 머리와 시선이 정면을 향한다.

간단한 신체 실험으로 시각과 뒤통수밑근육의 반사적 관계를 직접 느껴볼 수도 있다. 정면을 바라본 채 눈을 감은 상태에서 엄지손가락으로 머리뼈 바로 아래 목뒤 근조직을 깊이 누른다. 이제 머리를 위아래로 움직인다. 그러면 뒤통수밑근육이 여기에 반응해 무의식적으로 수축하는 것을 느낄 수 있다. 눈이 정면을 바라보지 않으면 목 근육은 머리를 수평으로 재정렬하려고 한다. 뒤통수밑근육의 보상적 수축은 근육통을 유발할 수 있으며, 최근 이 근육은 두통과도 연관된다는 사실이 드러났다.

지난 수십 년간 진행된 여러 해부학 연구에 따르면, 뒤통수밑근육에는 척수의 가장 바깥을 감싼 경막dura mater에서 안쪽으로 늘어지는 연결부가 있다.4 이 경막 연결체myodural bridge를 통해 전달되는 근육의 힘은 보통 목이 뒤로 젖혀질 때 척수를 보호한다. 그러나 경막은 통증에 매우 민감하며, 경막 연결체가 장시간 긴장되면 스트레스성 두통을 일으킬 수 있다.

스트레스성 두통은 무시하기 어렵지만, 다양한 형태의 목 통증은 무의식과 의식 사이를 주기적으로 오간다. 목의 긴장은 대개 하루 종일 축적되지만, 휴식을 취하기 전까지는 잘 인지하지 못한다. 보통 푹신한 베개에 눕거나 가볍게 운동하면, 혹은 이부프로펜을 복용하면 그날의 긴장은 해소된다. 하지만 가끔은 뭉치거나 뒤틀린 목을 풀기 위해 타인의 손길에 의지한다. 연인이나 친구의 손길일 때도 있고, 전문가의 손길일 때도 있다.

목의 독특한 해부학적 구조 때문에 목 마사지에는 특별한 접근법이 필요하다. 마사지 치료사가 다른 부위를 치료할 때는 비교적 큰 근육을 마사지하는데, 이 근육들은 해부학적으로 복잡하지 않은 부위에 있다. 이 부위에서는 손 전체를 사용해 강하게 누르거나 주물러도 인근 조직을 누르거나 손상시킬 위험이 거의 없다. 하지만 목, 특히 옆쪽과 앞쪽은 이야기가 다르다. 목 근육은 훨씬 작고 길이도 몇 센티미터에 불과한 경우가 많으며, 얕게 분포한 혈관, 얽힌 신경,

연약한 샘 조직, 림프절 등 수많은 섬세한 조직으로 둘러싸였다. 따라서 목 마사지는 강한 손보다는 섬세한 손끝을 통해 더 잘 전달된다. 목은 매우 민감하고 약하기에, 환자가 치료사의 손길에 온전히 긴장을 풀려면 치료사에 대한 신뢰가 특히 높아야 한다.

치료사는 손끝으로 목의 여러 부위를 눌러 그 아래 조직 질감, 유연함, 체온을 파악한다. 근육이 부드럽고 탄력적이면 신경계가 전달하는 무의식적 명령에 따라 충분히 늘어날 수 있다. 그러나 딱딱하게 굳었다면 근육이 긴장으로 수축돼 잘 늘어나거나 짧아지지 않는다. 부었다면 조직에 체액(부종)이 축적된 것이다. 뜨겁다면 염증이 있다는 의미이며, 차갑다면 혈액순환이 원활하지 않음을 말한다.

치료사는 목을 넘어 엉덩이, 다리까지 이어지는 근막의 유연성을 개선한다. 근막은 근육을 덮는 섬유질 막으로, 근육의 힘을 신체 다른 부위로 전달하는 유연한 지지대다. 근막이 정상적으로 움직이고 늘어나려면 부드러운 젤 상태를 유지해야 하는데, 장시간 움직이지 않으면 근막은 더 팽팽하고 긴장된 상태로 굳는다. 그래서 치료사는 근막을 눌러 목의 어느 부위가 긴장했는지, 이것이 신체 다른 부위로 어떻게 퍼지는지 파악한다.

치료사가 목에 가하는 압박은 피부 접촉으로 불편함을 완화하고 목의 움직임을 개선한다. 피부에 촉감을 전달하는 뉴런은 척수 내 통증 관련 신경 회로와 연결돼 척수 뉴런에서 뇌로 통증 신호가 전달되는 것을 막는다. 치료사가 목을 더 깊이 압박하면 근육 섬유가 늘어나고 이완된다. 또한, 섬유층 내의 분자 교차 결합을 분리해 점착성과 탄력성을 비롯한 기저 근막의 물리적 특성을 바꿀 수 있다.

이 모든 접촉 효과는 큰 변화로 이어진다. 레이먼드는 목 마사지를 받은 고객 대부분이 근육뿐만 아니라 몸 전체에서 통증 완화를 느낀다는 사실을 발견했다.

"목은 모든 부분과 연결되죠. 고객이 마사지 침대에서 내려오면 들어올 때와 완전히 달라질 때가 많아요. 호흡, 표정, 목소리, 서 있는 자세가 달라져요. 균형 감각도 좋아지고, 두통도 사라지죠."5

목 근육을 풀면 세상은 더 살만 한 곳이 된다. 걱정으로 가득한 21세기 세상에서 목을 보호하려는 원초적 본능은 너무나 강하고 뿌리 깊어서, 우리는 무의식중에 힘든 직장 동료나 답답한 도심의 교통 체증까지, 현대인의 고통을 목 근육의 긴장으로 연결한다. 한 가지 위안이 있다면, 타인의 손길은 목 긴장을 풀어 주고, 그 해방감은 온몸으로 퍼져 나간다는 점이다.

* * *

모두 목덜미의 털이 곤두서는 느낌을 받은 적 있을 것이다. 이 반응은 아마도 털이 훨씬 더 풍성했던 포유류 조상으로부터 물려받은 진화적 흔적일 테다. 많은 포유류는 위협받거나 궁지에 몰리면 털을 세운다. 머리와 주변의 털을 세움으로써 몸집이 더 커 보이게 하고, 이는 '투쟁'과 '도피' 반응 중 투쟁을 선택했을 때의 전략 중 하나다. 이러한 본능적 반응은 위협에 대응하는 다방면의 무의식적 반응을 촉발하는 교감신경계에 의해 활성화된다.

보다 의식적인 수준에서 인간은 불안할 때 목으로 추가 반응을 보인다. 우리는 위험에 처하거나 긴장하면 손으로 목을 만진다. 충격적인 소식을 접하거나 잘못했다는 비난을 받으면, 여성은 손을 들어 목 하단과 빗장뼈가 만나는 부위인 복장뼈위파임(흉골위파임)을 가린다. 남성은 목뒤나 옆을 만지거나 목구멍 주변을 가볍게 잡는다. 모든 자극은 투쟁과 도피라는 스트레스 반응을 유발할 수 있으며, 이는 목을 만지는 행동으로 이어질 수 있다.

작가 조 나바로Joe Navarro는 이러한 행동과 성별 간 반응 차이를 대학교 해부학 수업에서 처음 알아챘다. 바로 학생들이 해부용 동물의 충격적인 광경과 마주했을 때 보인 반응에서였다. 이후 보안원으로 활동하면서 그는 이러한 관찰 경험을 활용해 심리적 고통을 느끼는 사람을 구별했다.[6] 나바로는 미국 연방수사국FBI에서 25년간 근무하며 정보원과 용의자의 비언어적 신호를 해독하는 데 많은 관심을 기울였다. 그는 압박감을 느낀다는 확실한 지표 중 하나가 '목을 만지는 행위'라는 사실을 발견했다.

"누군가의 감정 상태를 알고 싶다면 손에 주목하세요. 불편함과 고통을 느끼기 시작한 사람은 상황에 반응해서 손으로 목을 가리거나 만지죠."

이러한 행동은 한때 나바로가 도망자의 위치를 추적할 때 도움 됐다. 한번은 수사 과정에서 범죄자의 어머니 집에 방문한 적이 있었다. 문을 열었을 때 그녀는 분명 긴장한 듯 보였지만, 아들에 대한 질문에는 주저하지도, 당황하지도 않고 대답했다. 그가 "아들이 집에 있습니까?"라고 묻자, 범죄자의 어머니는 "아니요"라고 대답하며 동시에 손을 들어 빗장뼈 사이 홈을 가렸다. 수상함을 느낀 그는 계속해서 질문했다. 본인도 모르는 사이에 아들이 집에 와 있을 가능성은 없는지 물었고, 그녀는 그럴 가능성이 없다고 재차 부인하며 손으로 목을 가렸다. 일관된 몸짓과 부정에서 무언가를 감지한 그는 가택수색을 요청했고, 옷장 안에서 담요를 덮은 채 숨은 청년을 발견했다. 목으로 드러낸 몸짓이 단서가 된 것이다.

심리학자들은 다양한 사회적 상황에서 목을 만지는 행위를 체계적으로 기록했다. 지위가 다른 사람들의 상호작용에서는 낮은 위치의 사람이 목을 더 자주 만지는 경향이 있었다. 예를 들면, 하버드 대학교 연구진은 모의 면접 중 지원자가 면접관보다 목과 상반신을 훨씬 더 많이 만진다는 사실을 발견했다.7

두려움을 느끼고 목을 감싸는 행위는 방어적인 행동처럼 보일 수 있다. 하지만 나바로는 목을 만지는 행위가 자기 보호보다는 스스로를 달래는 행위에 더 가깝다고 주장한다. 무의식적으로 진정하기 위해 취하는 행동으로, 신경이 밀집된 목의 피부를 자극함으로써 교감신경계의 방어 반응을 가라앉히고 부교감신경계의 진정 작용을 활성화는 것이다. 본질적으로 일종의 간단한 마사지인 셈이다.

외부 방어와 치유: 장치와 치료법

인간에게 진화는 생존에 필수적이나 대부분 통제와 의도를 벗어난 선천적인 면역반응과 무의식적인 뉴런 반응을 일으켰다. 더불어, 목을 보호할 장치를 만들 수 있는 뇌와 장치를 이용할 수 있을 정도로 날렵한 손도 줬다. 수백 년 동안 인간 장인과 공장은 특정 위협으로부터 목을 보호하기 위해 직물, 강철, 플라스틱으로 제품을 만들었다. 그러나 보호구를 설계하는 이들은 목 보호와 운동 자율성, 편안함 사이에서 끊임없이 균형을 찾아야 했다.

겨울이 유난히 추운 지역에서는 계절마다 목에 가해지는 위협과 마주한다. 목은 특히 가늘고, 피부가 얇으며, 혈관이 발달해 열 손실이 크다. 터틀넥처럼 깃이 높은 옷은 열 손실을 어느 정도 줄일 수 있지만, 얇고 느슨한 깃이 달린 옷은 약간의 보온만 가능할 뿐이다. 그래서 우리는 겨울에 외출할 때 두껍고 무겁지만 따뜻한 실내에 들어가면 쉽게 벗을 수 있는 목도리를 두른다. 목도리는 다양한 형태가 있지만, 공통적으로 부드러워야 한다. 목 피부는 민감하기에 직물이 거칠면 견디지 못한다. 그래서 목도리는 보통 부드러운 양모나 면, 비단으로 짜거나 뜬다.

* * *

머리나 가슴처럼 중요한 장기가 있는 다른 신체 부위와 달리, 목에는 조직을 보호할 뼈 갑옷이 없다. 뼈로 된 단단한 방패가 목을 둘러싼다면 머리 움직임이 크게 제한된다. 생존에서 머리의 자유로운 움직임은 목 보호보다 훨씬 더 중요하다. 그래서 일상에서 우리는 목을 보호하지 않은 채 상식과 운에 기대어 위험을 피한다. 그러나 인류는 가장 위험한 활동인 전쟁을 위해 역사적으로 머리 움직임을 어느 정도 허용하는 다양한 목 보호구를 고안했다.

11세기 초, 프랑스와 독일에서는 유럽 전사들이 흔히 '메일 코이프mail coif'라 불리는 작은 금속 고리들이 촘촘히 연결된 후드 형태의 장비를 착용했다. 이는 목을 덮어 보호하면서도 움직임이 가능하도록 설계됐다. 이 금속망은 칼과 창의 공격으로부터 목을 지켰다. 하지만 활이나 석궁 같은 더 강력한 무기가 발명되면서 메일 코이프만으로는 충분하지 않게 됐다. 이에 전사들은 더 뚫기 어려운 갑옷이 필요했고 헬멧 아래로 내려오거나 가슴 갑옷에서 위로 연장된 단단한 금속판으로 목을 보호했다.

이러한 초기의 딱딱한 방패는 '고지트gorget'라 불렸는데, 프랑스어로 목구멍을 의미하는 '고르주gorge'에서 유래한 이름이다. 그러나 이 고지트는 머리 움직임을 종종 제한했다. 이후에는 강철 조각을 관절처럼 연결해 머리를 조금 더 자유롭게 움직일 수 있는 고지트가 등장했다. 하지만 이마저도 총기(총과 대포)의 발명 앞에서는 효과가 없어, 결국 전투용 갑옷에서는 거의 쓰이지 않게 되었다. 그럼에도 고지트는 정교한 조각과 장식이 새겨진 의례용 군복의 일부로 남았다.

18세기 영국과 미국 군복에는 단단한 옷깃이 다시 등장했다. 두꺼운 가죽으로 만들어 뒤에서 버클로 고정해 칼에 베이지 않도록 목을 보호했다. 과거 군용 목 보호대와 달리, 단단한 가죽 보호구의 주목적은 머리 움직임을 제한해 군인이 머리를 곧게 세우고 바른 자세를 취하도록 하는 것이었다. 미국에서는 1870년대에 이 보호구를 착용하는 관행이 사라졌지만, '가죽 목leather neck'이라는 용어는 지금도 미국 해병대원의 별칭으로 남았다.

20세기 후반에는 '케블라Kavlar'라는 강한 합성섬유가 발명되면서 군인들은 목의 가장 큰 위협인 파편으로부터 보호받을 수 있는, 유연하면서도 거의 뚫리지 않는 옷깃을 착용했다.[8] 그러나 새로운 소재가 등장했음에도 이라크 전쟁, 아프가니스탄 전쟁 등 최근 전쟁에서 목 부상이 다수 발생한 이유는 군인들이 목 보호대를 잘 착용하지 않았기 때문이다.[9] 목 보호대를 착용하지 않는 이유로는 불편함과 특정 활동, 특히 엎드린 자세에서 총을 조준하는 활동에 방해된다는 점을 꼽았다.[10] 군사기술에 모든 첨단 기술이 적용됐음에도 목 보호와 운동 자율성 사이에서의 균형은 여전히 풀리지 않은 과제다.

부상 위험이 큰 일부 스포츠 종목에서도 목 보호대를 착용한다. 야구에서는 포수와 홈플레이트에 있는 심판이 안면 보호구에 목 보호대를 매달아 피할 수 없는 공이나 파울볼로부터 목을 지킨다. 많은 유소년 하키 리그에서는 빠르게 날아오는 퍽과 날카로운 스케이트 날에서 목을 보호하기 위해 목에 거는 패딩 칼라를 착용한다. 이 장비들은 직접적인 충격과 베임으로부터 목을 보호하지만, 특정 스포츠 종목(다이빙, 럭비, 승마, 스키, 사이클링, 미식축구 등)에서는 목뼈와 척수에 가해지는 충격, 즉 가장 심각한 외상에서 목을 보호할 장비가 없다.[11] 편타 손상과 비슷한 척추 부상을 예방하려면 목을 고정시켜야 하지만, 이는 머리 움직임을 제한한다. 결국 스릴이나 재미, 경쟁을 위해 목을 위험에 노출하는 셈이다.

인간은 목을 보호하고 진정시키기 위해 다양한 국부 치료법을 고안했다. 날이 따뜻하면 드러나는 목에 선크림을 발라 자외선 손상을 막고, 벌레 기피제를 뿌려 가렵게 하거나 병을 옮기는 벌레를 쫓는다. 목이 아플 때는 진정 크림을 바르고, 목구멍이 따끔거릴 때는 국소마취제가 함유된 용액으로 가글을 한다.

과거에는 목과 목구멍을 치료하기 위해 더 다양한 연고를 만들었다. 기원후 1세기, 로마의 자연주의자 플리니우스Pliny the Elder는 《박물지Natural History》에서 목 질환 치료법에 관한 내용을 3개의 장에 걸쳐 다뤘다. 《박물지》는 당시 서양에서 가장 방대한 약물학이자 백과사전이었다.[12] 예를 들어, 그는 책에서 목에 점액이 쌓이고 쓰림이 느껴지는 증상의 치료법을 제시한다.

"비둘기 똥과 함께 빻은 노래기를 넣은 건포도주로 입안을 헹구라. 그리고 여기에 말린 무화과와 질산칼륨(재에서 발견되는 소금)을 넣어 피부에 바르라."[13]

책의 다른 부분에서는 목에 경련이 발생하거나 결릴 때는 암염소의 오줌을 귀에 주입하고, 혹은 구근식물과 동물의 배설물을 섞은 연고를 바르라고 권한다.[14] 이 치료법들의 효능은 절대 알 수 없겠지만, 창의성만큼은 놀랍다.

초자연적 방어: 성인과 신화

많은 보호 본능과 보호구가 있음에도 인간은 목의 취약성을 잘 안다. 노력해도 운명을 완전히 통제할 수는 없기에, 역사적으로 사람들은 목을 보호하고 치유하기 위해 초자연적인 힘에 의지했다. 조용하고 사적인 의식이 있는가 하면, 군중이 참여하는 행사도 있다. 예를 들어, 매년 2월 3일이 되면 크로아티아의 두브로브니크 거리는 수천 명의 사람으로 가득 찬다. 사람들은 4세기 아르메니아계 외과의에서 주교가 된 도시의 수호성인이자 수호신, 성 블라시우스 Saint Blaise를 기념하기 위해 모인다.[15]

이 전통의 시작은 10세기로 거슬러 올라간다. 전설에 따르면, 성 블라시우스의 환영이 한 사제에게 나타나 베네치아인의 공격이 임박했음을 알렸고, 덕분에 두브로브니크는 대항할 수 있었다. 유네스코UNESCO 무형 문화유산으로 등재된 이 축제의 하이라이트 중 하나는 귀금속과 보석으로 장식된 그의 성유물을 신고 이어지는 행렬이다. 행렬이 진행되는 동안 군중 일부는 성물을 만지거나 입맞춤하기 위해 손을 뻗는다. 화려하게 장식된 상자 안에는 그의 머리, 손, 발 그리고 목이 들었다.[16]

두브로브니크가 그를 성인으로 추대하기 전부터 성 블라시우스는 가톨릭 신자들의 목을 보호하는 수호성인이었다. 2월 3일이 되면 전 세계 가톨릭교회에서는 수백만 명의 신자가 사제에게 축복을 받기 위해 줄을 선다. 무릎을 꿇은 신자에게 사제는 X자로 교차한 두 촛불로 한 사람씩 만지면서 이렇게 기도한다.

"주교이자 순교자이신 성 블라우시스의 기도를 통해 하느님께서 모든 목의 질병에서 당신을 구해 주십니다."

로마인들이 아르메니아에서 기독교인을 박해하기 시작했을 때 성 블라시우스는 동굴로 피신했지만 결국 붙잡혀 카파도키아(오늘날 튀르키예 중부 지역) 총독에게 끌려갔다. 그때 한 어머니가 그에게 필사적으로 달려와 생선 가시 때문에 질식해 가는 어린 아들을 도와 달라고 간청했다. 그가 아이의 목에 손을 얹고 기도하자 아이는 치유됐다. 그러나 316년, 아이러니하게도 그는 참수당하면서 순교했다.

앞서 설명했듯, 다양한 감염에 대한 인체의 생물학적 보호 기제는 면역반응에서 비롯되며, 목의 림프절이 중요한 역할을 한다. 하지만 림프절도 병에 걸릴 수 있다. 그중 하나가 림프절결핵scrofula인데, 이로 인해 수백 년 동안 사람들은 왕이나 여왕의 기적 같은 손길을 통해 신의 힘으로 치유받기를 바랐다.[17] 림프절결핵은 결핵균에 의한 림프절 감염으로, 목의 옆에 튀어나온 덩어리나 농양이 생기고 때로는 외관에 심각한 변형이 일어난다. 심한 경우 세균이 경부 림프절에서 폐로 이동해 치명적인 폐결핵을 유발한다. 중세 시대에는 가축, 특히 소와 밀접하게 생활하면서 질병이 인체에 전파돼 림프절결핵이 유행했다. 중세 시대 일부 의사들은 림프절결핵이 과식 같은 죄 때문이라고 믿어 식사를 제한하는 처방을 내리기도 했다.

림프절결핵 치료를 위해 사람들은 '왕의 손길'을 찾았다. 앵글로색슨 왕조의 참회왕 에드워드Edward the Confessor를 시작으로, 잉글랜드와 프랑스의 군주는 신의 축복이 깃든 손길로 병을 치료할 수 있다고 주장했다. 림프절결핵은 왕족 앞에 가장 많은 환자를 모이게 한 질병이었다. 왕의 손길은 대중적인 치유 의식이 됐고, 17세기에 절정을 맞았다. 1608년 부활절에 거행된 대규모 공개 행사에서 프랑스의 앙리 4세는 림프절결핵으로 고통받는 1,250명의 환자에게 치료의 손길을 뻗었고, 잉글랜드의 찰스 2세는 26년이 넘는 통치 기간(1660~1686년) 동안 러시아와 아메리카 대륙에서 온 9만 2,000명 이상의 환자를 만졌다.

이 의식에서 환자는 한 명씩 왕이나 여왕 앞에 무릎을 꿇었고, 군주는 환자의 목을 쓰다듬었다. 이어 사제가 "병든 사람에게 손을 얹은즉 나으리라 하시더라"(마가복음 16장 18절)라는 성경 문구를 읽었다. 모든 환자는 악마의 질병으로부터 승리를 상징하는 대천사 미카엘 문양이 새겨진 금화를 받았다. 사람들은 더 이상의 고통을 피하기 위해 금화에 리본을 꿰어 목에 걸고 다녔다.

림프절결핵 환자 중 일부는 즉각적으로 병이 진정되는 것을 느꼈고, 왕의 손길에 대한 기적적인 치유 사례는 신의 능력에 대한 믿음을 강화했다. 이는 전제군주제를 정당화하려는 왕족에게도 만족스러운 일이었다. 극소수의 기적 사례만으로도 훌륭한 홍보 효과가 있었고, 왕의 손길을 받는 화려한 행사는 700년 가까이 지속됐다. 18세기에는 신권 군주제 개념이 약화되면서 왕의 치유 의식은 인기를 잃고 그 빈도가 점차 줄었다. 잉글랜드에서 마지막으로 열린 신의 손길 의식은 앤 여왕의 시대였다. 한 어머니가 이 의식에 참여하기 위해 2살 난 아들을 데리고 3일 동안 이동해 런던에 갔고, 아이는 다른 환자들과 함께 여왕의 손길을 받았다.

이 아이가 훗날 잉글랜드에서 가장 유명한 시인이자 수필가, 비평가 새뮤얼 존슨Samuel Johnson이다. 그러나 여왕의 손길에도 존슨은 쉽게 회복하지 못했고, 결국 한쪽 눈이 멀고 한쪽 청력도 잃었다. 그럼에도 존슨은 죽을 때까지 어린 시절의 고통을 상징하는 천사 동전을 목에 걸고 살았다.[18]

사람들은 성 블라시우스나 왕의 손길을 통한 신성한 대도에서 약해진 목을 치유받기를 원했다. 하지만 다른 여러 전통에서는, 특히 목이 튼튼한 신과 신화적 동물이 등장하는 이야기를 만들어 이를

〈그림 20〉 1550년경, 메리 1세가 목에 손을 얹고 림프절결핵을 치료하는 모습. 〈메리 여왕의 축복받은 치유의 반지와 악을 물리치는 손길에 대한 안내서Queen Mary's manual for blessing cramp rings and touching for Evil〉에서 발췌한 16세기 그림 사본. 그림. H. 헤이민 II. Hayman, 1916년), 웰컴 컬렉션(Wikimedia).

보호 수단으로 삼았다. 힌두 신화 중 하나에 따르면 '푸른 목의 신'이라는 의미의 닐라칸타Nilakanta라고도 불리는 시바Shiva 신은 목을 이용해 위대한 보호 행위를 한다.

이 신화에서 전 세계는 한때 뱀의 왕 바스키Vasuki가 토해 낸 혹은 휘저은 우유의 대양Milky Ocean에서 솟아오른 치명적인 독에 위협받았다. 임박한 재앙을 목격한 여러 신은 시바 신에게 도움을 청했다. 시바 신은 세상을 구하기 위해 독을 빠르게 전부 마셨다. 그의 아내 파르바티Parvati 여신은 서둘러 다가가 독이 위장과 나머지 부위로 퍼지지 않도록 시바의 목을 움켜쥐었다. 독은 시바의 목에 스며들어 피부를 파랗게 만들었다. 예술 작품에 등장하는 시바는 그의 자애롭고 보호하는 행위를 기리기 위해 보통 목이 파란색으로 표현된다.

파충류의 방어: 속임수, 반격, 은폐

인간과 마찬가지로 동물에도 목은 매우 취약한 부위이며, 일부 종은 포식자로부터 이를 적극적으로 방어하는 방향으로 목의 구조와 움직임을 진화시켰다. 이러한 포식자 방어기제 중 가장 효과적인 방식은 파충류, 특히 도마뱀, 뱀, 거북에서 많이 발견된다. 많은 도마뱀과 뱀은 목을 이용해 포식 동물을 속이거나, 물리적·화학적 방어 수단으로 반격한다. 그리고 머리를 갑옷 안으로 집어넣는 거북의 방어 수단은 가장 단순하면서도 효과적이다.

파충류에서 이와 같은 포식자 방어를 위한 적응이 다양하게 나타나는 이유는 생활 방식에 맞춘 해부학적 구조, 행동, 생리학이 독특하게 조합됐기 때문이다. 파충류의 종은 무척 다양하지만, 대부분은 작고 낮에 혼자 움직이므로 대형 시각 포식자에 특히 취약하다. 동시에 파충류는 땅에 붙은 자세와 제한적인 유산소 능력으로 먼 거리를 도주하는 데 불리하다. 공격자를 따돌릴 기회가 거의 없어 투쟁에 의존하는 경우가 많다.

가장 상징적인 목 방어는 호주 목도리도마뱀에서 볼 수 있다.[19] 이 날씬한 도마뱀은 건조한 환경에서 서식하며, 갈색과 회색의 몸통이 주변 환경과 잘 어우러진다. 포식자(새, 뱀 등)가 접근하면 도마뱀은 적을 마주 보고 입을 크게 벌린다. 이어 크게 확장 가능한 목뿔뼈의 골대가 지지하는, 평소에는 접혀 있는 화려한 색의 목 피부를 재빠르게 활짝 편다. 입안쪽과 활짝 편 주름은 노란색, 빨간색, 주황색, 흰색 등 밝고 눈에 띈다.

도마뱀은 이 방어 자세에서 쉭쉭대는 소리를 내면서 몸을 흔들고

〈그림 21〉 방어 자세를 취하며 녹주름을 펼친 목도리도마뱀. 사진: 워런 가르스트Warren Garst, 1972년.

꼬리를 획획 움직인다. 이 동작은 0.5초도 채 걸리지 않으며, 펼친 주름의 직경은 약 25센티미터에 이른다. 머리가 5배 이상 커 보이게 하는 이 행동은 포식자를 놀라게 해 공격을 막거나 늦춘다. 또한 포식자는 주름 때문에 정확히 어디를 물어야 할지 헷갈릴 수 있다. 정확히 머리를 물면 도마뱀을 죽일 수 있겠지만, 잘못해서 주름을 물면 다치기만 할 뿐이다.

목을 이용해 몸집을 부풀리는 또 다른 파충류는 코브라다. 코브라는 위협을 느끼면 보통 머리 끝을 수직으로 들어 올리고 목을 양옆으로 펼쳐 넓적한 후드hood를 만든다. 일부 코브라 종에서는 목 후드에 경고 무늬가 나타나기도 한다. 후드를 펼칠 때 목뼈에서 갈비뼈로 이어지는 근육은 갈비뼈를 앞으로 세워 목 부위를 평평하게 만들고, 갈비뼈와 그 위 피부에 붙은 근육은 수축해 피부를 팽팽하게 만든다.[20] 위협이 사라지지 않으면 일부 코브라 종은 송곳니에서 강력한 방어용 독을 내뿜거나 포식자를 향해 달려든다.

산호뱀은 목을 펼치는 대신 빠르게 구부려 치명적인 공격을 막는다. 산호뱀은 위협을 느끼면 꼬리를 불규칙하게 흔들고, 동시에 목을 양쪽으로 구부린다. 꼬리 움직임은 적의 주의를 머리에서 떨어뜨리고, 구부린 목은 머리가 어디인지 구별하지 못하도록 만든다. 호주 가시도마뱀의 속임수는 한 단계 더 발달했다. 포식자와 마주친 가시도마뱀은 앞다리 사이에 머리를 집어넣고 목뒤의 '가짜 머리'라고 불리는 큰 뿔을 드러낸다. 이 자세는 포식자가 가짜 머리를 공격하도록 속이며, 특히나 앞을 향한 커다란 뿔로 인해 포식자가 도마뱀을 잡아서 삼키기 어렵게 만든다.[21]

개미잡이wryneck는 조류이지만, 놀라운 모방 능력으로 다른 파충류를 따라 해서 포식자를 쫓아낸다. 개미잡이의 등에는 갈색과 검은색 반점, 줄무늬가 있는데, 이는 같은 서식지에 사는 독사의 무늬와 비슷하다. 개미잡이라는 이름은 포식자가 이끌어 내는 새의 독특한 목 움직임에서 유래됐다. 개미잡이는 불안하면 쉭쉭 소리를 내며 목을 사방으로 비틀어 마치 독사와 같은 으스스한 움직임을 흉내 낸다('wry'라는 단어에는 비정상적으로 비틀거나 굽힌다는 뜻이 있다.—옮긴이).

* * *

거북은 뚫기 어려운 보호 장비를 달고 자신만만한 양 세상을 느릿하게 돌아다닌다. 거북은 요새 안에 산다. 포식자로부터 보호하는 등껍질은 거북이 안정적으로 살 수 있는 핵심이다. 실제로 일부 아메리카 원주민과 힌두교 전통에서는 지구가 거북의 등 위에 놓였다고 믿는다. 척추, 갈비뼈가 피부뼈와 융합해 생성된 단단한 껍질은 견고한 갑옷 역할을 하는 동시에 가슴과 등뼈의 움직임을 크게 제한한다. 또한, 껍질은 몸무게에서 3분의 1 이상을 차지할 정도로 무거워 민첩하게 움직이기 어렵다.

제한적인 기동성을 보완하기 위해 거북의 목은 매우 유연하다. 목의 유연성 덕분에 거북은 멈추거나 느리게 움직이는 동안에도 머리로 큰 원을 그리듯 움직여 다양한 감각 정보를 수집하고 먹이를 먹는다. 또한, 거북은 목이 유연한 덕분에 다른 어떤 척추동물도 하지 못하는 행동을 할 수 있다. 머리와 목을 몸 안에 완전히 숨기는 것이다. 목이 유연한 다른 척추동물(목이 긴 새 등)과 달리, 거북의 목에는 기동성이 뛰어난 부위가 특별히 많지도 않다. 거북의 목뼈는 8개로 목이 긴 새(12~25개)보다 훨씬 적고, 목을 거의 구부리지 못하는 다른 포유류(7개)보다 하나 더 많을 뿐이다. 목뼈 모양도 특별하지 않다. 대신, 목뼈가 느슨하게 연결돼 탈구되듯 크게 구부릴 수 있다.

오래전부터 거북은 2가지 방법 중 하나로 목을 숨긴다. 목을 집어넣는 행동은 거북 진화의 주요 특징이며, 거북(거북목)을 2개의 하위 분류군으로 나눈다. 잠경거북목(목을 숨기는 거북목)과 곡경거북목(목을 옆으로 구부려 집어넣는 거북목)이다. 잠경거북목은 북미와 유럽에서 흔히 찾을 수 있는 늪 거북을 포함하며, 주로 목 가운데와 가장 아래에 있는 2개의 목뼈 관절에서 목을 구부려 수직으로

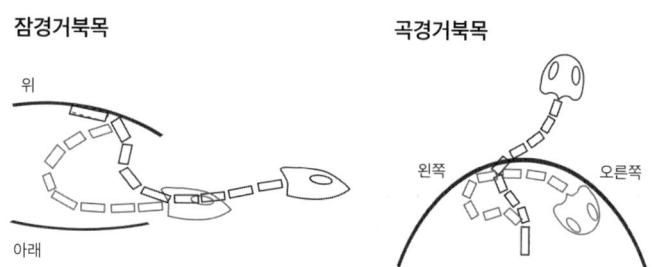

〈그림 22〉 거북 목 움츠리기의 2가지 주요 특징. 잠경거북목의 측면도와 곡경거북목의 상면도. 그림: 〈거북 경추의 해부학적 구조 및 기능Cervical Anatomy and Function in Turtles〉, 앤서니 헤럴Anthony Herrel, 요한 판 담메Johan Van Damme, 피터 아츠Peter Aerts, 〈거북 생물학Biology of Turtles〉, CRC 프레스CRC Press, 2007년, 177-200쪽.

S자를 만들어 접는 방식으로 고개를 숨긴다. 남반구에만 서식하는 곡경거북목은 주로 목 아래쪽의 목뼈 관절 하나만을 측면으로 접은 뒤 고개를 옆으로 크게 돌려 머리를 껍질 아래로 집어넣는다.

진화적으로 여러 종의 초기 거북은 목을 움츠리는 능력이 거의 없었다. 곡경거북목의 비교적 단순한 움츠리기 방식이 먼저 발달했고, 뒤이어 잠경거북목은 목을 이중으로 굽히는 특유의 구조를 독립적으로 진화시켰다. 현재 남아 있는 거북을 보면 두 방식 모두 머리와 목을 보호하는 데 효과적이었을 것으로 보인다. 이 보호 기능은 초기 움츠리기 능력이 없었던 상황에서 측면 움츠리기로 전환하도록 만든 중요한 선택적 이점이었다. 그러나 독립적으로 진화한 이중 굽힘 구조는 처음엔 다른 목적에서 비롯됐을 가능성이 크다. 화석 증거에 따르면, 고개를 수직으로 S자 형태로 구부리는 동작은 포식자부터 머리를 숨기려는 의도보다는 먹이를 붙잡기 위해 머리 위치를 조정하는 목적이 더 컸던 것으로 보인다.

가장 이른 시기에 등장한 거북종 중 하나는 1억 5,000만 년 전의 화석, **플라티케리스 오베른도르페리**Platychelys oberndorferi다. 이 종은 곡경거북목과 같은 혈통에 속하지만, 척추를 생체역학적으로 분석한 결과 목을 수직으로 접었던 것으로 추정된다.[22] 다만 머리를 숨길 정도로 굽히지는 못했고, 보호가 아닌 다른 목적을 위해 목을 움츠렸다.

이 화석 거북의 목뼈에는 또 다른 특징이 있다. 목을 머리 숨기기 외의 용도로 활용하는 악어거북, 마타마타거북의 목뼈와 유사하다는 점이다. 현존하는 이 두 종의 거북은 빠르고 폭발적인 움직임으로 먹이를 사냥하는 데 목을 이용한다. 이들은 매복했다가 사냥한 뒤 먹이를 먹는다. 두 거북은 하루의 대부분을 호수 바닥에서 목을 움츠리고 위장한 채 먹이를 기다리며 보낸다. 그러다가 먹이가 다가오면 재빨리 입을 벌리고 목을 크게 팽창시키며 머리를 앞으로 내밀어 먹이를 빨아들인다.

화석의 목 해부 구조를 보면, 초기의 잠경거북목이 목을 움츠린 이유가 머리를 보호하기 위해서가 아니었음을 알 수 있다. 본래 목적은 빠르게 돌진하기 전, 목을 뒤로 젖혀 사냥 준비를 하는 것이었다. 이러한 사냥 방식이 진화하면서 목 형태는 완전히 움츠려 머리까지 보호할 수 있도록 이차적으로 진화했다. 현존하는 대부분의 거북에 매우 유용한 이 목은, 사실 빠른 먹잇감 사냥을 위해 생긴 것이다.

* * *

거북은 부러움의 대상이 되곤 한다. 이 동물의 평온한 삶은 바쁘게 사는 수많은 인간과 정반대 지점에 있는 듯 보인다. 인간이 걱정하고 지친 채 정신없이 뛰어다니는 동안 거북은 햇볕을 쬔다. 거북의 내면세계가 어떤지는 알 수 없지만, 일단 아픈 목을 부여잡고 하루를 마치거나, 목을 따뜻하게 하거나, 목을 보호할 수 있는 장비를 발명하거나, 치유를 위해 신에게 기대하는 모습은 상상하기 어렵다. 거북의 평온함은 적어도 부분적으로는 피난처를 등에 짊어졌다는 안정감에서 오는 것이 틀림없다. 하지만 등껍질이 완전한 보호 기능을 발휘할 수 있는 것은 목이 가늘고 매우 유연하여 등껍질 안으로 머리를 완전히 숨길 수 있기 때문이다. 거북은 자기 목이 취약점이 아닌 보호 수단이라는 점을 아는지 궁금하다.

숨기지 못하는 가느다란 목이 있는 인간은 목의 연약함을 짊어지고 살아갈 수밖에 없는 운명이다. 목은 부상, 병원체, 추위에 약하지만, 그렇다고 이 부위를 보호해야 한다는 부담을 늘 의식하면서 살 수는 없다. 대신, 우리는 무의식중에 혹은 의식의 가장자리에서 발현되는 생리적 보호 기제나 우리가 통제할 수 없는 초자연적인 의식에 의존한다. 그러면서 우리는 따뜻한 차를 마시고, 부드러운 스카프를 두르고, 긴장을 푸는 마사지를 받음으로써 편안함과 위안을 얻으며 할 수 있는 것을 한다.

마치며: 목이 남긴 이야기

이 책에서 다룬 다양한 목은 근본적으로 유기적인 구조물이다. 수억 년 동안 적용된 자연선택과 성선택이라는 경이로운 창의력, 그리고 며칠에서 몇 달 동안 배아에 작용하는 독특한 생성력의 산물이다. 목의 형성은 언제나 조상으로부터 물려받은 설계도를 변형하는 방식으로 진행되며, 뼈, 힘줄, 근육, 상피와 같은 제한된 재료로 만들어진다. 이러한 재료들은 고유한 물리적 한계를 지닌다. 또한 목 설계는 때로 상반되는 여러 기능을 수행해야 하는 필요성에 제약을 받는다. 어떤 목이든 다방면을 소화해야 하기에, 어느 한 분야의 완벽한 전문가가 되기는 어렵다.

목은 모든 유기적 구조물과 마찬가지로 복잡한 역사를 거쳐 형성되고, 내부 한계에 의해 범위가 제한된다. 그러나 모든 목이 유기적으로 발생하는 것은 아니다. 어떤 목은 우리 상상 속에서 구상되고, 우리의 손으로 창조된다. 유기적 생성 과정의 제약에서 벗어난 인간은 목과 유사한 형태의 가능성을 확장시켜, 이를 도자기 같은 수공예품에 적용한다. 이제 나는, 책의 첫머리에서 제기했던 질문이자 본래 '목'에 대해 폭넓게 생각하게 만든 주제로 다시 돌아가며 이 책을 맺으려 한다.

"무엇이 도자기의 목을 형성하며, 이 무생물의 목은 살아 있는 목의 설계와 의미에 대해 무엇을 드러내는가?"

도자기의 목은 동물보다 훨씬 빠르게 만들어진다. 도예가는 물레를 돌리며 젖은 점토의 안과 위를 눌러 형태를 만든다. 이 과정은 대개 몇 분 안에 끝난다. 생물학적 재료와 달리 점토는 균질한 재료라서 물리학적으로 비교적 단순하다. 하지만 점토는 축축하고 부드러운 상태에서 건조하고 부서지기 쉬운 상태로 변하므로, 제작 과정 내내 주의해야 한다. 도예가는 숙련된 손길과 신중한 타이밍으로 도자기의 목을 다양한 형태로 빚었다. 그러나 동물의 목과 마찬가지로, 여기에도 구조적 한계가 있다.

구조적 제약 외에도 화병은 대체로 특정한 기능적 요구를 충족해야 한다. 여기서 화병은 주둥이의 테두리까지 이어지는 좁은 통로가 있는 모든 도자기 그릇을 가리킨다. 다기능성을 지닌 동물의 목과 달리, 화병의 목은 몇 가지 역할만 수행한다. 약 2,000년 동안 화병은 보관과 분배라는 두 기능을 담당했다. 두 기능은 화병의 목 크기와 형태에 많은 영향을 받는다.[1] 저장 용기라는 점에서, 화병에는 좁고 밀봉 가능한 입구가 있어 공기나 열기 등 와인, 올리브 오일을 변질시키는 요인이나 곡물을 먹는 해충 같은 원치 않는 물질의 유입을 막을 수 있다. 역사적으로 대부분의 화병은 소모품을 보관했지만, 일부는 유골재나 신성시되는 문헌처럼 귀중한 물건을 보호하는 용도로도 쓰였다. 많은 화병 디자인에는 액체를 분배하는 역할이 반영된다.

고대 그리스의 와인 저장용 암포라amphora와 물 저장용 히드리아hydria처럼 대용량 액체를 담는 화병은 목이 짧고 넓었다. 반면 그리스의 레키토스lekythos와 같이 귀한 향수나 장례 예식에 사용되는 기름을 담는 화병은 전체 비율 대비 목이 길고 좁아 원하는 양을 더 정확하게 부을 수 있었다. 최근 수 세기 동안 화병은 거의 꽃을 장식하는 데 사용됐다. 몇 송이 꽃만 꽂을 수 있는 화병은 목이 길고 좁으며, 꽃다발을 담는 화병은 안전성을 위해 목이 넓다. 모든 화병에서 형태는 기능을 따른다.

오늘날 화병은 어느 정도 실용성은 유지하지만, 대부분 미적 용도로만 사용된다. 우리는 화병을 원하는 자리에 두고 그 자체의 아름다움을 감상한다. 화병의 곡선과 비율은 인간의 눈을 즐겁게 한다. 다양한 크기와 형태의 화병은 전 세계 역사를 통틀어 가장 흔하면서도 아낌받는 조각품 중 하나였다. 다양한 형태의 화병은 폭, 높이, 곡선이 달라 보는 이를 즐겁게 한다.

그러나 각 부분이 독립적으로 변할 수는 없고, 모든 부분이 조화를 이루어야 한다. 이런 점에서 화병은 '다양성 속의 통일성'이라는 미적 원리를 구현한다. 즉, 공통된 특징을 바탕으로 서로 관련되거나 일관된 전체로 인식되는 다양한 부분이 있을 때 사람들은 아름다움을 느낀다.[2] 화병의 목은 오보에처럼 길고 가늘 수도, 튜바처럼 짧고 넓을 수도, 프렌치 호른처럼 넓적할 수도, 플루트처럼 곧을 수도 있다. 그러나 각 형태는 화병의 전체적인 구성을 따라야 한다.

그렇다면 화병의 형태는 왜 이렇게 매력적인 걸까? 2023년, 독일의 연구자들은 60명의 참가자에게 수학적으로 정의된 화병 25개의 정보를 보여 주며 화병의 아름다움을 평가하도록 했다.[3] 연구 결과, 곡률이나 비율만으로는 화병의 평가를 예측할 수 없다는 사실을 발견했다. 하지만 2가지 특징만으로도 수많은 화병 간의 미적 차이를 대부분 설명할 수 있었다. 참가자들은 형태와 선을 함께 평가했으며, 이는 모두 다양성 속 통일성에 기여하는 특성이다.

도예가 조지 펄먼George Pearlman은 화병의 입술, 목, 몸통, 굽, 바닥이 만나는 접합부에서 비율과 곡선이 융합된다고 생각한다.

"화병을 만들 때 내리는 모든 중요한 결정은 이 접합부에서 이루어져요. 이 접합부에서부터 균형을 인지하기 시작하죠."4

화병의 입술에서 몸통으로 이어지는 주요한 전환 영역인 목은 화병 전체 비율을 한눈에 전달하는 핵심 요소다. 그의 말에 따르면, 공기와 윗테두리가 만나는 입술 부분이 관람자에게 가장 중요한 초대 역할을 한다. 그것은 형태를 규정하는 경계이자 시선을 맞이하는 '환영의 장소'다. 따라서 목의 주요한 미적 기능은 입술을 돋보이게 하면서 이를 지탱하는 것이다. 입술이 시선을 사로잡고 나면, 목이 시선을 아래로 끌어 어깨와 몸통으로 유도한다. 그에게 이 흐름은 미적 가치로서 우아함의 본질이다. 그는 이렇게 설명한다.

"이 흐름의 수직적 차원에는 우아함의 요소가 포함됐어요. 인간의 목이 우아한 건 직립 자세를 유지하기 위해 능동적으로 균형을 잡아야 하기 때문이고, 화병의 목이 우아한 건 정적인 자세에서도 이와 같은 능동적인 균형을 넌지시 비치기 때문이에요."

화병의 목은 내부로 향하는 통로이자 보이지 않는 곳으로의 길이다. 그는 인류 최초의 주거지로 알려진 장소, 동굴에 화병을 비유한다. 동굴에서 가장 안쪽은 신성한 공간이었지만, 동굴 입구를 지나자마자 있는 목 부분 역시 특별한 의미를 지녔다. 동굴 목 부분은 귀한 물건을 매달거나 그림을 그려 거주자를 환영하고 침입자를 막는 곳이었다. 마찬가지로 화병의 목은 그릇 안쪽의 신성한 공간으로 이어지는 전환의 영역이다.

"공간이 전환되며 목은 화병의 양감에 신비를 더해요."

화병은 형태 그 이상의 존재다. 그것은 구조물이다. 펄먼은 40년 넘게 도자기를 빚었으며, 대부분의 시간을 메인주의 해안가 작업실에서 보냈다. 그는 2014년부터 길고 조각품 같은 자기 화병 제작에 집중했다. 그의 작품 일부는 미국 전역의 주요 박물관과 갤러리에 전시됐다. 지난 수천 년 동안 수많은 도예가가 여러 부분을 결합해 큰 화병을 만들었다. 예를 들어 굽과 몸통을 한 덩어리로, 목과 입술을 한 덩어리로 만들어 따로 굽고 살짝 건조시킨 후 둘을 붙여 완성했다. 이렇게 작고 조금 더 단단한 조각들을 붙여 작업하면, 길고 좁은 목을 만들 때 마주하는 기술적 어려움을 일부 해소할 수 있다.

그러나 펄먼은 큰 화병을 한 번에 완성한다. 화병 전체를 끊김 없는 유려한 몸짓으로 만든다. 일반적으로 화병 제작에서 목을 만드는 단계가 가장 위태롭고 절정에 달하는 순간이다. 인간이 서로의 목을 부드럽게 만지듯, 도예가 역시 부드러운 손길로 화병의 목을 다듬어야 한다. 너무 세게 누르거나, 표면이 고르지 않거나, 점토가 충분히 젖지 않으면, 목은 쉽게 비틀리거나 어깨와의 접합부가 찢긴다. 그에게 목을 만드는 이 위태로운 순간은 기쁨의 순간이다.

"그 모든 긴장이 정말 짜릿해요."

펄먼은 인간의 목과 마찬가지로 화병의 목도 취약하다는 사실을 안다. 최근 선보인 화병에서 그는 목의 취약성을 체계적으로 탐구하며, 인간과 화병의 근본적인 구조적 차이를 강조했다. 인간에게는 내골격이 있어 머리와 목이 내부의 기둥인 척추로 지탱된다. 하지만 화병에는 내골격이 없다. 윗부분인 머리, 입술, 목의 무게는 화병

〈그림 23〉 조지 펄먼이 제작한 도자기 화병. 사진: 조지 펄먼, 2019년.

의 목둘레를 통해 전달되는 중력으로 화병의 어깨에 실린다. 인간처럼 하체와 연결되는 내부 구조가 없다.

  펄먼은 이러한 구조적 취약성을 비교하기 위해 화병의 어깨 부분이 아직 축축할 때 안쪽에서 변형시킨 뒤 목에 어떤 일이 벌어지는지 관찰했다. 어깨를 너무 늘리면 목은 완전히 무너졌다. 변형의 정도가 덜하면 목이 천천히 내려앉기는 하지만 대체로 똑바로 선다. 이 과정에서 드러난 화병의 모습은 목의 보편적인 취약성을 시사하지만, 그 원인은 화병 고유의 구조적 형태에 있다.

  이러한 구조 차이에도 펄먼을 비롯한 많은 도예가는 인체를 화병에 비유한다. 화병의 각 부위에도 입술, 목, 어깨, 몸통, 굽(발)과 같은 해부학 명칭이 붙는다. 허리와 엉덩이가 있는 화병도 있다. 케냐계 영국인 도예가 매그달린 오둔도Magdalene Odundo는 인체의 해부학적 구조에 대한 관심이 일상적인 관찰에서 비롯된다고 말한다.

"매일 작업실에 가서 작품을 만들기 시작할 때 사람들의 행동을 관찰해요. 몸이 이완되는 모습, 숨을 내뿜는 모습을 상상하는 것이 즐거워요. 숨을 들이마시고 내뱉고, 몸을 하나의 그릇으로 만들죠."[5]

오둔도는 작품 제작에서 그릇의 목과 '목구멍'에 특별한 의미를 부여한다. 바닥에 돌출부를 만든 뒤 목을 누르고 입구를 넓혀서 그릇이 더 인간적인 모습이 되도록, 생동감 넘치도록 만든다. 목은 화병에 생명력을 불어넣는다.

한국의 도예가 허진규에게 커다란 김치 항아리(옹기)의 목을 만드는 과정은 전체 제작 과정의 절정에 해당한다.[6] 어떻게 보면 목을 만드는 단계는 아주 오래전, 그가 태어나기 전부터 시작된 과정의 집약체다. 김치와 김치 항아리의 문화적 유산을 보존하는 것을 사명으로 삼는 그는 어머니가 임신한 상태에서 아버지의 옹기 제작을 도왔을 때부터 옹기장이로서 자신의 운명이 시작됐다고 믿는다. 옹기를 빚을 때 그는 발로 밟아 돌리는 물레 위의 둥근 판에서 시작한다. 두꺼운 타래로 원통형 벽을 만든 다음, 직접 제작한 나무 도구 2개를 사용해 벽을 얇게 펴내면서 바깥쪽으로 넓힌다. 마지막으로 윗부분을 안으로 오므려 목을 완성한다.

"항아리 목을 만드는 건 마지막 손질과도 같아요. 산에 오를 때 정상에 닿으면 가장 기분이 좋지요. 목을 만들 때 저도 그런 느낌을 받아요. 산 정상에 오른 듯한 느낌이지요. 그렇기에 아름다운 목을 만들고자 많은 노력을 들이는 겁니다."

* * *

화병 그리고 화병의 형상을 정의하는 목은 참으로 아름답다. 여기에는 우리가 균형과 곡선에서 매력적이라고 여기는 요소가 다수 포함돼 있다. 그 인간적 요소는 우리를 매료시키고, 우리는 그 안에서 스스로를 발견한다. 이로 인해 나는 수십 년 전부터 화병의 목과 움직이는 목을 비교하기 시작했고, 이후로도 화병을 만들고 즐겼다. 그러나 꽃병이 아무리 인간 형상에 비유된다고 해도, 삶에 대한 적절한 비유는 아니라는 사실을 깨달았다. 화병은 움직이지 않으며, 비었고, 단일 재료로만 만든다. 반면 삶은 본질적으로 역동적이고, 움직임으로 가득하며, 다양한 재료가 뒤섞여 형성된다. 아버지가 수년 전 내게 주신 《그레이 해부학》 표지에 그려진 목 그림처럼 말이다.

턱과 빗장뼈 사이의 짧은 부위를 비롯해 모든 생명은 수백만 번의 자연 실험을 거쳐 정리된 복잡한 구조와 움직임, 장엄한 형태와 작용으로 가득하다. 생명의 다양성과 영속성은 영겁의 세월과 수많은 세대를 거치며 이어졌다. 생명체는 태어나고 번식하며, 언젠가는 죽음을 맞는다. 좋은 싫든 인간은 생명력의 강인함과 재생력, 더불어 궁극적인 취약성과 순간성을 인지한 채 세상을 살아간다. 우리가 예술, 종교, 내면세계에서 하는 일 대부분은 이 불가피한 존재의 조건을 받아들이려는 시도다. 이런 의미에서 생명력과 취약성이 집중된 목은 삶을 상징하는 강력한 은유다.

감사의 말

많은 분이 이 책을 쓰는 동안 여러 단계에서 다양한 도움을 줬다. 초반에 제임스 트로슬James Trostle, 제시카 초티너Jessica Chotiner, 대니얼 블랙번Daniel Blackburn, 모건 로이드Morgan Lloyd, 베스 캐서리Beth Casserly, 피터 카일Peter Kyle, 데번 트레드웨이Devon Treadway와 나눈 대화에서 큰 도움을 얻었다. 메리 머호니Mary Mahoney와 책 출간을 담당한 에이전트 미셸 테슬러Michelle Tessler가 제안서 구상에 도움을 줬다.

라치나 람야Rachna Ramya, 조지 펄먼George Pearlman, 조앤 스캐터굿Joanne Scattergood, 스콧 레이먼드Scott Raymond, 리 스탱Lee Stang, 다이애나 휴스Diana Hews는 인터뷰를 통해 전문적인 지식과 관점을 제공했다. 더글러스 존슨Douglas Johnson, 스티븐 로켈Stephen Rockel, 칼 말쇼프Carl Malchoff, 제프 포도스Jeff Podos, 크리스 시도르Chris Sidor, 매슈 웨델Mathew Wedel, 셰인 에위겐Shane Ewegen, 엘리 핀들리Elli Findly, 토비아스 리데Tobias Riede, 제시카 필리Jessica Feeley, 조너선 엘루킨Jonathan Elukin, 게이브 호르눙Gabe Hornung, 레오 플라이슈만Leo Fleishman, 도널드 디어본Donald Dearborn, 캐리 토이러Kari Theurer, 조 마조니Zoe Maggioni, 브렛 디베네딕티스Brett DiBenedictis는 대화를 통해 전문 지식을 공유하거나 원고 일부를 검토하는 방식으로 도움을 줬다.

이 외에도 마크 데이비스Mark Davis, 데이비드 숀펠드David Schonfeld, 그레첸 해서웨이Gretchen Hathaway, 션 코코Sean Coco, 알렉산

드라 소이세스Alexandra Soiseth, 미셸 테슬러Michelle Tessler, 그리고 캘리포니아 대학 출판부UC Press의 편집자인 클로이 레이먼Chloe Layman, 스테이시 아이젠스타크Stacy Eisenstark, 채드 애튼버러Chad Attenborough, 에이미 스미스 벨Amy Smith Bell이 이 책의 많은 부분에 대해 편집 의견을 아낌없이 줬다. 나와 대화를 나눈 모든 이와 전문가, 편집자에게 큰 감사를 보낸다.

나는 운 좋게도 호기심을 격려하는 집안에서 자랐다. 자연과 문화에 대한 나의 폭넓은 관심은 우리 부모님 진 던랩Jean Dunlap과 해럴드 던랩Harold Dunlap, 그리고 나의 형제 수전 던랩Susan Dunlap과 폴 던랩Paul Dunlap 덕분이다. 우리 아이들 루스Ruth, 루크Luke, 새뮤얼Samuel은 어려서부터 성인이 될 때까지 훌륭한 질문을 많이 던졌다. 아이들의 호기심은 내가 계속 질문하고 배우는 데 영감을 줬다.

테리 윌리엄스Terri Williams에게 가장 큰 감사를 느낀다. 목을 주제로 (그 외 모든 것을 주제로) 대화를 나눌 수 있는 내가 가장 좋아하는 사람이자 최고의 글쓰기 비평가이며, 두 발로 걸어 다니는 사전이자 내게 늘 모범이 되는 사람이며, 나의 아내다. 당신에게 고맙고, 또 고맙다.

주

들어가며: 생명력과 취약성의 경계, 목
1. *Los Angeles Times* 1927.
2. Gray 1988.

1장. 기원과 기능: 목이 존재하는 이유
1. Daeschler, Shubin, Jenkins 2006, 757.
2. Gans 1992, 17. 최근 수십 년간 발견된 주요 화석에서의 정보가 통합된 이 아이디어에 대한 최신 설명을 확인하고 싶다면 Shubin, Daeschler, Jenkins(2015, 63)를 참고할 것.
3. 뼈가 많은 일부 물고기는 몸을 한쪽으로 빠르게 수축해 'C턴'을 하거나, 턱을 내밀어 먹이를 덮치는 대신 빨아들이는 방식으로 이 문제를 해결했다.
4. MacIver and Finlay 2022, 2.
5. Plato 2009, 59.
6. Tauber n.d.
7. Aristotle 1882, book III, part 3.
8. Vesalius 1998, 57.
9. 생리적 시스템과 시스템의 신경 내분비 통제를 구분하기는 어렵다. 거의 모든 생리적 과정은 속도와 무관하게 어느 정도 신경계와 내분비계의 영향을 받는다.

2장. 자세와 표현: 머리를 지탱하는 힘
1. Hansraj 2014, 278.
2. Fiebert 외 2021, 1261.

3. Lieberman 2011, 59~61.

4. Lieberman 2011, 349.

5. Lieberman 2011, 348.

6. Leonardo da Vinci 1952, 111.

7. Lieberman 2011, 349.

8. Lieberman 2011, 361.

9. Lieberman 2011, 365~372.

10. "Hard labor, guy stacking 20 bricks on his head," www.youtube.com/watch?v=t8vDPcXTRIs&ab_channel=PieterTerpstra, 2023년 8월 11일 접속 기준.

11. Rockel 2006, 107~108.

12. Grant 1989, 63.

13. Grant 1989, 76.

14. 1990년대 연구에 따르면, 동아프리카 루오Luo족의 머리 짐꾼은 짐을 이고 걸을 때도 에너지를 거의 들이지 않는 것으로 보인다(Heglund 외 1995, 52). 최근의 여러 연구 결과는 머리로 짐을 나르는 행위의 인체 공학적 이점에 대해 더 모호한 결론을 내놓았다.

15. Dave 외 2021, 17.

16. 목뼈는 S자 곡선의 형태이므로 수직 방향에서 가해지는 힘은 추간판을 뒤쪽이나 옆쪽으로 미는 전단력을 발생시킨다. 이는 짐꾼의 목을 더 위험하게 만든다.

17. Lloyd 외 2010, 522.

18. Allen 2014, 1.

19. Haneline 2009, 119.

20. Sterling and Kenardy 2011, xii.

21. Sterling and Kenardy 2011, 16~24.

22. Sterling and Kenardy 2011, 9~12.

23. Carroll 외 2009, 1063; Holm 외 2008, 763.

24. Ferrari 2006, 7; Ferrari, Constantoyannis, and Papadakis 2001, 254.

25. Ferrari 2006, 2~8. 해당 논문에 대한 리뷰는 Haneline(2009)를 참고할 것.

26. Elliott, McMenamin, and Walton 2016, 7.

27. Chen 외 2013, 1.

28. Ernstbrunner 외 2017, 2125.

29. Chang 외 2016, 12006.

30. Sharker 외 2019, 1.

31. Aristotle 2011, book II, part III.

32. Bruno and Bertamini 2013, 1.

33. Schneider and Carbon 2017, 1.

34. Sedgewick, Flath, and Elias 2017, 3.

35. Nicholls 외 1999, 1521.

36. Costa, Menzani, and Bitti 2001, 63.

3장. 시야와 몸짓: 머리 움직임에 담긴 의미

1. 모든 목 근육이 머리와 목의 움직임 제어에 사용되는 건 아니다. 일부 근육은 목 아래로 뻗어 나가 어깨를 움직이거나 안정시키고, 일부는 목 위로 뻗어 나가 턱, 혀, 얼굴 피부를 움직인다.

2. Lieberman 2011, 338~344.

3. Paley 1854, 52.

4. "Chicken Head Tracking," www.youtube.com/watch?v=_dPlkFPowCc&ab_channel=SmarterEveryDay, 2022년 6월 17일 접속 기준; and "ChickenPowered Steadicam," www.youtube.com/watch?v=UytSNlHw6J6&ab_channel=SmarterEveryDay, 2022년 6월 17일 접속 기준.

5. Crawford 1964, 357~360.

6. Cole 1995.

7. Plato 2013, 107~110.
8. 양 눈의 시야가 거의 겹치지 않는 새들은 머리를 열심히 움직여 입체감을 강화한다. 머리를 앞뒤로 흔들면 두 눈이 조금씩 다른 시야를 담고, 시간이 지나면서 이 시야의 차이를 통해 심도를 추정할 수 있다.
9. 목을 270도로 회전하는 올빼미의 모습은 다음 영상에서 확인할 수 있다. "How Owls Swivel Their Heads," www.bbc.com/news/science-environment-21279609, 2023년 7월 14일 접속 기준. 일부 맹금류는 독특하면서도 다소 우스꽝스러운 방식으로 고개를 돌린다. 머리를 위아래로 180도 뒤집어 완전히 거꾸로 된 세상을 바라보는 것이다.
10. Krings 외 2017, 12.
11. de Kok-Mercado 외 2013, 514.
12. VanBuren and Evans 2017, 608~626.
13. Walker 2011.
14. Dillon 2017.
15. Bitti 2016.
16. 발레에서 머리를 미세하게, 천천히 움직이는 동작에 주목할 만한 예외는, 무용수가 회전 시 시선을 고정할 때 목을 사용하는 것이다.
17. Conyn 1953, 41~43.
18. Anderson 1986, 158.
19. Ramya 2019, 31~37.
20. Rachna Ramya와의 인터뷰, 2022년 4월 14일, Hartford, CT.
21. Ramya 2019, 12.
22. Aishwarya Chandrashekhar의 답변, "What is the significance of neck movement in Indian classical dances?," Quora, www.quora.com/What-is-the-significance-of-neck-movement-in-Indian-classical-dances, 2023년 1월 4일 접속 기준.
23. Ramya와의 인터뷰.

4장. 통로와 운반: 머리와 몸을 잇는 통로

1. Uematsu 외 1983, 256.
2. 이 숫자는 휴식할 때의 속도에 바탕을 둔 보수적인 수치다. 신체적으로 활동할 때는 더 높아질 것이다.
3. Rozsa 2021.
4. 목동맥은 혈액 내 산소 농도를 감지하는 감각 구조, 목동맥소체가 있다.
5. Scally 외 2012, 172.
6. Morimoto 외 2018, 1.
7. Seymour, Bosiocic, and Snelling 2016, 1.
8. Natterson-Horowitz 외 2021, 249.
9. Liu 외 2021, 1.
10. Kimani 1987, 257.
11. Sadhra 외 2015, 1.
12. 얼굴이 붉어지는 현상만이 목을 통해 드러나는 강한 감정은 아니다. 분노에 휩싸이면 목의 혈관이 도드라지게 부풀어 오를 때도 있다.
13. Elflein n.d.
14. Aristotle 1882, 65.
15. 물론 입을 통해서도 공기를 들이마실 수 있으며, 이때도 공기는 기관을 통해 아래로 내려가야 한다.
16. Held 2009, 105 (emphasis in original).
17. Lieberman 2011, 59~63.
18. 일부 뱀은 놀라운 기관 적응을 통해 음식 섭취와 호흡이 동시에 이루어지는 문제를 해결한다. 뱀이 먹이를 먹을 때, 먹이 때문에 입이 너무 오래 막혀 있으면 공기가 기관으로 들어가는 통로가 차단된다. 일부 뱀은 기관이 앞으로 나와 옆으로 젖힐 수 있다. 먹이 때문에 입이 꽉 차면 기관을 먹이 옆, 입의 가장자리로 움직여 공기가 폐로 계속해서 들어갈 수 있도록 만든다.
19. Goldbogen 2010, 127.

20. Gil, Vogl, and Shadwick 2022, 898~903.

21. Louchart and Viriot 2011, 663.

22. 비행 능력과 이빨이 없는 머리뼈가 반드시 연관된 것은 아니다. 비행 능력도 이빨도 없는 새들이 있다. 타조처럼 날지 못하지만, 높이 있는 머리로 땅에 있는 먹이를 찾는 새에는 가벼운 머리를 위아래로 움직일 수 있다는 점이 오히려 유리할 수 있다.

23. Grajal 외 1989, 1236~1238.

24. Button 외 2018, 12501.

25. Laguarta, Hueto, and Subirana 2020, 275~281.

26. Ang 2022.

27. Hale 2022.

28. Benjafield 외 2019, 687~688.

29. Torre 외 2019, 98~101.

30. Schneider 2020.

31. Cowell 2008.

32. Fountain 2012.

33. Fountain 2012.

34. Nature 2016.

35. Belluck 2021.

36. Taylor and Wedel 2013.

37. 새의 호흡계에서 들이마신 공기의 절반은 폐로, 나머지 절반은 여러 공기주머니 중 하나로 들어간다. 폐에 새로운 공기가 들어오면 기존의 공기는 다른 공기주머니로 밀려난다. 숨을 내쉴 때 이 두 번째 공기주머니에 있던 공기가 기관을 통해 빠져나가고, 첫 번째 공기주머니에 저장된 새로운 공기가 폐로 들어간다.

5장. 속도와 골격: 목에서 분리되는 호르몬의 힘

1. Hovet 2022.
2. Smith 2022.
3. Collis 2022.
4. WHO 2005.
5. Zimmermann and Andersson 2021, R13~17.
6. Crockford 2009, 155.
7. 우리가 속한 척삭동물문에는 어류, 양서류, 파충류, 조류, 포유류 같은 척추동물은 물론이고, 척추동물의 특징을 갖지만 척추는 없는 작은 해양동물인 원시 척추동물도 포함된다.
7. Okabe and Graham 2004, 17716~17719.
8. 갑상샘호르몬과 칼시토닌은 신장에 작용해, 소변을 통해 칼슘의 흡수 또는 배설을 조절한다.
10. Leung, Braverman, and Pearce 2012, 1742.
11. Sterpetti, De Toma, and De Cesare 2015, 591~596.
12. 갑상샘이라는 이름은 토머스 휘턴Thomas Wharton이 1656년에 붙인 것으로 알려졌다. 그는 갑상샘의 기능 중 하나가 여성의 아름다움을 돋보이게 하는 일이라고 말했다. "갑상샘은 목을 둥글고 아름답게 만든다. 후두 주변의 공간을 채우고, 후두로 생긴 돌출부를 매끄럽고 자연스러운 형태로 다듬기 때문이다. 이러한 이유로 여성의 갑상샘이 더 크게 나타나며, 이는 목에 균형과 매력을 부여한다"(Lydiatt and Bucher 2011, 9).
13. Twain 1880, 46장.
14. Lee and Chiu 2021, 577~579.
15. Zimmermann 2008, 2061~2062.
16. Leung 2012, 1740.
17. Zimmermann and Andersson 2021, R13~19.
18. Zimmermann, Jooste, and Pandav 2008, 1251.
19. Kristoff 2008.

20. American Thyroid Association, "General Information" www.thyroid.org/media-main/press-room/#:~:text=An%01estimated%0101%01million%01Americans,thyroid%01disorder%01during%01her%01lifetime, 2022년 5월 4일 접속 기준.

21. C세포의 배아 발달 과정에서 신경절이 기원임을 확인한 최초의 연구는 조류 배아를 대상으로 한 실험에서 나왔다. 최근 쥐를 대상으로 한 연구에서는 이와 같은 신경절 기원에 의문을 제기한다. 그럼에도 쥐를 대상으로 한 연구들은 칼시토닌을 생성하는 세포가 갑상샘호르몬이나 부갑상샘호르몬을 생성하는 세포와 기원이 다르고, 두 번째 이동 이후 갑상샘에 통합된다는 사실을 보여 준다(Johansson 외 2015, 3519).

22. "George Crile Sr.'s 25,000th Goiter Operation Photograph," 1936, Ohio Memory Collection, State Library of Ohio, https://ohiomemory.org/digital/collection/p095:18coll79/id/6986, 2022년 7월 23일 접속 기준.

23. Hannan 2006, 187~191.

24. Little and Seebacher 2014, 1642. 갑상샘호르몬이 외온성(냉혈) 척추동물에서, 특히 장기간 저온 환경에 노출될 때 대사 속도와 운동 생리를 촉진한다. 이러한 반응은 주변 환경 온도가 낮아도 온혈동물이 높은 체온을 유지하는 능력의 진화적 결과다.

25. 개구리의 변태만큼 극단적이지는 않지만, 주요 형태 변화를 겪는 다양한 동물은 갑상샘호르몬으로 이 변화를 조절한다. 대표적으로 넙치류(도다리 등), 성게, 굴, 가리비 등이 있다.

26. Mughal, Fini, and Demeneix 2018, R160~186.

27. Johns Hopkins Medicine 2020.

28. 예상대로 과염소산염은 양서류에도 큰 영향을 미친다. 오염 지역에서 발견되는 과염소산염의 농도는 변태 속도를 유의미하게 감소시킨다(Couderq, Leemans, and Fini 2020, 110779).

29. Broder 2011.

30. Friedman 2022.

6장. 언어와 목소리: 목에서 나오는 말과 노래

1. Clayton and Philo 2010, 50.
2. Clayton and Philo 2010, 51.
3. Lieberman 2011, 328.
4. Gross 1988, 216~217.
5. 두 신경은 서로 다른 동맥을 둘러싸므로 경로 길이가 다르다. 왼쪽으로는 약 130센티미터, 오른쪽으로는 60센티미터다.
6. Wedel 2011, 251.
7. Gross 1998, 218.
8. Boë 외 2019, 1.
9. Sasaki 2006.
10. Chen and Wiens 2020, 2.
11. Pentreath 2021.
12. Nooshin 1998, 70.
13. Kingsley 외 2018, 10209~10212.
14. Riede 외 2019, 1.
15. Elemans 외 2008, 1.
16. Riede 외 2008, 635.
17. Jakobsen 외 2021, 2.
18. De Boer 2012, 1.
19. Nishimura 외 2022, 760.
20. Boë 외 2019.
21. Fitch, De Boer, Mathur, and Ghazanfar 2016.
22. Jarvis 2019, 50~54.
23. Joanne Scattergood, 저자와의 인터뷰, Simsbury, CT, 2022년 7월 5일.
24. Colapinto 2022, 246~251.
25. Seashore and Metfessel 1925, 538~542.
26. Howes 외 2004.

27. Seashore 1931, 623~626.
28. "Singer" n.d.
29. Sissom, Rice, and Peters 1991, 67~78. 최근 연구자들은 신경 자극이나 근육수축이 없는 상태에서도 고양이의 성대가 그르렁거리는 것과 비슷한 소리를 낼 수 있다는 사실을 확인했다(Herbst 외 2023, 4727).
30. Herbst 외 2012, 595~599.
31. Pisanski 외 2014, 89.
32. Pisanski and Reby 2021, 1~9.
33. Fitch 1999, 31~48.
34. "How" n.d.
35. Titze and Palaparthi 2018, 2813.
36. Podos and Cohn-Haft 2019, R1068~1069.
37. Williams 1986, 6~7.
38. Titze 2012, 52.
39. "Throat Singing" n.d.
40. Bergevin dhl 2020, 1.
41. Suthers, Goller, and Hartley 1994, 922~993.
42. Suthers, Vallet, and Kreutzer 2012, 2950~2959.

7장. 구애와 매력: 목으로 하는 성적 소통

1. 미국 국립보건원의 지침은 다음에서 확인할 수 있다. 여성건강국Office of Research on Women's Health "Sex and Gender," https://orwh.od.nih.gov/sex-gender, 2023년 7월 2일 접속 기준.
2. Darwin 1871, 521.
3. West 2005, 230~232.
4. West and Packer 2002, 1339~1343.
5. West 2005, 232.

6. West and Packer 2002, 1339. 다른 연구자들은 갈기 색이나 길이에 따른 심부 체온 차이는 확인하지 못했지만, 갈기 색이 짙은 수컷이 물웅덩이를 더 자주 찾는다는 사실을 알아냈다. 갈기 색이 짙은 수컷은 시원한 환경을 유지하려고 물웅덩이 근처에서만 활동할 것이라 추정한다.

7. West and Packer 2002, 1340.

8. Wilkinson and Ruxton 2012, 619.

9. Darwin 1871, 502.

10. Simmons and Scheepers 1996, 771.

11. Simmons and Altwegg 2010, 7.

12. Wang 외 2022, 1.

13. Sinervo and Lively 1996, 240~243.

14. Zamudio and Sinervo 2000, 14427.

15. Starnberger, Preininger, and Hödl 2014, 281~282.

16. Dudley and Rand 1991, 160.

17. Taylor 외 2008, 1089~1090.

18. Taylor 외 2011, 819~820.

19. James 외 2022.

20. Zamponi 외 2021, 692~693.

21. Markova 외 2016, 88~89.

22. T'sjoen 외 2011, 635~638; Cler 외 2020, 748.

23. Puts 외 2016.

24. Aung and Puts 2020, 154~155.

25. Aung and Puts(2020, 154)에서 리뷰됨.

26. Puts 2005, 388.

27. Puts 외 2016, 2.

28. Aung and Puts(2019, 189)에서 리뷰됨.

29. Feinberg, Jones, and Armstrong 2018, 901~903.

30. Puts and Aung 2019, 189.

31. Feinberg, Jones, and Armstrong 2019, 192.
32. Pavela Banai 2017.
33. Pipitone and Gallup 2008, 268.
34. Fraccaro 외 2011, 57. 섹시한 목소리를 내 보라고 요청받은 경우, 혹은 다른 여성이 매력적이라고 평가한 남성에게 말을 거는 경우 등 여성들이 특정한 성적 맥락에서 목소리 음조를 낮추는 경향이 있다는 증거도 있다. Hughes and Puts(2021, 4)에서 리뷰됨.
35. Pisanski 외 2018, 1.
36. Klofstad, Nowicki, and Anderson 2016, 284~288.
37. Borkowska and Pawlowski 2011, 55~56.
38. NPR 2011.
39. 홈스의 낮은 목소리는 유튜브에 올라온 테드 강연에서 확인할 수 있다. www.youtube.com/watch?v=ywH-nbcCZfw, 2023년 6월 14일 접속 기준.
40. Chozick 2023.
41. 메트로폴리탄 미술관의 큐레이터이자 《Extreme Beauty: The Body Transformed(극적인 아름다움: 몸의 변화)》의 저자 해럴드 코다Harold Koda에 따르면, "긴 목에 대한 선호는 아마 보편적으로 공유되는 유일한 신체적 미의 요소일 것이다. 모든 문화권에서 머리를 든 모습은 존엄, 권위, 건강과 연관이 있다"(Mirante, 2006에 인용됨). 하지만 내가 세계 미술을 조사한 바에 따르면, 여성 초상화에서 나타나는 긴 목 선호에는 주목할 만한 예외가 있다. 예를 들어, 인도의 고전 미술 속 여성들은 대개 짧고 넓은 목으로 묘사된다.
42. Zheng 외 2013, 899~903.
43. Moore 1985, 237. 유사한 일부 연구는 구애하는 남성들이 이러한 움직임을 보이지 않는다고 보고했다. Renninger, Wade, and Grammer 2004, 416.
44. Wickler and Seibt 1995, 402~404.
45. Preston-Whyte and Morris 1994, 20~40.

46. Achebe 2018, 123.
47. Achebe 2018, 119~142.
48. Schoeman 1983, 151.
49. "Northern Nguni Zulu Beadwork-Courtship Meanings," Museums Victoria, https://collections.museumsvictoria.com.au/articles/89911, 2023 6월 27일 접속 기준.
50. MacDonell 2022.
51. Biondi(2022)에 인용된 Pointon.
52. Damas 2018.
53. Williquette 2019, 37~38.
54. 목의 성적 매력은 성적으로 민감한 부위를 정량적으로 분석한 연구에서 입증됐다. 다양한 인종, 연령대, 국적, 성적 지향을 배경으로 한 800여 명의 남녀를 대상으로 한 조사에서, 목은 성기와 입 다음으로 성적 민감도가 높은 부위로 나타났다(Turnbull dhl 2014, 3).
55. Prum 2018.
56. Keshishian 1979, 798~799.
57. Mirante 2006.
58. Mirante(2006)에 인용된 Khoo Thwe.
59. Mydans(1996)에 인용됨.
60. Mydans(1996)에 인용됨.
61. Theurer 2014, 51~67.

8장. 소속과 지위: 목의 정체성 표현

1. Dokoupil 2008.
2. Nazaryan 2017; Ford 2017; Teitlell 2017.
3. Dizik 2014.
4. Fortes 1980, 2.

5. Mackrell 1986, 13~15.
6. Blackman 2015.
7. "Scarf, Votes for Women," National Museums Liverpool, www.liverpoolmuseums.org.uk/artifact/scarf-votes-women, 2023년 7월 10일 접속 기준.
8. Quotation from the journal *Votes for Women*(1908), Fairhall(2006, 31)에 의해 인용됨.
9. Schmidt 2022.
10. Wickman 2012.
11. Stewart 2013.
12. Howe 1978.
13. Wickman 2012.
14. Kelly 2023.
15. 일반적으로는 가톨릭과 관련 있지만, 〈글래스고 헤럴드Glasgow Herald〉 1894년 12월 6일 자 기사에 따르면, 오늘날 흔히 착용하는 성직자 칼라는 스코틀랜드 장로교 목사 도널드 맥라우드Donald McLeod가 발명한 것으로 알려졌다.
16. *BBC News* 2007.
17. Wynne-Jones 2007.
18. Watkinson 2016.
19. "Neckbeard," Know Your Meme, https://knowyourmeme.com/memes/neckbeard, 2022년 10월 14일 접속 기준.
20. Huber 1995, 145~148.
21. McCarter 2012, 34.
22. 역사적으로 '레드넥'과 저항하는 애팔래치아 주민의 연관성은 20세기 초 노동운동에서 반복됐다. 미국 광산노동자연맹United Mine Workers이 애팔래치아 지역 광부를 조직하기 시작했을 때, 백인, 흑인, 이민자 노동자의 단결을 위해 목에 두르는 붉은 손수건을 상징으로 채택했다. 그리

고 많은 노조원이 자랑스럽게 '레드넥'이라 자칭했다. 그러나 이 용어는 적색공포(반공 운동) 시기에 광산 운영자와 파업한 노동자 대신 일하는 자들이 사용한 모욕적인 욕설로 변했다. 그들은 파업 중인 광부와 공산주의를 부당하게 연결하려 했다(Huber 2006, 195).

23. Fisman and Sullivan 2016.
24. Fisman and Sullivan 2016.
25. Losos 2011, 22~23.
26. Losos 2011, 12~14.
27. Losos 2011, 173.
28. 최근 유전 연구 결과는 과거 이론에서 생각했던 것보다 암컷이 짝을 선택했을 가능성이 더 높음을 시사한다. 실제로 암컷은 인접한 두 영토의 수컷 사이에서 짝을 선택하거나, 영토에 속한 수컷과 침입한 수컷 사이에서 선택할 수 있다.
29. Losos 2011, 297~301.
30. Losos 2011, 298.
31. Neckclothitania 1820.
32. Hart 2998, 41.
33. Wolfe 2002, 338.
34. Morrison 2015.
35. Young 2013.
36. Deihi 2015.
37. Vincent 2009, 18.
38. Plankensteiner 2007, 74~87.
39. Okpokunu, Agbontaen-Eghafona, and Ojo 0112, 891.
40. "Benin Memorial Head," Minneapolis Institute of Art, https://new.artsmia.org/programs/teachers-and-students/teaching-the-arts/artwork-in-focus/benin-momorial-head, 2023년 6월 13일 접속 기준.
41. Rohwer 1975, 593.

42. Rohwer 1985, 1325.

43. Ephron 2008.

44. Ephron 2008, 5.

45. Ephron 2008, 5.

46. Kamer and Pieper 2001, 123~127.

47. Ephron 2008, 7.

9장. 권력과 정치: 목을 통해 드러나는 공격성과 통제

1. Zilczer 2001, 18~23.

2. Hyser and Downey 1987, 85.

3. Stein 1994.

4. Román-Palacios, Scholl, and Wiens 2019, 399.

5. 갯과 동물은 고양잇과 동물보다 목이 더 긴데, 이는 갯과 동물의 생활 방식이 후각에 의존하며 코를 땅 가까이 대야 했기 때문이다.

6. Fowler, Freedman, and Scannella 2009, 1.

7. McHenry 외 2007, 16010.

8. Figueirido 외 2018, 2360.

9. Brown 2014.

10. 최근 긴 송곳니를 지닌 포식자를 분석한 결과, 종마다 이빨의 힘에 큰 차이가 있었던 것으로 나타났다. 일부 종은 검치호랑이보다도 약했을 수 있으며, 대신 훨씬 더 강한 목에 의존했을 것이다. 오늘날의 사자와 무는 힘이 비슷한 다른 종은 비슷한 턱 움직임으로 사냥했을 것으로 추정된다(Figueirido 외 2018).

11. Sustaita, Rubega, and Farabaugh 2018.

12. 연구자들은 거대한 공룡 포식자인 티라노사우루스 렉스 역시 두꺼운 근육질의 목을 이용해 먹이를 물고 흔드는 방식으로 사냥했을 것이라 추측했다. 이 공룡의 앞다리는 너무 짧아 사냥감을 잡는 데 전혀 도움이

되지 않았을 것이다. 발톱이 없는 이 5,000킬로그램 초대형 포식자는 턱과 목에 의존해 사냥했을 가능성이 크다. 아이러니하게도 이러한 방식은 현존하는 50그램 친척, 때까치의 방식과 매우 유사하다(Snively 외 2014, 290).

13. Fish 외 2007, 2811.
14. 레비아탄leviathan은 성경 욥기에 등장하는 신화 속 바다뱀으로, 악어와 동일시되기도 한다(개역표준판). 욥기를 작성하거나 번역한 이들은 이 끔찍한 짐승의 목이 어떤 식으로 잔혹함에 기여하는지 알았던 듯하다. 욥기 41장 22절은 레비아탄을 이렇게 묘사한다. "목에는 억센 힘이 들어서, 보는 사람마다 겁에 질리고 만다."
15. Dembitzer 외 2022, [page 7].
16. Aghwan and Regenstein 2019, 111~121.
17. Vogel 2003, 209~255.
18. 가축은 곡물 분쇄기와 같은 기계의 동력원으로도 사용됐다.
19. Premi 1979.
20. 자신이 노예든 아니든, 인간 역시 물이나 다른 화물을 운반하기 위해 멍에를 메고 일했다.
21. Bogucki 1993, 498.
22. Morenz and Kuhn 2022, 81.
23. NPR 2006.
24. Tyer 1992, 1026.
25. Yeivin and Rabinowitz 2007.
26. Tyer 1992, 1027.
27. 마태복음 해당 구절을 면밀히 분석한 매슈 미첼Matthew Mitchell(2016, 325)은 'easy'라는 영어 번역이 그리스어 원본 구절을 정확히 반영하지 않았다고 결론 내렸다. 그는 '멍에'가 거의 확실히 헌신을 비유한 표현이라고 주장하지만, 이 의무가 기쁜 것인지 무거운 것인지 명확하지 않다고 말한다. 그는 '이롭고beneficial'가 가장 적절한 번역일 것이라고 믿

는다.

28. Shuler 2014b.

29. Shuler 2014a.

30. Shuler 2014b, 22~24.

31. Shuler 2014b, 27~27.

32. Shuler 2014b, 39~48.

33. Steiner 2022, 333~336.

34. Shuler 2014b, 59~63.

35. Shuler 2014b, 60.

36. Shuler 2014b, 129~142.

37. Shuler 2014a.

38. 2023년 1월, 이란은 2명의 정치 시위자를 교수형에 처했다(*PBS* 2023).

39. Shuler 2014a.

40. Telford 2021.

41. Cho 2022.

42. Toomer, Johnson, and Byrd 1931, 27.

43. Frost 2021.

44. Frost(2021)에 인용됨.

45. Arasse 1989, 4.

46. Arasse 1989, 11.

47. White 2018.

48. White 2018.

49. Arasse 1989, 48~53.

50. White 2018.

51. *BBC* 2020.

52. Blake 2020.

53. Buchanan, Bull, and Patel 2020.

54. Biden 2021.

55. Pagano(1945)에 인용된 Pippin.

10장. 방패와 치유: 목을 지키는 힘

1. Lundberg 외 1994, 354.
2. Willmann and Bolmont 2012, 166~168.
3. Scott Raymond 인터뷰, 2022년 11월 2일, Southington, CT.
4. Palomeque-del-Cerro 외 2017, 49~52.
5. Raymond 인터뷰.
6. Navarro and Karlins 2008.
7. Goldberg and Rosenthal 1986, 65.
8. Xydakis 외 2005, 497~498.
9. Tong and Beirne 2013, 421.
10. Breeze 외 2011, 1274~1276.
11. Chan 외 2016, 255.
12. Pliny the Elder 1855.
13. Pliny the Elder 1855, 433.
14. Pliny the Elder 1855, 343.
15. *Croatia Week* 2017.
16. *The Reliquarian* 2014.
17. Bloch 2015.
18. McHenry and MacKeith 1966, 386~392.
19. Perez-Martinez, Riley, and Whiting 2020, 245.
20. Young and Kardong 2010, 1521.
21. Pianka and Pianka 1970, 90.
22. Anquetin, Tong, and Claude 2017, 1~8.

마치며: 목이 남긴 이야기

1. "What Does It Mean to Be Human? The Oldest Pottery," Smithsonian National Museum of Natural History, https://humanorigins.si.edu/evidence/behavior/carrying-storing/oldest-pottery, 2023년 8월 8일 접속 기준.
2. Hübner and Ufken 2023.
3. Hübner and Ufken 2023.
4. George Pearlman, 저자와의 인터뷰, 2023년 8월 2일.
5. Buck 2022.
6. *Handmade* 2021.

참고문헌

Achebe, Nwando. 2018. "Love, Courtship, and Marriage in Africa." In *A Companion to African History*, edited by William Worger, Charles Amble, and Nwando Achebe, 119~142. Hoboken, NJ: Wiley Blackwell.

Aghwan, Zeiad Amjad, and Joe Mac Regenstein. 2019. "Slaughter Practices of Different Faiths in Different Countries." *Journal of Animal Science and Technology* 61(3): 111~121.

Allen, Murray. 2014. "The New Whiplash." In *Musculoskeletal Pain Emanating from the Head and Neck*, edited by Murray Allen, 1~4. New York: Routledge.

Anderson, Jack. 1986. *Ballet and Modern Dance: A Concise History*. Trenton, NJ: Princeton Book Company.

Ang, Adam. 2022. "Smartphone-Based COVID-19 Detection Test from Australia Shows High Accuracy." *Mobile Health News*, March 22, 2022.

Anquetin, Jérémy, Haiyan Tong, and Julien Claude. 2017. "A Jurassic Stem Pleurodire Sheds Light on the Functional Origin of Neck Retraction in Turtles." *Scientific Reports* 7(1): 1~10.

Arasse, Daniel. 1989. *The Guillotine and the Terror*. New York: Viking Adult.

Aristotle. 1882. *On the Parts of Animals*. Edited by William Ogle. London: K. Paul, French & Company.

—. 2011. *Problems, Volume I: Books 1~19*. Edited by Robert Mayhew. Loeb Classical Library 316. Cambridge, MA: Harvard University Press.

Aung, Toe, and David Puts. 2020. "Voice Pitch: A Window into the Communication of Social Power." *Current Opinion in Psychology* 33: 154~161.

BBC. 2020. "George Floyd: What Happened in the Final Moments of His Life." July 16, 2020. www.bbc.com/news/world-us-canada-52861726.

Accessed, April 11, 2023.

BBC News. 2007. "Satanist Guilty of Vicar Killing." October 16, 2007. http://news.bbc.co.uk/2/hi/uk_news/wales/7047096.stm. Accessed June 14, 2023.

Belluck, Pam. 2021. "First Successful Trachea Transplant a Medical Milestone." *New York Times*, April 6, 2021.

Benjafield, Adam, Najib Ayas, Peter Eastwood, Raphael Heinzer, Mary Ip, Mary J. Morrell, Carlos Nunez, et al. 2019. "Estimation of the Global Prevalence and Burden of Obstructive Sleep Apnoea: A Literature-Based Analysis." *The Lancet: Respiratory Medicine* 7(8): 687~698.

Bergevin, Christopher, Chandan Narayan, Joy Williams, Natasha Mhatre, Jennifer K. E. Steeves, Joshua Bernstein, and Brad Story. 2020. "Overtone Focusing in Biphonic Tuvan Throat Singing." *eLife* 9: e50476.

Biden, Joseph. 2021. "Biden's Speech to Congress: Full Transcript." *New York Times*, September 7, 2021.

Biondi, Annachiara. 2022. "Neck's Best Thing: Beauty of the Choker Necklace." *Financial Times*, June 20, 2022.

Bitti, Federico. 2016. "Dystonia: Rewiring the Brain through Movement and Dance." TEDxNapoli, www.youtube.com/watch?v=DwkHK3rfKO0&ab_channel=TEDxTalks. Accessed July 12, 2022.

Blackman, Cally. 2015. "How the Suffragettes Used Fashion to Further the Cause." *The Guardian*, October 8, 2015.

Blake, Sam. 2020. "Why the George Floyd Protests Feel Different— Lots and Lots of Mobile Video." *dot.LA*, June 12, 2020. https://dot.la/george-floydvideo-2646171522.html?utm_campaign=post-teaser&utm_content=i87yytb3. Accessed June 15, 2023.

Bloch, Marc. 2015. *The Royal Touch: Sacred Monarchy and Scrofula in England and France*. New York: Routledge.

Boë, Louis-Jean, Thomas Sawallis, Joël Fagot, Pierre Badin, Guillaume

Barbier, Guillaume Captier, Lucie Ménard, Jean-Louis Heim, and Jean-Luc Schwartz. 2019. "Which Way to the Dawn of Speech? Reanalyzing Half a Century of Debates and Data in Light of Speech Science." *Science Advances* 5(12): eaaw3916.

Bogucki, Peter. 1993. "Animal Traction and Household Economies in Neolithic Europe." *Antiquity* 67(256): 492–503.

Borkowska, Barbara, and Boguslaw Pawlowski. 2011. "Female Voice Frequency in the Context of Dominance and Attractiveness Perception." *Animal Behaviour* 82(1): 55–59.

Breeze, Major John, Celia Watson, Ian Horsfall, and Colonel Jon Clasper. 2011. "Comparing the Comfort and Potential Military Performance Restriction of Neck Collars from the Body Armor of Six Different Countries." *Military Medicine* 176(11): 1274–1277.

Broder, John. 2011. "E.P.A. Plans First Rules Ever on Perchlorate in Drinking Water." *New York Times*, February 2, 2011.

Brown, Jeffrey G. 2014. "Jaw Function in *Smilodon fatalis*: A Reevaluation of the Canine Shear-Bite and a Proposal for a New Forelimb-Powered Class 1 Lever Model." *PloS One* 9(10): e107456.

Bruno, Nicola, and Marco Bertamini. 2013. "Self-Portraits: Smartphones Reveal a Side Bias in Non-artists." *PloS One* 8: e55141.

Buchanan, Larry, Quoctrung Bull, and Jugal Patel. 2020. "Black Lives Matter May Be the Largest Movement in U.S. History." *New York Times*, July 3, 2020.

Buck, Louisa. 2022. "Magdalene Odundo Discusses Dancing with Clay ahead of Venice Biennale Exhibition." *The Art Newspaper*, March 28, 2022.

Button, Brian, Henry Goodell, Eyad Atieh, Yu-Cheng Chen, Robert Williams, Siddharth Shenoy, Elijah Lackey, et al. 2018. "Roles of Mucus Adhesion and Cohesion in Cough Clearance." *Proceedings of the National Academy of*

Sciences 115(49): 12501~12506.

Carroll, Linda, Lena Holm, Robert Ferrari, Dejan Ozegovic, and J. David Cassidy. 2009. "Recovery in Whiplash-Associated Disorders: Do You Get What You Expect?" *Journal of Rheumatology* 36: 1063~1070.

Chan, Christie W. L., Janice J. Eng, Charles H. Tator, Andrei Krassioukov, and Spinal Cord Injury Research Evidence Team. 2016. "Epidemiology of Sport-Related Spinal Cord Injuries: A Systematic Review." *Journal of Spinal Cord Medicine* 39(3): 255~264.

Chang, Brian, Matthew Croson, Lorian Straker, Sean Gart, Carla Dove, John Gerwin, and Sunghwan Jung. 2016. "How Seabirds Plunge-Dive without Injuries." *Proceedings of the National Academy of Sciences* 113(43): 12006~12011.

Chen, Yuying, Ying Tang, Lawrence Vogel, and Michael DeVivo. 2013. "Causes of Spinal Cord Injury." *Topics in Spinal Cord Injury Rehabilitation* 19(1): 1~8.

Chen, Zhuo, and John Wiens. 2020. "The Origins of Acoustic Communication in Vertebrates." *Nature Communications* 11(1): 1~8.

Cho, Kelly. 2022. "Noose Found at Obama Presidential Construction Site in Chicago." *Washington Post*, November 10, 2022.

Chozick, Amy. 2023. "Liz Holmes Wants You to Forget about Elizabeth." *New York Times*, May 7, 2023.

Clayton, Martin, and Ronald Philo. 2010. *Leonardo da Vinci: The Mechanics of Man*. Los Angeles: Getty Publications.

Cler, Gabriel, Victoria McKenna, Kimberly Dahl, and Cara Stepp. 2020. "Longitudinal Case Study of Transgender Voice Changes under Testosterone Hormone Therapy." *Journal of Voice* 34(5): 748~762.

Colapinto, John. 2022. *This Is Your Voice*. New York: Simon and Schuster.

Cole, Jonathan. 1995. *Pride and a Daily Marathon*. Cambridge, MA: MIT

Press.

Collis, Helen, 2022. "Romania to Issue Iodine Tablets as Russian War Continues in Neighboring Ukraine." *Politico*, April 3, 2022.

Conyn, Cornelius. 1953. *Three Centuries of Ballet*. Houston, TX: Elsevier Press.

Costa, Marco, Marzia Menzani, and Pio Enrico Ricci Bitti. 2001. "Head Canting in Paintings: An Historical Study." *Journal of Nonverbal Behavior* 25(1): 63~73.

Couderq, Stephan, Michelle Leemans, and Jean-Baptiste Fini. 2020. "Testing for Thyroid Hormone Disruptors, a Review of Non-mammalian In Vivo Models." *Molecular and Cellular Endocrinology* 508: 110779.

Cowell, Alan. 2008. "Europeans Announce Pioneering Stem Cell Surgery." *New York Times*, November 19, 2008.

Crawford, John. 1964. "Living without a Balancing Mechanism." *British Journal of Ophthalmology* 48(7): 357~360.

Croatia Week. 2017. "Dubrovnik Celebrates 1,045th Anniversary of Its Patron Saint." *Croatia Week*, February 3, 2017. www.croatiaweek.com/ dubrovnikcelebrates-1045th-anniversary-of-its-patron-saint/. Accessed February 12, 2023.

Crockford, Susan. 2009. "Evolutionary Roots of Iodine and Thyroid Hormones in Cell~Cell Signaling." *Integrative and Comparative Biology* 49(2): 155~166.

Daeschler, Edward B., Neil H. Shubin, and Farish A. Jenkins Jr. 2006. "A Devonian Tetrapod-Like Fish and the Evolution of the Tetrapod Body Plan." *Nature* 440(7085): 757~763.

Damas, Aline. 2018 "Revisiting the Female Gazes in Manet's 'Olympia.'" *The Harvard Crimson*, April 24, 2018.

Darwin, Charles. 1871. *The Descent of Man, and Selection in Relation to Sex*.

London: John Murray, Albemarle Street.

Dave, Bharat, Ajay Krishnan, Ravi Ranjan Rai, Devanand Degulmadi, and Shivanand Mayi. 2021. "The Effect of Head Loading on Cervical Spine in Manual Laborers." *Asian Spine Journal* 15(1): 17~22.

De Boer, Bart. 2012. "Loss of Air Sacs Improved Hominin Speech Abilities." *Journal of Human Evolution* 62(1): 1~6.

Deihi, Nancy. 2015. "A Scarf Can Mean Many Things—but Above All, Prestige." *The Conversation*, May 15, 2015.

de Kok-Mercado, Fabian, Michael Habib, Tim Phelps, Lydia Gregg, and Philippe Gailloud. 2013. "Adaptations of the Owl's Cervical and Cephalic Arteries in Relation to Extreme Neck Rotation." *Science* 339(6119): 514~514.

Dembitzer, Jacob, Ran Barkai, Miki Ben-Dor, and Shai Meiri. 2022. "Levantine Overkill: 1.5 Million Years of Hunting Down the Body Size Distribution." *Quaternary Science Reviews* 276: 107316 (online).

Dillon, Cheryl. 2017. "Super Model." Patient Stories. Dystonia Medical Research Foundation Canada. https://dystoniacanada.org/sites/dystoniacanada.org/files/2017-04/If-I-were-a-Supermodel%20by%20Cheryl%20Dillon.pdf. Accessed July 13, 2023.

Dizik, Alina. 2014. "What the Color of Your Tie Says about You." *BBC*, August 31, 2014.

Dokoupil, Tony. 2008. "Candidates' Neckties: What Their Knots Mean." *Newsweek*, October 13, 2008.

Dudley, Robert, and A. Stanley Rand. 1991. "Sound Production and Vocal Sac Inflation in the Túngara Frog, *Physalaemus pustulosus* (Leptodactylidae)." *Copeia*: 460~470.

Elemans, Coen P. H., Andrew F. Mead, Lawrence C. Rome, and Franz Goller. 2008. "Superfast Vocal Muscles Control Song Production in Songbirds." *PloS One* 3(7): e2581 (online).

Elflein, John. N.d. "Number of Choking Deaths in the US, 1945~2022." Statistica. www.statista.com/statistics/527321/deaths-due-to-choking-in-the-us/. Accessed March 21, 2023.

Elliott, James, Peter McMenamin, and David Walton. 2016. "Chronic Whiplash: Is It Really a Medical Mystery?" *PT Think Tank*. https://ptthinktank.com/2016/10/19/chronic-whiplash-is-it-really-a-medical-mystery/. Accessed June 16, 2023.

Ephron, Nora. 2008. *I Feel Bad about My Neck*. New York: Random House.

Ernstbrunner, Lukas, Armin Runer, Paul Siegert, Matthäus Ernstbrunner, Johannes Becker, Thomas Freude, Herbert Resch, and Philipp Moroder. 2017. "A Prospective Analysis of Injury Rates, Patterns and Causes in Cliff and Splash Diving." *Injury* 48(10): 2125~2131.

Fairhall, David 2006. *Common Ground: The Story of Greenham*. London: Bloomsbury Publishing.

Feinberg, David R., Benedict C. Jones, and Marie M. Armstrong. 2018. "Sensory Exploitation, Sexual Dimorphism, and Human Voice Pitch." *Trends in Ecology & Evolution* 33(12): 901~903.

—. 2019. "No Evidence That Men's Voice Pitch Signals Formidability." *Trends in Ecology & Evolution* 34(3): 190~192.

Ferrari, Robert. 2006. *The Whiplash Encyclopedia: The Facts and Myths of Whiplash*. Sudbury, MA: Jones and Bartlett Publishers.

Ferrari, Robert, Constantine Constantoyannis, and Nikolas Papadakis. 2001. "Cross-Cultural Study of Symptom Expectation Following Minor Head Injury in Canada and Greece." *Clinical Neurology and Neurosurgery* 103(4): 254~259.

Fiebert, Ira, Fran Kistner, Christine Gissendanner, and Christopher DaSilva. 2021. "Text Neck: An Adverse Postural Phenomenon." *Work* 69: 1261~1270.

Figueirido, Borja, Stephan Lautenschlager, Alejandro Pérez-Ramos, and Blaire Van Valkenburgh. 2018. "Distinct Predatory Behaviors in Scimitarand Dirk-Toothed Sabertooth Cats." *Current Biology* 28: 3260~3266.

Fish, Frank E., Sandra Bostic, Anthony Nicastro, and John Beneski. 2007. "Death Roll of the Alligator: Mechanics of Twist Feeding in Water." *Journal of Experimental Biology* 210: 2811~2818.

Fisman, Raymond, and Tim Sullivan. 2016. "The Case for Neck Tattoos according to Economists." *The Atlantic*, June 13, 2016.

Fitch, W. Tecumseh. 1999. "Acoustic Exaggeration of Size in Birds via Tracheal Elongation: Comparative and Theoretical Analyses." *Journal of Zoology* 248(1): 31~48.

—. 2018. "The Biology and Evolution of Speech: A Comparative Analysis." *Annual Review of Linguistics* 4: 255~279.

Fitch, W. Tecumseh, Bart De Boer, Neil Mathur, and Asif A. Ghazanfar. 2016. "Monkey Vocal Tracts Are Speech-Ready." *Science Advances* 2(12): e1600723.

Ford, Richard Thompson. 2017. "The Ties That Blind." *New York Times*, February 10, 2017.

Fortes, Meyer. 1980. "The Necktie." *Cambridge Anthropology* 6: 1~9.

Fountain, Henry. 2012. "Synthetic Windpipe Is Used to Replace Cancerous One." *New York Times*, January 12, 2012.

Fowler, Denver, Elizabeth Freedman, and John Scannella. 2009. "Predatory Functional Morphology in Raptors: Interdigital Variation in Talon Size Is Related to Prey Restraint and Immobilisation Technique." *PloS One* 4(11): e7999.

Fraccaro, Paul, Benedict Jones, Jovana Vukovic, Finlay Smith, Christopher Watkins, David Feinberg, Anthony Little, and Lisa Debruine. 2011. "Experimental Evidence That Women Speak in a Higher Voice Pitch to

Men They Find Attractive." *Journal of Evolutionary Psychology* 9(1): 57–67.

Friedman, Lisa. 2022. "E.P.A. Decides against Limiting Perchlorate in Drinking Water." *New York Times*, March 31, 2022.

Frost, Natasha. 2021. "He Calls the Tie a Colonial Noose. Now, Parliament Says It's No Longer Mandatory." *New York Times*, February 10, 2021.

Gans, Carl. 1992. "Why Develop a Neck?" In *The Head-Neck Sensory Motor System*, edited by A. Berthoz, W. Graf, and P. Vidal, 17–22. New York: Oxford University Press.

Gil, Kelsey, A. Wayne Vogl, and Robert Shadwick. 2022. "Anatomical Mechanism for Protecting the Airway in the Largest Animals on Earth." *Current Biology* 32(4): 898–903.

Goldberg, Shelly, and Robert Rosenthal. 1986. "Self-Touching Behavior in the Job Interview: Antecedents and Consequences." *Journal of Nonverbal Behavior* 10(1): 65–80.

Goldbogen, Jeremy. 2010. "The Ultimate Mouthful: Lunge Feeding in Rorqual Whales." *American Scientist* 98(2): 124–131.

Grajal, Alejandro, Stuart Strahl, Rodrigo Parra, Maria Gloria Dominguez, and Alfredo Neher. 1989. "Foregut Fermentation in the Hoatzin, a Neotropical Leaf-Eating Bird." *Science* 245(4923): 1236–1238.

Grant, Ian. 1989. "Nyanza Watering-Place: The Remarkable Story of the SS William Mackinnon." *Review of Scottish Culture* 5: 63–78.

Gray, Henry. 1988. *Gray's Anatomy*. Gramercy.

Gross, Charles. 1998. "Galen and the Squealing Pig." *The Neuroscientist* 4(3): 216–221.

Hale, Conor. 2022. "Pfizer to Drop $74M for COVID Cough-Screening Smartphone App Developer." *Fierce Biotech*, April 11, 2022. www.fiercebiotech.com/medtech/pfizer-drop-74m-covid-cough-screeningsmartphone-appdeveloper.

Handmade. 2021. "How a Master Potter Makes Giant Kimchi Pots Using the Traditional Method." *Handmade*. www.youtube.com/watch?v=QlwnBy16W0E. Accessed October 2, 2023.

Haneline, Michael. 2009. "The Notion of a 'Whiplash Culture': A Review of the Evidence." *Journal of Chiropractic Medicine* 8(3): 119~124.

Hannan, S. Alam. 2006. "The Magnificent Seven: A History of Modern Thyroid Surgery." *International Journal of Surgery* 4(3): 187~191.

Hansraj, Kenneth. 2014. "Assessment of Stresses in the Cervical Spine Caused by Posture and Position of the Head." *Surgical Technology International* 25(25): 277~279.

Hart, Avril. 1998. *Ties*. New York: Costume & Fashion Press.

Heglund, Norman, Patrick Willems, Massimo Penta, and Giovanni Cavagna. 1995. "Energy-Saving Gait Mechanics with Head-Supported Loads." *Nature* 375(6526): 52~54.

Held, Lewis, Jr. 2009. *Quirks of Human Anatomy: An Evo-Devo Look at the Human Body*. Cambridge, UK: Cambridge University Press.

Herbst, Christian, Tamara Prigge, Maxime Garcia, Vit Hampala, Riccardo Hofer, Gerald Weissengruber, Jan Svec, and W. Tecumseh Fitch. 2023. "Domestic Cat Larynges Can Produce Purring Frequencies without Neural Input." *Current Biology* 33(21): 4727~4732.

Herbst, Christian, Angela Stoeger, Roland Frey, Jörg Lohscheller, Ingo Titze, Michaela Gumpenberger, and W. Tecumseh Fitch. 2012. "How Low Can You Go? Physical Production Mechanism of Elephant Infrasonic Vocalizations." *Science* 337(6094): 595~599.

Holm, Lena, Linda Carroll, J. David Cassidy, Eva Skillgate, and Anders Ahlbom. 2008. "Expectations for Recovery Important in the Prognosis of Whiplash Injuries." *PLoS Medicine* 5(5): e105.

Hovet, Jason. 2022. "Putin's Nuclear Comments Lead to Rush for Iodine in Central Europe." Reuters, March 2, 2022. www.reuters.com/world/europe/putins-nuclear-comments-lead-rush-iodine-central-europe-2022-03-02/. Accessed July 23, 2023.

"How." N.d. "How Animals Holler." University of Utah. https://phys.org/news/2018-05-animals-holler.html. Accessed July 2, 2023.

Howe, Louise Kapp. 1978. *Pink Collar Workers*. New York: Avon.

Howes, Patricia, Jean Callaghan, Pamela Davis, Dianna Kenny, and William Thorpe. 2004. "The Relationship between Measured Vibrato Characteristics and Perception in Western Operatic Singing." *Journal of Voice* 18(2): 216–230.

Huber, Patrick. 1995. "A Short History of Redneck: The Fashioning of a Southern White Masculine Identity." *Southern Cultures* 1(2): 145–166.

—. 2006. "Red Necks and Red Bandanas: Appalachian Coal Miners and the Coloring of Union Identity, 1912–1936." *Western Folklore* 65: 195–210.

Hübner, Ronald, and Emily Sophie Ufken. 2023. "On the Beauty of Vases: Birkhoff's Aesthetic Measure versus Hogarth's Line of Beauty." *Frontiers in Psychology* 14: 1114793 (online).

Hughes, Susan M., and David A. Puts. 2021. "Vocal Modulation in Human Mating and Competition." *Philosophical Transactions of the Royal Society B* 376(1840): 20200388 (online).

Hyser, Raymond, and Dennis Downey. 1987. "'A Crooked Death': Coatesville, Pennsylvania and the Lynching of Zachariah Walker." *Pennsylvania History: A Journal of Mid-Atlantic Studies* 54(2): 85–102.

Jakobsen, Lasse, Jakob Christensen-Dalsgaard, Peter Møller Juhl, and Coen Elemans. 2021. "How Loud Can You Go? Physical and Physiological Constraints to Producing High Sound Pressures in Animal Vocalizations." *Frontiers in Ecology and Evolution* 9: 657254 (online).

James, Logan, A. Leonie Baier, Rachel Page, Paul Clements, Kimberly Hunter, Ryan Taylor, and Michael Ryan. 2022. "Cross-Modal Facilitation of Auditory Discrimination in a Frog." *Biology Letters* 18(6): 20220098 (online).

Jarvis, Erich. 2019. "Evolution of Vocal Learning and Spoken Language." *Science* 366 (6461): 50~54.

Johansson, Ellen, Louise Andersson, Jessica Örnros, Therese Carlsson, Camilla Ingeson-Carlsson, Shawn Liang, Jakob Dahlberg, et al. 2015. "Revising the Embryonic Origin of Thyroid C Cells in Mice and Humans." *Development* 142(20): 3519~3528.

Johns Hopkins Medicine. 2020. "Something in the Water: Pollutant May Be More Hazardous Than Previously Thought." *ScienceDaily*, June. www.sciencedaily.com/releases/2020/06/200605121514.htm. Accessed June 6, 2022.

Kamer, Frank, and Patrick G. Pieper. 2001. "Surgical Treatment of the Aging Neck." *Facial Plastic Surgery* 17: 123~128.

Kelly, Lora. 2023. "Wanted: 'New Collar Workers.'" *New York Times*, December 29, 2023.

Keshishian, John. 1979. "Anatomy of a Burmese Beauty Secret." *National Geographic* 155(6): 798~801.

Kimani, James Kirumbi. 1987. "Structural Organization of the Vertebral Artery in the Giraffe (*Giraffa camelopardalis*)." *The Anatomical Record* 217(3): 256~262.

Kingsley, Evan, Chad Eliason, Tobias Riede, Zhiheng Li, Tom Hiscock, Michael Farnsworth, Scott Thomson, Franz Goller, Clifford Tabin, and Julia Clarke. 2018. "Identity and Novelty in the Avian Syrinx." *Proceedings of the National Academy of Sciences* 115(41): 10209~10217.

Klofstad, Casey, Stephen Nowicki, and Rindy Anderson. 2016. "How Voice

Pitch Influences Our Choice of Leaders: When Candidates Speak, Their Vocal Characteristics—as Well as Their Words—Influence Voters' Attitudes toward Them." *American Scientist* 104(5): 282~288.

Krings, Markus, John Nyakatura, Mark Boumans, Martin Fischer, and Hermann Wagner. 2017. "Barn Owls Maximize Head Rotations by a Combination of Yawing and Rolling in Functionally Diverse Regions of the Neck." *Journal of Anatomy* 231(1): 12~22.

Kristoff, Nicholas. 2008. "Raising the World's I.Q." *New York Times*, December 4, 2008.

Laguarta, Jordi, Ferran Hueto, and Brian Subirana. 2020. "COVID-19 Artificial Intelligence Diagnosis Using Only Cough Recordings." *IEEE Open Journal of Engineering in Medicine and Biology* 1: 275~281.

Lee, Chen-Hsen, and Jen-Hwey Chiu. 2021. "Goiter Disease in Traditional Chinese Medicine: Modern Insight into Ancient Wisdom." *Journal of the Chinese Medical Association* 84(6): 577~579.

Leonardo da Vinci. 1952. *Leonardo da Vinci on the Human Body*. Edited by C. O'Malley and J. Saunders. New York: H. Schuman.

Leung, Angela, Lewis Braverman, and Elizabeth Pearce. 2012. "History of US Iodine Fortification and Supplementation." *Nutrients* 4(11): 1740~1746.

Lieberman, Daniel. 2011. *The Evolution of the Human Head*. Cambridge, MA: Harvard University Press.

Little, Alexander, and Frank Seebacher. 2014. "The Evolution of Endothermy Is Explained by Thyroid Hormone~Mediated Responses to Cold in Early Vertebrates." *Journal of Experimental Biology* 217(10): 1642~1648.

Liu, Chang, Jianbo Gao, Xinxin Cui, Zhipeng Li, Lei Chen, Yuan Yuan, Yaolei Zhang, et al. 2021. "A Towering Genome: Experimentally Validated Adaptations to High Blood Pressure and Extreme Stature in the Giraffe." *Science Advances* 7(12): eabe9459.

Lloyd, Ray, Bridget Parr, Simeon Davies, and Carlton Cooke. 2010. "Subjective Perceptions of Load Carriage on the Head and Back in Xhosa Women." *Applied Ergonomics* 41(4): 522~529.

Los Angeles Times. 1927. "Dancer Dies from Fall; Isadora Duncan Meets Fate." *Los Angeles Times*, September 15, 1927.

Losos, Jonathan B. 2011. *Lizards in an Evolutionary Tree: Ecology and Adaptive Radiation of Anoles*. Berkeley: University of California Press.

Louchart, Antoine, and Laurent Viriot. 2011. "From Snout to Beak: The Loss of Teeth in Birds." *Trends in Ecology & Evolution* 26(12): 663~673.

Lundberg, Ulf, Roland Kadefors, Bo Melin, Gunnar Palmerud, Peter Hassmén, Margareta Engström, and Ingela Elfsberg Dohns. 1994. "Psychophysiological Stress and EMG Activity of the Trapezius Muscle." *International Journal of Behavioral Medicine* 1(4): 354~370.

Lydiatt, Daniel, and Gregory Bucher. 2011. "Historical Vignettes of the Thyroid Gland." *Clinical Anatomy* 24(1): 1~9.

MacDonell, Nancy. 2022. "The Surprisingly Dark History of the Choker Necklace." *Wall Street Journal*, August 24, 2022.

MacIver, Malcolm A., and Barbara L. Finlay. 2022. "The Neuroecology of the Water-to-Land Transition and the Evolution of the Vertebrate Brain." *Philosophical Transactions of the Royal Society B* 377(1844): 20200523 (online).

Mackrell, Alice. 1986. *Shawls, Stoles and Scarves*. London: Batsford.

Markova, Diana, Louis Richer, Melissa Pangelinan, Deborah Schwartz, Gabriel Leonard, Michel Perron, G. Bruce Pike, et al. 2016. "Age- and Sex-Related Variations in Vocal-Tract Morphology and Voice Acoustics during Adolescence." *Hormones and Behavior* 81: 84~96.

McCarter, William Matthew. 2012. *Homo Redneckus: On Being Not White in America*. New York: Algora Publishing.

McHenry, Colin, Stephen Wroe, Philip Clausen, Karen Moreno, and Eleanor Cunningham. 2007. "Supermodeled Sabercat: Predatory Behavior in *Smilodon fatalis* Revealed by High-Resolution 3D Computer Simulation." *Proceedings of the National Academy of Sciences* 104(41): 16010–16015.

McHenry, Lawrence, and Ronald MacKeith. 1966. "Samuel Johnson's Childhood Illnesses and the King's Evil." *Medical History* 10(4): 386–399.

Mirante, Edith. 2006. "The Dragon Mothers Polish Their Metal Coils." Guernica, September 28, 2006.

Mitchell, Matthew. 2016. "The Yoke Is Easy, but What of Its Meaning? A Methodological Reflection Masquerading as a Philological Discussion of Matthew 11:30." *Journal of Biblical Literature* 135(2): 321–340.

Moore, Monica. 1985. "Nonverbal Courtship Patterns in Women: Context and Consequences." *Ethology and Sociobiology* 6(4): 237–247.

Morenz, Ludwig, and Robert Kuhn. 2022. "Tax Coercion as a Real and Metaphorical YOKE: On the Earliest State Administrative Practices Reflected in Ancient Egyptian Writing and Images around 3000 BC." In *Slavery and Other Forms of Strong Asymmetrical Dependencies*, edited by Jeannine Bischoff and Stephan Conermann, 73–89. Berlin: DeGruyter.

Morimoto, Takaaki, Jun-ichiro Enmi, Yorito Hattori, Satoshi Iguchi, Satoshi Saito, Kouji Harada, Hiroko Okuda, et al. 2018. "Dysregulation of RNF213 Promotes Cerebral Hypoperfusion." *Scientific Reports* 8(1): 1–9.

Morrison, Lennox. 2015. "Is This the New Power Symbol for Women?" *BBC*, March 19, 2015.

Mughal, Bilal, Jean-Baptiste Fini, and Barbara Demeneix. 2018. "Thyroid-Disrupting Chemicals and Brain Development: An Update." *Endocrine Connections* 7(4): R160–R186.

Mydans, Seth. 1996. "New Thai Tourist Sight: Burmese 'Giraffe Women.'" *New York Times*, October 19, 1996.

Natterson-Horowitz, Barbara, Basil Baccouche, Jennifer Mary Head, Tejas Shivkumar, Mads Frost Bertelsen, Christian Aalkjær, Morten Smerup, Olujimi Ajijola, Joseph Hadaya, and Tobias Wang. 2021. "Did Giraffe Cardiovascular Evolution Solve the Problem of Heart Failure with Preserved Ejection Fraction?" *Evolution, Medicine, and Public Health* 9(1): 248~255.

Nature. 2016. "Macchiarini Scandal Is a Valuable Lesson for the Karolinska Institute." *Nature* 537(137). https://doi.org/10.1038/537137a.

Navarro, Joe, and Marvin Karlins. 2008. *What Every Body Is Saying*. New York: HarperCollins Publishers.

Nazaryan, Alexander. 2017. "Trump's Codpiece: What's with the Long Ties?" *Newsweek*, February 13, 2017.

Neckclothitania. 1820. London: J. J. Stockdale.

Nicholls, Michael, Danielle Clode, Stephen Wood, and Amanda Wood. 1999. "Laterality of Expression in Portraiture: Putting Your Best Cheek Forward." *Proceedings of the Royal Society of London, Series B: Biological Sciences* 266(1428): 1517~1522.

Nishimura, Takeshi, Isao Tokuda, Shigehiro Miyachi, Jacob Dunn, Christian Herbst, Kazuyoshi Ishimura, Akihisa Kaneko, et al. 2022. "Evolutionary Loss of Complexity in Human Vocal Anatomy as an Adaptation for Speech." *Science* 377(6607): 760~763.

Nooshin, Laudan. 1998. "The Song of the Nightingale: Processes of Improvisation in Dastgāh Segāh (Iranian classical music)." *British Journal of Ethnomusicology* 7(1): 69~116.

NPR. 2006. "Up Close and Personal with the Albatross." *NPR*, November 24, 2006.

—. 2011. "From Meryl to Margaret: Becoming 'The Iron Lady.'" *NPR*, December 19, 2011.

Okabe, Masataka, and Anthony Graham. 2004. "The Origin of the Parathyroid

Gland." *Proceedings of the National Academy of Sciences* 101(51): 17716–17719.

Okpokunu, Edoja, Kokunre Agbontaen-Eghafona, and Pat Ojo. 2005. "Benin Dressing in Contemporary Nigeria: Social Change and the Crisis of Cultural Identity." *African Identities* 3(2): 155–170.

Pagano, Grace. 1945. *Contemporary American Painting: The Encyclopædia Britannica Collection*. New York: Duell, Sloan and Pearce.

Paley, William. 1854. *Natural Theology: or, Evidences of the Existence and Attributes of the Deity, Collected from the Appearances of Nature*. Boston: Gould and Lincoln.

Palomeque-del-Cerro, Luis, Luis Arraez-Aybar, Cleofas Rodriguez-Blanco, Rafael Guzman-Garcia, Mar Menendez-Aparicio, and Angel Oliva-Pascual-Vaca. 2017. "A Systematic Review of the Soft-Tissue Connections between Neck Muscles and Dura Mater: The Myodural Bridge." *Spine* 42(1): 49–54.

Pavela Banai, Irena. 2017. "Voice in Different Phases of the Menstrual Cycle among Naturally Cycling Women and Users of Hormonal Contraceptives." *PLoS One* 12(8): e0183462.

PBS. 2023. "Iran Executes 2 More Men Detained during Nationwide Protests." *PBS*, January 7, 2023.

Pentreath, Rosie. 2021. "Thirteen Pieces of Classical Music Inspired by Birdsong." *Discover Music*, August 23, 2021. www.classicfm.com/discover-music/classical-music-inspired-by-birdsong/. Accessed March 13, 2023.

Perez-Martinez, Christian, Julia Riley, and Martin Whiting. 2020. "Uncovering the Function of an Enigmatic Display: Antipredator Behaviour in the Iconic Australian Frillneck Lizard." *Biological Journal of the Linnean Society* 129(2): 425–438.

Pianka, Eric, and Helen D. Pianka. 1970. "The Ecology of *Moloch horridus*

(Lacertilia: Agamidae) in Western Australia." *Copeia*: 90~103.

Pipitone, Nathan, and Gordon Gallup Jr. 2008. "Women's Voice Attractiveness Varies across the Menstrual Cycle." *Evolution and Human Behavior* 29(4): 268~274.

Pisanski, Katarzyna, and David Reby. 2021. "Efficacy in Deceptive Vocal Exaggeration of Human Body Size." *Nature Communications* 12(1): 1~9.

Pisanski, Katarzyna, Paul Fraccaro, Cara Tigue, Jillian O'Connor, Susanne Röder, Paul Andrews, Bernhard Fink, Lisa DeBruine, Benedict Jones, and David Feinberg. 2014. "Vocal Indicators of Body Size in Men and Women: A Meta-analysis." *Animal Behaviour* 95: 89~99.

Pisanski, Katarzyna, Anna Oleszkiewicz, Justyna Plachetka, Marzena Gmiterek, and David Reby. 2018. "Voice Pitch Modulation in Human Mate Choice." *Proceedings of the Royal Society B* 285(1893): 20181634 (online).

Plankensteiner, Barbara. 2007. "Benin—Kings and Rituals: Court Arts from Nigeria." *African Arts* 40(4): 74~87.

Plato. 2013. *Republic*. Edited by Clair Emlyn-Jones and William Preddy, vol. 5. Cambridge, MA: Harvard University Press.

Plato. 2009. *Timaeus and Critias*. Oxford: Oxford University Press. ProQuest Ebook Central.

Pliny the Elder. 1855. *The Natural History, Book* 28. Translated by John Bostock, M.D., F.R.S. H.T. Riley, Esq., B.A. London: Taylor and Francis.

Podos, Jeffrey, and Mario Cohn-Haft. 2019. "Extremely Loud Mating Songs at Close Range in White Bellbirds." *Current Biology* 29(20): R1068~R1069.

Premi, S. C. L. 1979. "Performance of Bullocks in Varying Conditions of Load and Climate." Master's thesis, Asian Institute of Technology, Bangkok. Cited in *Mechanics of Pre-industrial Technology: An Introduction to the Mechanics of Ancient and Traditional Material Culture*, by Brian Cotterell and Johan Kamminga. Cambridge, UK: Cambridge University Press, 1992.

Preston-Whyte, Eleanor, and Jean Morris. 1994. *Speaking with Beads: Zulu Arts from Southern Africa*. London: Thames and Hudson.

Prum, Richard. 2018. *The Evolution of Beauty: How Darwin's Forgotten Theory of Mate Choice Shapes the Animal World—and Us*. New York: Anchor.

Puts, David. 2005. "Mating Context and Menstrual Phase Affect Women's Preferences for Male Voice Pitch." *Evolution and Human Behavior* 26(5): 388–397.

Puts, David, and Toe Aung. 2019. "Does Men's Voice Pitch Signal Formidability? A Reply to Feinberg et al." *Trends in Ecology & Evolution* 34(3): 189–190.

Puts, David, Alexander Hill, Drew Bailey, Robert Walker, Drew Rendall, John Wheatley, Lisa Welling, et al. 2016. "Sexual Selection on Male Vocal Fundamental Frequency in Humans and Other Anthropoids." *Proceedings of the Royal Society B: Biological Sciences* 283(1829): 20152830 (online).

Ramya, Rachna. 2019. *Kathak, the Dance of Storytellers*. New Delhi: Niyogi Books, 2019.

The Reliquarian. 2014. "Protector of Dubrovnik and Patron Saint of Throat Illnesses." *The Reliquarian*, May 19, 2014. https://reliquarian.com/2014/05/19/saint-blaise-protector-of-dubrovnik-and-patron-saint-of-throat-illnesses/.

Renninger, Lee Ann, T. Joel Wade, and Karl Grammer. 2004. "Getting That Female Glance: Patterns and Consequences of Male Nonverbal Behavior in Courtship Contexts." *Evolution and Human Behavior* 25(6): 416–431.

Riede, Tobias, Scott Thomson, Ingo Titze, and Franz Goller. 2019. "The Evolution of the Syrinx: An Acoustic Theory." *PloS Biology* 17(2): e2006507 (online).

Riede, Tobias, Isao Tokuda, Jacob Munger, and Scott Thomson. 2008.

"Mammalian Laryngeal Air Sacs Add Variability to the Vocal Tract Impedance: Physical and Computational Modeling." *Journal of the Acoustical Society of America* 124(1): 634~647.

Rockel, Stephen J. 2006. *Carriers of Culture: Labor on the Road in Nineteenth-Century East Africa*. Westport, CT: Praeger.

Rohwer, Sievert. 1975. "The Social Significance of Avian Winter Plumage Variability." *Evolution*: 29(4):593~610.

—. 1985. "Dyed Birds Achieve Higher Social Status Than Controls in Harris' Sparrows." *Animal Behaviour* 33(4): 1325~1331.

Román-Palacios, Cristian, Joshua Scholl, and John Wiens. 2019. "Evolution of Diet across the Animal Tree of Life." *Evolution Letters* 3(4): 339~347.

Rozsa, Matthew. 2021. "The Human Neck Is a Mistake of Evolution." *Salon*, October 12, 2021. www.salon.com/2021/10/12/the-human-neck-is-anevolutionary-mistake/. Accessed March 13, 2022.

Sadhra, Makita, H. Samaratunga, H. S. Ahmed, and Laura Tonks. 2015. "The Draining of a Lifetime." *Physics Special Topics* 14(1).

Sasaki, Clarence. 2006. "Anatomy and Development and Physiology of the Larynx." *GI Motility Online*. www.nature.com/gimo/contents/pt1/full/gimo7.html, doi:10.1038/gimo7. Accessed April 4, 2023.

Scally, Aylwyn, Julien Dutheil, LaDeana Hillier, Gregory Jordan, Ian Goodhead, Javier Herrero, Asger Hobolth, et al. 2012. "Insights into Hominid Evolution from the Gorilla Genome Sequence." *Nature* 483(7388): 169~175.

Schmidt, Samantha. 2022. "How Green Became the Color of Abortion Rights." *Washington Post*, July 3, 2022.

Schneider, Leonid. 2020. "Paolo Macchiarini Indicted for Aggravated Assault in Sweden." *For Better Science*, September 30, 2020. https://forbetterscience.com/2020/09/30/paolo-macchiarini-indicted-for-aggravatedassault-in sweden/. Accessed September 9, 2023.

Schneider, Tobias M., and Claus-Christian Carbon. 2017. "Taking the Perfect Selfie: Investigating the Impact of Perspective on the Perception of Higher Cognitive Variables." *Frontiers in Psychology* 8: 244419 (online).

Schoeman, Stan. 1983. "Eloquent Beads: The Semantics of a Zulu Art Form." *Africa Insight* 13(2): 147–152.

Seashore, Carl. 1931. "The Natural History of the Vibrato." *Proceedings of the National Academy of Sciences* 17(12): 623–626.

Seashore, Carl, and Milton Metfessel. 1925. "Deviation from the Regular as an Art Principle." *Proceedings of the National Academy of Sciences* 11: 538–542.

Sedgewick, Jennifer, Meghan Flath, and Lorin Elias. 2017. "Presenting Your Best Self(ie): The Influence of Gender on Vertical Orientation of Selfies on Tinder." *Frontiers in Psychology* 8: 204804 (online).

Seymour, Roger, Vanya Bosiocic, and Edward Snelling. 2016. "Fossil Skulls Reveal That Blood Flow Rate to the Brain Increased Faster Than Brain Volume during Human Evolution." *Royal Society Open Science* 3(8): 160305.

Sharker, Saberul, Sean Holekamp, Mohammad Mansoor, Frank Fish, and Tadd Truscott. 2019. "Water Entry Impact Dynamics of Diving Birds." *Bioinspiration & Biomimetics* 14(5): 056013.

Shubin, Neil, Edward Daeschler, and Farish Jenkins. 2015. "Origin of the Tetrapod Neck and Shoulder." In *Great Transformations in Vertebrate Evolution*, edited by Kenneth Dial, Neil Shubin, and Elizabeth Brainerd, 63–76. Chicago: University of Chicago Press.

Shuler, Jack 2014a. "The Ominous Symbolism of the Noose." *Los Angeles Times*, October 27, 2014.

—. 2014b. *The Thirteenth Turn: A History of the Noose*. New York: Public

Affairs.

Simmons, Robert, and Res Altwegg. 2010. "Necks-for-Sex or Competing Browsers? A Critique of Ideas on the Evolution of Giraffes." *Journal of Zoology* 282(1): 6~12.

Simmons, Robert, and Lue Scheepers. 1996. "Winning by a Neck: Sexual Selection in the Evolution of Giraffes." *The American Naturalist* 148(5): 771~786.

Sinervo, Barry, and Curt Lively. 1996. "The Rock-Paper-Scissors Game and the Evolution of Alternative Male Strategies." *Nature* 380(6571): 240~243.

"Singer." N.d. "Singer Has the World's Deepest Voice." *The Telegraph*, www.youtube.com/watch?v=8jCPl7Rcmm0. Accessed September 13, 2023.

Sissom, Dawn E. Frazer, D. A. Rice, and G. Peters. 1991. "How Cats Purr." *Journal of Zoology* 223(1): 67~78.

Smith, Ian. 2022. "Ukraine War: Europeans Rush to Buy Iodine Pills amid Fears of Nuclear Catastrophe." *Euronews*, March 7, 2022. www.euronews.com/health/2022/03/07/ukraine-war-european-pharmacies-face-jump-indemand-for-iodine-pills-after-putin-s-nuclear. Accessed May 11, 2023.

Snively, E., A. P. Russell, G. L. Powell, J. M. Theodor, and M. J. Ryan. 2014. "The Role of the Neck in the Feeding Behaviour of the Tyrannosauridae: Inference Based on Kinematics and Muscle Function of Extant Avians." *Journal of Zoology* 292(4): 290~303.

Starnberger, Iris, Doris Preininger, and Walter Hödl. 2014. "The Anuran Vocal Sac: A Tool for Multimodal Signalling." *Animal Behaviour* 97: 281~288.

Stein, Judith. 1994. "Pippin." *Pennsylvania Heritage* (Spring). http://paheritage.wpengine.com/article/pippin/. Accessed February 12, 2022.

Steiner, Emily. 2022. "Neck Verse." New Literary History 53(3): 333~362.

Sterling, Michele, and Justin Kenardy. 2011. *Whiplash: Evidence Base for Clinical Practice*. Melbourne: Elsevier Australia.

Sterpetti, Antonio, Giorgio De Toma, and Alessandro De Cesare. 2015. "Thyroid Swellings in the Art of the Italian Renaissance." *American Journal of Surgery* 210(3): 591–596.

Stewart, Jude. 2013. "Why Are Jeans Blue?" *Slate*, October 14, 2013. https://slate.com/human-interest/2013/10/blue-jeans-what-s-the-reason-behind-thecolor.html. Accessed August 22, 2023.

Sustaita, Diego, Margaret Rubega, and Susan Farabaugh. 2018. "Come on Baby, Let's Do the Twist: The Kinematics of Killing in Loggerhead Shrikes." *Biology Letters* 14(9): 20180321 (online).

Suthers, Roderick, Franz Goller, and Rebecca Hartley. 1994. "Motor Dynamics of Song Production by Mimic Thrushes." *Journal of Neurobiology* 25(8): 917–936.

Suthers, Roderick, Eric Vallet, and Michel Kreutzer. 2012. "Bilateral Coordination and the Motor Basis of Female Preference for Sexual Signals in Canary Song." *Journal of Experimental Biology* 215(17): 2950–2959.

Tauber, Yanki. N.d. "The Kabbalah of the Neck." *Chabad*. www.chabad.org/library/article_cdo/aid/363823/jewish/The-Kabbalah-of-the-Neck.htm. Accessed June 14, 2023.

Taylor, Michael P., and Mathew J. Wedel. 2013. "Why Sauropods Had Long Necks; and Why Giraffes Have Short Necks." *PeerJ* 1: e36 (online).

Taylor, Ryan, Barrett Klein, Joey Stein, and Michael Ryan. 2008. "Faux Frogs: Multimodal Signalling and the Value of Robotics in Animal Behaviour." *Animal Behaviour* 76(3): 1089–1097.

—. 2011. "Multimodal Signal Variation in Space and Time: How Important Is Matching a Signal with Its Signaler?" *Journal of Experimental Biology* 214(5): 815–820.

Teitlell, Beth. 2017. "Trump Wears His Ties Long. It's Not by Accident." *Boston Globe*, February 10, 2017.

Telford, Taylor. 2021. "Dozens of Nooses Have Shown Up on U.S. Construction Sites. The Culprits Rarely Face Consequences." *Washington Post*, July 22, 2021.

Theurer, Jessica. 2014. "Trapped in Their Own Rings: Padaung Women and Their Fight for Traditional Freedom." *International Journal of Gender and Women's Studies* 2(4): 51~67.

"Throat Singing." N.d. "Throat Singing: A Unique Vocalization from Three Cultures." Smithsonian Folkways Recordings, https://folkways.si.edu/throat-singing-unique-vocalization-three-cultures/world/music/article/smithsonian. Accessed April 10, 2023.

Titze, Ingo. 2012. "Why Lions Roar like Babies Cry." *Physics World* 25(11): 52~53.

Titze, Ingo, and Anil Palaparthi. 2018. "Radiation Efficiency for Long-Range Vocal Communication in Mammals and Birds." *Journal of the Acoustical Society of America* 143(5): 2813~2824.

Tong, Darryl, and Ross Beirne. 2013. "Combat Body Armor and Injuries to the Head, Face, and Neck Region: A Systematic Review." *Military Medicine* 178(4): 421~426.

Toomer, Jean, Charles Johnson, and Rudolph P. Byrd. 1931. *Essentials*. Athens: University of Georgia Press.

Torre, Carlos, Alberto Ramos, Salim Dib, Alexandre Abreu, and Alejandro Chediak. 2019. "Anatomy of Obstructive Sleep Apnea: An Evolutionary and Developmental Perspective." *International Journal of Head and Neck Surgery* 10(4): 98~101.

T'sjoen, Guy, Griet De Cuypere, Stan Monstrey, Piet Hoebeke, F. Kenneth Freedman, Mahesh Appari, Paul-Martin Holterhus, John Van Borsel, and Martine Cools. 2011. "Male Gender Identity in Complete Androgen Insensitivity Syndrome." *Archives of Sexual Behavior* 40: 635~638.

Turnbull, Oliver, Victoria Lovett, Jackie Chaldecott, and Marilyn Lucas. 2014. "Reports of Intimate Touch: Erogenous Zones and Somatosensory Cortical Organization." *Cortex* 53: 146~154.

Twain, Mark. 1880. *A Tramp Abroad*. London: Chatto.

Tyer, Charles L. 1992. "Yoke." In *The Anchor Bible Dictionary*, edited by D. N. Freedman, 1026~1027. New Haven, CT: Yale University Press.

Uematsu, Sumio, Andrew Yang, Thomas Preziosi, Richard Kouba, and T. J. Toung. 1983. "Measurement of Carotid Blood Flow in Man and Its Clinical Application." *Stroke* 14: 256~266.

VanBuren, Collin, and David Evans. 2017. "Evolution and Function of Anterior Cervical Vertebral Fusion in Tetrapods." *Biological Reviews* 92(1): 608~626.

Vesalius, Andreas. 1998. *On the Fabric of the Human Body*. Translated by W. F. Richardson and J. B. Carman. Novato, CA: Norman Publishing.

Vincent, Susan J. 2009. *The Anatomy of Fashion: Dressing the Body from the Renaissance to Today*. Oxford: Berg Publishers.

Vogel, Steven. 2003. *Prime Mover: A Natural History of Muscle*. New York: W. W. Norton & Company.

Walker, T. J. 2011. "Move Your Head—Media Training." *Forbes*, February 28, 2011.

Wang, Shi-Qi, Jie Ye, Jin Meng, Chunxiao Li, Loïc Costeur, Bastien Mennecart, Chi Zhang, et al. 2022. "Sexual Selection Promotes Giraffoid Head-Neck Evolution and Ecological Adaptation." *Science* 376(6597): eabl8316(online).

Watkinson, William. 2016. "UK Counter Terror Experts to Issue Guidelines Warning Priests of Possible Normandy-Style Attack." *International Business Times*, August 30, 2016. www.ibtimes.co.uk/uk-counter-terror-expertsissue-guidelines-warning-priests-possible-normandy-styleattack-1578813. Accessed July 11, 2022.

Wedel, Mathew J. 2011. "A Monument of Inefficiency: The Presumed Course of the Recurrent Laryngeal Nerve in Sauropod Dinosaurs." *Acta Palaeontologica Polonica* 57(2): 251~256.

West, Peyton. 2005. "The Lion's Mane." *American Scientist* 93(3): 226~235.

West, Peyton, and Craig Packer. 2002. "Sexual Selection, Temperature, and the Lion's Mane." *Science* 297(5585): 1339~1343.

White, Edward. 2018. "The Bloody Family History of the Guillotine." *Paris Review*, April 6, 2018. www.theparisreview.org/blog/2018/04/06/the-bloodyfamily-history-of-the-guillotine/. Accessed June 10, 2023.

Wickler, Wolfgang, and Uta Seibt. 1995. "Syntax and Semantics in a Zulu Bead Colour Communication System." *Anthropos* 90: 391~405.

Wickman, Forest. 2012. "Working Man's Blues." *Slate*, May 1, 2012. https://slate.com/business/2012/05/blue-collar-white-collar-why-do-we-use-these-terms.html. Accessed March 28, 2022.

Wilkinson, David M., and Graeme D. Ruxton. 2012. "Understanding Selection for Long Necks in Different Taxa." *Biological Reviews* 87(3): 616~630.

Williams, Tennessee. 1986. *Cat on a Hot Tin Roof: A Play in Three Acts*. Sewanee, TN: Dramatists Play Service.

Williquette, Heather Ann. 2019. "Investigating the Reasons Women Wear Choker Necklaces." PhD dissertation, University of Colorado.

Willmann, Magali, and Benoît Bolmont. 2012. "The Trapezius Muscle Uniquely Lacks Adaptive Process in Response to a Repeated Moderate Cognitive Stressor." *Neuroscience Letters* 506(1): 166~169.

Wolfe, Tom. 2002. *The Bonfire of the Vanities: A Novel*. New York: Farrar, Straus, and Giroux.

World Health Organization (WHO). 2005. "Chernobyl: The True Scale of the Accident. 20 Years Later a UN Report Provides Definitive Answers and

Ways to Repair Lives." News release. www.who.int/news/item/05-09-2005-chernobyl-the-true-scale-of-the-accident. Accessed January 10, 2022.

Wynne-Jones, Jonathan. 2007. "Vicars Urged to Drop 'Risky' Dog Collars." *The Telegraph*, October 7, 2007.

Xydakis, Michael, Michael Fravell, Katherine Nasser, and John Casler. 2005. "Analysis of Battlefield Head and Neck Injuries in Iraq and Afghanistan." *Otolaryngology—Head and Neck Surgery* 133(4): 497–504.

Yeivin, Ze'ev, and Louis Isaac Rabinowitz. 2007. "Yoke." In *Encyclopaedia Judaica*, 2nd ed., vol. 21, edited by M. Berenbaum and F. Skolnik, 381. Detroit, MI: Macmillan Reference USA.

Young, Bruce, and Kenneth Kardong. 2010. "The Functional Morphology of Hooding in Cobras." *Journal of Experimental Biology* 213(9): 1521–1528.

Young, Robb. 2013. "Christine Lagarde: Dressing All the Way to the Bank." *BBC*, May 1, 2013.

Zamponi, Virginia, Rossella Mazzilli, Fernando Mazzilli, and Marco Fantini. 2021. "Effect of Sex Hormones on Human Voice Physiology: From Childhood to Senescence." *Hormones* 20(4): 691–696.

Zamudio, Kelly, and Barry Sinervo. 2000. "Polygyny, Mate-Guarding, and Posthumous Fertilization as Alternative Male Mating Strategies." *Proceedings of the National Academy of Sciences* 97(26): 14427–14432.

Zheng, Liying, Gunter Siegmund, Gulsum Ozyigit, and Anita Vasavada. 2013. "Sex-Specific Prediction of Neck Muscle Volumes." *Journal of Biomechanics* 46(5): 899–904.

Zilczer, Judith. 2001. "A Not-So-Peaceable Kingdom: Horace Pippin's 'Holy Mountain.'" *Archives of American Art Journal* 41: 18–33.

Zimmermann, Michael B. 2008. "Research on Iodine Deficiency and Goiter in the 19th and Early 20th Centuries." *Journal of Nutrition* 138: 2060–2063.

Zimmermann, Michael B., and Maria Andersson. 2021. "Global Perspectives in Endocrinology: Coverage of Iodized Salt Programs and Iodine Status in 2020." *European Journal of Endocrinology* 185(1): R13~R21.

Zimmermann, Michael B., Pieter L. Jooste, and Chandrakant S. Pandav. 2008. "Iodine-Deficiency Disorders." *The Lancet* 372: 1251~1262.

목 이야기

초판 1쇄 인쇄일 2025년 10월 2일
초판 1쇄 발행일 2025년 10월 23일

지은이 켄트 던랩
옮긴이 이은정

발행인 조윤성

편집 유나영 **디자인** 최희영 **마케팅** 최기현
발행처 ㈜SIGONGSA **주소** 서울시 성동구 광나루로 172 린하우스 4층(우편번호 04791)
대표전화 02-3486-6877 **팩스(주문)** 02-598-4245
홈페이지 www.sigongsa.com / www.sigongjunior.com

이 책의 출판권은 ㈜SIGONGSA에 있습니다. 저작권법에 의해
한국 내에서 보호받는 저작물이므로 무단 전재와 무단 복제를 금합니다.

ISBN 979-11-7125-861-1 (03470)

*SIGONGSA는 시공간을 넘는 무한한 콘텐츠 세상을 만듭니다.
*SIGONGSA는 더 나은 내일을 함께 만들 여러분의 소중한 의견을 기다립니다.
*잘못 만들어진 책은 구입하신 곳에서 바꾸어드립니다.

WEPUB 원스톱 출판 투고 플랫폼 '위펍' _wepub.kr
위펍은 다양한 콘텐츠 발굴과 확장의 기회를 높여주는
SIGONGSA의 출판IP 투고·매칭 플랫폼입니다.